ギャンブルで勝ち続ける科学者たち

完全無欠の賭け

アダム・クチャルスキー

柴田裕之＝訳

草思社文庫

The Perfect Bet:
How Science and Maths are Taking the Luck Out of Gambling
by Adam Kucharski

Japanese translation published by arrangement
with Adam Kucharski c/o
The Science Factory Limited through
The English Agency (Japan) Ltd.

ギャンブルで勝ち続ける科学者たち　目次

第4章 スポーツベッティングへの進出

第6章 ゲーム理論でポーカー大会を制覇

凡例

〔　〕で囲まれている箇所は訳注。
それ以外の（　）等で囲まれている箇所は基本的に原著者によるもの。
本文の右側に付けられている算用数字は、原注番号を表す。

＊原注は、下記のURLよりPDFファイルをダウンロードしてご覧ください。
http://www.soshisha.com/perfectbet/

序

「ギャンブル必勝法」というものが持つ魅力

二〇〇九年六月、競馬で二〇〇〇万ポンド以上儲けたエリオット・ショートという元金融トレーダーの話が、あるイギリスの新聞に載った。[1] 彼は運転手付きのメルセデスに乗り、ロンドンの高級商業地域ナイツブリッジにオフィスを構え、首都の一流クラブで派手に散財していた。[2] 記事によれば、ショートの必勝法は単純で、常に人気馬の負けに賭けるというものだそうだ。一番人気の馬がいつも勝つとはかぎらないから、この手を使えば大儲けすることはありえた。ショートはこの作戦のおかげで、チェルトナム・フェスティバルで一五〇〇万ポンド、ロイヤルアスコットで三〇〇〇万ポンドという具合に、イギリスでもとくに名の知れたレースで莫大な利益をあげてきた。

ただし、そこには一つだけ問題があった。これが話の完全な真相ではなかったのだ。チェルトナム・フェスティバルやアスコットで大穴を当てたという言葉とは裏腹に、ショートはまったく馬券を買っていなかった。[3] 彼はうまいことを言って人々に何十万ポンドものお金を自分のベッティングシステム〔賭けのシステム〕に出させておいて、その大半をバカンスや夜遊びに使ってしまった。[4] やがて出資者の間から不審の声が上がり、ショートは逮捕された。そして二〇一三年四月に起訴され、九件の詐欺で有罪となり、五年の懲役刑を言い渡された。[5]

まんまと騙された人が大勢いたのは意外に思えるかもしれない。だが、完全無欠のベッティングシステムという発想にはどこか心引かれるものがある。ギャンブルで儲けたという話は、カジノやブックメーカー〔胴元〕には勝てないという常識に反する。そういう話を聞くと、運任せのゲームには「隙」があり、抜け目ない人なら誰でもその隙を衝けるような気がしてくる。ランダム性もうまく手なずけ、運も数式で意のままにできるのではないか？　これはなんとも魅力的な考え方なので、多くのゲームは誕生以来ずっと、それで勝つ方法を見つけようとする人が後を絶たない。もっとも、完全無欠の賭け方を追求する試みに影響されてきたのはギャンブラーばかりではない。賭け事ははるか昔から、運というものの理解の仕方を根底から変えてきたのだ。

ギャンブル必勝法の研究が多くの科学を生んだ

一八世紀にパリのカジノに初めてルーレットのホイール〔回転盤〕が登場すると、いくらもしないうちにプレイヤーたちは新しいベッティングシステムを次々に編み出した。そうした戦略はたいてい魅力的な名前を持ち、恐ろしいほどの成功率を誇っていた。たとえば「マーティンゲール」だ。この作戦は酒場のゲームで採用される戦術から発展したもので、絶対確実という噂だった。評判が広まると、パリのプレイヤーの間で絶大な人気を博した。[6]

マーティンゲールでは、赤か黒のどちらかに賭ける。色はどちらでも良く、大事なのは賭け金だった。プレイヤーは毎回同じ金額を賭けるのではなく、負けるたびに賭け金を倍にする。そうすれば、ついに勝ったときには、損金をすべて取り戻し、そのうえ最初の賭け金に相当する額を稼げる。

一見すると、この戦術は完全無欠に思えた。だが、そこには一つだけ重大な欠点があった。必要な賭け金がどんどん膨れ上がり、客の側ばかりかカジノの支払い能力さえ超えてしまうことがあるのだ。プレイヤーはマーティンゲールを採用すれば、初めは少しばかり利益が出るかもしれないが、長く続ければ必ず支払い能力の限界が来て行き詰まる。というわけで、マーティンゲールは確かに人気は出たものの、この戦術を首尾良く使いこなすだけのお金を持ち合わせている人は誰もいなかった。作家アレクサンドル・デュマの言うとおり、「マーティンゲールの捉え所のなさは魂のごとし」[7]だ。

じつに多くのプレイヤーがこの戦術に引きつけられた（そして、今なお引きつけられる）のは、一つにはそれが数字の上では完璧に見えるからだ。それまでに賭けた金額と勝ち取る可能性のある金額を書き比べると、必ず儲かる計算になる。この計算に狂いが生じるのは、実際に試したときだ。マーティンゲールは理論上はうまくいくように見えるが、現実には使い物にならない。

ことギャンブルに関しては、ゲームの背後にある理論を理解しているかどうかで結果に雲泥の差が出うる。だが、その理論がまだ考案されていなかったとしたらどうだろう？　ルネッサンスのころに、ジェロラモ・カルダーノという熱狂的なギャンブラーがいた。[8] 相続した財産を使い果たした彼は、性懲りもなく賭けで一財産築くことに決めた。そのためには、さまざまなランダムな事象がどれほど起こりやすいかを調べる必要がある。

現在知られているような「確率」という概念は、カルダーノの時代にはまだ存在しなかった。偶然の事象についての法則も、物事の起こりやすさに関する公式も導き出されていなかった。サイコロのゲームで六のゾロ目が出たら、それはただの幸運だった。多くの勝負事で「妥当な」賭け金がいったいいくらなのかは誰も知らなかった。[9]

だがやがて、そうした勝負事は数学を使って分析できることを見抜く人が出てきた。カルダーノもその一人だった。彼は偶然性が支配する世界をうまく生き抜くには、まずどういう可能性があるのかを見極める必要があることに気づいた。したがって彼は、生じうる結果を漏れなく検討し、その上でお目当ての結果に迫るという手法を採った。たとえば、サイコロを二個振ると三六通りの目の出方があるものの、六のゾロ目の出方は一通りしかないことをカルダーノは突き止めた。また、ランダムな事象が積み重なる場合への対処法も編み出し、勝負を何度も繰り返すときの適切なオッズ〔配当倍率〕を計算するために「カルダーノの公式」を導いた。[10]

カードゲームでカルダーノが振るった武器は、明晰な頭脳に限られなかった。彼はポニャードという長いナイフも持ち歩いており、ためらいなく使った。一五二五年にヴェネツィアでカードゲームをしていると、相手がイカサマをしているのに気づいた。「カードに印がついているのを見て取ったときには、頭にきてポニャードで顔に切りつけてやった。あまり深くではなかったが」[11]とカルダーノは述べている。

その後の年月に、他の人々も確率の謎を少しずつ解き明かしていった。ガリレオはイタリアの貴族の依頼を受けて、サイコロの組み合わせのなかには出やすいものと出にくいものがある理由を調べた。[12]天文学者のヨハネス・ケプラーも、惑星の運行の研究の合間に、サイコロとギャンブルの理論について短い論文を書いている。[13]

偶然性の科学研究は、アントワーヌ・ゴンボーというフランス人作家が提起したギャンブルにまつわる疑問がきっかけで、一六五四年に花開いた。[14]彼はサイコロに関する次のような問題に頭を悩ませていた。一個のサイコロを四回振って六の目が少なくとも一回出る可能性と、二個のサイコロを二四回振って六のゾロ目が少なくとも一回出る可能性のどちらが大きいか？　ゴンボーはどちらも同じ頻度で起こると思っていたが、それを証明できなかった。そこで友人の数学者ブレーズ・パスカルに手紙を書き、本当に自分の思っているとおりかどうか尋ねた。

パスカルはこのサイコロ問題に取り組むために、裕福な弁護士でやはり数学者でもあるピエール・ド・フェルマーの助力を仰いだ。二人は力を合わせ、カルダーノがすでに行なったランダム性の研究に基づいて確率の基本法則を徐々に突き止めていった。二人が導き出した新たな概念の多くが、やがて確率の数学的理論の核心を成すようになる。特筆に値するのが、パスカルとフェルマーが定義したゲームの「期待値」で、そのゲームを繰り返し行なったときに平均するとどれだけ利益があがるかを表したものだ。二人の研究から、ゴンボーが間違っていたことが明らかになった。一個のサイコロを四回振って六の目が少なくとも一回出る可能性のほうが、二個のサイコロを二四回振って六のゾロ目が少なくとも一回出る可能性よりも大きいのだ。[15] それでもゴンボーがギャンブルについて疑問を抱いてくれたからこそ、数学の分野に一連の完全に新しい考え方が誕生した。数学者のリチャード・エプスタインが言うように、「ギャンブラーには確率論の生みの親を名乗る権利がある」[16] わけだ。

賭け事のおかげで、個々の結果が出る可能性にどれだけ賭ける価値があるかを純粋に数学的な形で研究者が理解できるようになったのに加えて、私たちが実生活でさまざまな決断の価値をどのように見積もるのかも明らかになった。ダニエル・ベルヌーイは一八世紀に、人はなぜ、理論上利益の多いものよりもリスクの小さいもののほうに好んで賭けるのか、という疑問を抱いた。[17] 人は期待される利益に基づいて金銭上の選択をしているのではないとしたら、何が動機になっているのだろう？

ベルヌーイは期待利益ではなく「期待効用」の観点から考えることで、この賭けの問題を解決した。同じ金額でも、本人がすでにどれだけ持っているか次第で、より大きな価値（あるいはより小さな価値）を持つことになると、ベルヌーイは主張した。たとえば、同じ硬貨一枚であってもお金持ちよりも貧乏人にとってのほうが価値がある。ベルヌーイと同時代の研究者ガブリエル・クラメールが言うように「数学者は量に比例する形でお金を評価するが、良識ある人間はその効用に比例する形でそうする」[18]。

この洞察には途方もない価値があった。実際、この効用の概念が保険業界全体を下支えしている。ほとんどの人は、まったくお金を払わずにいて、後で厖大な金額を払う羽目になるぐらいなら、たとえ平均すればかえって多くの金額を払うことになるとしても、定期的に予測可能な金額を払うほうを選ぶ。私たちが保険に入るかどうかは、その効用にかかっている。だから比較的安価で埋め合わせられるものには、保険を掛ける可能性が低い。

これからの各章では、ギャンブルがゲーム理論や統計学からカオス理論やAI〔人工知能〕まで、科学的思考にどのような影響を与え続けてきたかを明らかにしていく。科学とギャンブルが切っても切れない間柄であることには、特別驚くまでもないのかもしれない。なにしろ、賭け事は偶然性が支配する世界を覗き見る窓だからだ。賭け事は、リスクと報酬をどのように天秤にかけるべきかや、なぜ境遇次第で私たちの価値判断が変わるかを示してくれる。また、私たちがどのように意思決定を行なうかや、運の影響をコントロールするために何ができるかを解明するのを助けてくれる。ギャンブルには数学、心理学、経済学、物理学がすべてかかわっているのだから、ランダムな事象（あるいは、見たところランダムな事象）に関心のある研究者が、ギャンブルに注目するのは自然なことだろう。

科学とベッティング〔賭け〕の関係の恩恵を受けているのは研究者だけではない。ギャンブラーたちは、効果的なベッティング戦略を開発するために、しだいに科学的な発想を利用するようになっている。多くの場合、話は巡り巡ってまた原点に戻ってくる。つまり、賭け事に関する学究的な好奇心に端を発する手法が、カジノを負かそうという現実世界での試みに今や逆に導入されているのだ。

ノーベル賞物理学者を驚かせたギャンブル必勝法

一九四〇年代に、後にノーベル賞を受賞する物理学者のリチャード・ファインマンが初めてラスヴェガスを訪れたとき、さまざまなゲームを見て回り、どれほど勝つ（というより、こちらの可能性のほうが高いのだが、どれだけ負ける）ことが見込まれるかを割り出した。彼の見るところでは、クラップスは分が悪かったが、それほどひどいわけではなかった。一ドル賭けるごとに、平均一・四セント損することが予想された。もちろんそれは、厖大な回数を重ねたときに見込まれる損失だった。ファインマンが試しにやったところ、運に見放され、たちまち五ドルすった。とんだ計算違いに嫌気がさして、彼はカジノでのギャンブルからきっぱり足を洗った。[19]

とはいえファインマンは、その後も何度かラスヴェガスに足を運んでいる。彼はショーガールたちと歓談するのがとりわけ好きだった。あるとき、マリリンという名のショーガールと昼食をともにした。食事中、マリリンは芝生の上を散歩する男性を指し示した。彼はニック・ダンドロス、通称「ギリシア人のニック（ニック・ザ・グリーク）」という、よく知られたプロのギャンブラーだった。ファインマンはプロのギャンブラーというのが腑に落ちなかった。カジノのどのゲームでも勝ち目がないことは計算済みだったから、どうしてニック・ザ・グリークが稼ぎ続けられるのか不思議だった。

マリリンがニック・ザ・グリークをテーブルに呼んでくれたので、ファインマンはどうやってギャンブルで食べていけるのか尋ねた。するとニックは、「確率が自分に有利なときにだけ賭けることにしているんだ」と答えた。ファインマンにはニックの言うことがわからなかった。いったいぜんたい、誰かに有利なときなどありうるのだろうか？

ニック・ザ・グリークは成功の秘訣を明かしてくれた。「カジノを相手に賭けるんじゃなくて、先入観、つまりラッキーナンバーとかいった迷信を抱いている客と賭けをするんだよ」と彼は言った。ゲームがカジノに有利になっているのはニックも承知しているので、かわりに賭け事に疎い他の客たちを相手に勝負をするのだそうだ。マーティンゲール戦略を採用したパリのギャンブラーたちとは違い、ニックはそれぞれのゲームを理解している上に、それらのゲームに興じる人々のことも熟知していた。そして、誰でも思いつくような戦略（それに従えば損をしてしまう）の先を行くような、賭けの確率を自分に有利にする方法を発見したのだ。あれこれ確率を計算するのはそれほど厄介ではなく、そうして得た知識をどうやって効果的な戦略に変えるかが腕の見せ所だった。

傑出した才能というのは一般に、才人を装う者よりは少ないが、長年のうちには、ギャンブル戦略で成功を収めた切れ者たちの話が他にも表に出てきた。宝くじの抜け穴にまんまとつけ込んだシンジケート〔ギャンブル組織〕や、欠陥のあるルーレットテーブルの恩恵に与(あずか)ったチームなどの話が伝わっている。そしてまた、カードを数えて一儲けした学生たち(数に強い人の場合が多い)もいる。

もっとも近年は、そうしたやり口を凌(しの)ぐ、より巧妙なアイデアが出てきた。スポーツの得点を予想する統計のプロや、人間のポーカープレイヤーを打ち負かす賢いアルゴリズムの考案者まで、さまざまな人がカジノやブックメーカーと渡り合う新たな方法を見つけている。だが、科学を利用して現生(げんなま)を稼いでいるのは誰なのか? そして、こちらのほうがもっと重要かもしれないが、彼らの戦略はどこから生まれたのか?

誰かがギャンブルで大儲けしたというニュースでは、それが誰かやいくら勝ったかに的が絞られがちだ。そういうとき、科学的なベッティング手法は数学を使ったマジックのトリックとして紹介される。そして、肝心な考え方が報道されず、方法論が埋もれたままになってしまう。だが本来なら、そうしたトリックがどうやってなされるかに関心を払うべきだ。賭け事には、科学の新分野を誕生させたり、運や意思決定にまつわる新たな見識を生み出したりしてきた長い歴史があるし、それらの手法は工業分野から金融まで、科学以外の世界にも浸透しているからだ。現代のベッティング戦略の仕組みを解き明かせれば、さまざまな科学的手法が、私たちの抱いている偶然性の概念の正当性を今なおどのように問い続けているかも明らかになる。

ギャンブルは、単純なものから複雑なものまで、そして、大胆不敵なものから滑稽千万なものまで、驚くべきアイデアを続々と生み出している。世界中でギャンブラーたちは予測可能性の限界や、秩序とカオスの境界に取り組んでいる。意思決定や競争の機微を調べている人もいれば、人間の行動の特異性に着目したり、知能の本質を探究したりしている人もいる。有効なベッティング戦略を分析すれば、運というものの理解の仕方に、ギャンブルがあいかわらずどのような影響を与えているかがわかるだろう。そして、どうすればその運を手なずけられるか、も。

第1章　ルーレットは本当に予測不能か

ルーレットに確実な攻略法はあるか

ロンドンのリッツホテルの地下には賭け金が高額なカジノがある。リッツクラブという名前で、豪華さが自慢だ。[1]黒服のクルピエ〔ゲームの進行役〕が派手な飾りを施したテーブルのそれぞれを取り仕切っている。壁にはルネッサンス時代の絵画が並び、あちこちに配された照明が金ピカの装飾を照らし出す。気軽にギャンブルを楽しみたい人にとってはあいにくだが、リッツクラブは客を選ぶことも誇っている。中で賭けるには、会員の資格かホテルのキーが必要になる。そしてもちろん、少なからぬお金も。

二〇〇四年三月のある晩、ブロンドの女性がエレガントなスーツ姿の二人の男性にエスコートされてリッツクラブに現れた。[2]ルーレットをしに来たのだった。この三人組は、大金を賭ける他の客とは違った。[3]そういう客にはたいてい無料のサービスがあれこれ提供されるのだが、この三人はその多くを辞退した。それでも、そこまで賭けに専念しただけの甲斐はあった。一晩のうちに一〇万ポンドも勝ったのだ。およそ少額とは言えないが、リッツほどのカジノではけっして珍しくもなかった。三人組は次の晩にも戻ってきて、再びルーレットテーブルの前に陣取った。この日の三人の儲けははるかに多かった。[4]最後にチップを換金し、持ち帰った額は一二〇万ポンドに達した。

カジノ側はこれを不審に思った。三人が帰った後、セキュリティ担当者が監視カメラの録画を調べた。すると怪しい行動が映っていたので警察に通報し、まもなく三人組はリッツクラブにほど近いホテルで逮捕された。[5]ブロンドの女性（ハンガリー出身であることが判明）と共犯のセルビア人ペアは、詐欺罪で起訴された。当初の報道では、三人はレーザースキャナーを使ってルーレットテーブルを分析したという。スキャンしたデータは隠し持っていた超小型のコンピューターに送られ、それをもとに、ボールがどこに止まるかをそのコンピューターが予測するという手口だった。ハイテクの小道具と美女という取り合わせは、人目を引く記事にはおあつらえ向きだった。だが、どの記事を見ても肝心の情報が抜け落ちていた。どうすればルーレットボールの動きを記録してそれをもとに首尾良く予想を立てられるかは、まったく説明されていなかったのだ。それはともかく、ルーレットはランダムなはずではなかったか？

ポアンカレの言う「三次の無知」とは何か

ルーレットのランダム性には二通りの対処の仕方があり、アンリ・ポアンカレはその両方に興味を持っていた。彼の興味は多岐に及び、ランダム性もその一つだった。二〇世紀初期には、数学にかかわるもののほぼすべてが、何らかの時点でポアンカレに注意を向けてもらったおかげで恩恵を受けている。[6] 彼は最後の正真正銘の「万能の人」だった。その後、彼のように数学の端々にまで目を通し、きわめて重大なつながりを目敏く見つけることができた数学者は一人もいない。

ポアンカレの見るところ、ルーレットのボールの止まり方のような事象がランダムに思えるのは、何がその事象を起こしているかを私たちが知らないからだった。[7] ポアンカレは、私たちは問題に関する自分の無知のレベルに基づいてその問題を分類できると主張した。物体の正確な位置や速度といった初期状態と、その物体が従う物理法則を知っていれば、教科書に出てくるような物理の問題を相手にしていることになる。ポアンカレはこれを「一次の無知」と呼んだ。必要な情報はすべて揃っているので、単純な計算をいくつかするだけでいい。「二次の無知」とは、物理の法則は知っているものの、物体の正確な初期状態がわからなかったり、正確に測定できなかったりする場合を言う。この場合、測定の精度を上げるか、物体に何が起こるかという予測をごく近い将来だけに限定するかしなければならない。最後が、最もはなはだしい「三次の無知」だ。これは、物体の初期状態も物理法則もわからないときのことを言う。法則があまりに込み入っているために完全には解き明かせないときにも、私たちは三次の無知に陥る。たとえば、ペンキの入った缶をプールに落としたとしよう[8]。泳いでいる人々の反応を予想するのは簡単かもしれないが、個々のペンキの分子と水の分子の振る舞いを予測するのははるかに難しい。

とはいえ、別の取り組み方もありうる。分子同士の相互作用の詳細を厳密に調べたりせずに、ぶつかり合った結果どうなるかを理解することを目指すという手もあるのだ。すべての粒子を一まとめに眺めれば、粒子がしだいに混ざり合い、ある程度の時間がたつと、ペンキはプール全体に均等に広がるのが見られる。私たちはたとえ原因について何も知らなくても（どのみち、その原因は複雑過ぎて理解できない）、最終的な結果については述べることができる。

それはルーレットにも当てはまる。ボールの軌道はさまざまな要因に左右されるが、そうした要因はスピンしているホイール〔回転盤〕を一目見たぐらいではつかめないだろう。個々の水分子の場合とちょうど同じで、ボールの軌道の背後にある複雑な原因の数々を理解していなければ、一回一回のスピンについては予測することはできない。だがポアンカレが主張したように、私たちはボールが止まる場所を決めている原因を必ずしも知る必要はない。そのかわりに、厖大な数のスピンを眺め、どういう結果になるかを見るだけでいいのだ。[9]

それこそまさに、アルバート・ヒッブズとロイ・ウォルフォードが一九四七年にやったことだ。当時ヒッブズは数学の学位を取得するために勉強しており、友人のウォルフォードは医学生だった。この二人組はシカゴ大学での勉強の息抜きに、有名なギャンブルの町リノに行き、ルーレットのホイールは本当にカジノが考えているほどランダムなのか調べることにした。[10]

たいていのホイールは元々のフランスのデザインを受け継いでおり、1から36までの数字が振られたポケット〔ボールが落ちる場所〕が赤・黒交互に並び、さらに、緑色に塗られた0と00のポケットが加わり、合計三八のポケットがついている。じつは、この0と00のおかげでカジノが有利になる。もし私たちが1から36までのうちから好きな数字を一つ選んで毎回一ドル賭けると、平均で三八回に一回勝つことが見込まれ、そのときにはカジノが三六ドル支払う。したがって私たちは、三八回のスピンの間に三八ドル賭けるものの、平均で三六ドルしか稼げない。つまり三八回のスピンで二ドル、あるいはスピン一回につき約五セントの損失という計算になる。

カジノの優位は、ホイールのどの数も出る可能性が同じであることにかかっている。とはいえ、どんな器具でもそうなのだが、ホイールも欠陥を抱えているかもしれないし、使っているうちに少しずつ傷んでくることもある。ヒッブズとウォルフォードはそういうホイールを探した。その手のホイールでは、数が均等に出ないかもしれないからだ。ある数が他の数よりも頻繁に出るのなら、そこにつけ込める。二人はさまざまなテーブルで何度となくスピンを眺め、異常を見つけようとした。そこで疑問が生じる。「異常」とは具体的には何を意味するのか？

ルーレットは本当にランダムかを調べる

ポアンカレがフランスでランダム性の原因について考えていたころ、イギリス海峡の向こう側では数学者のカール・ピアソンが夏休みを利用してコインを放り上げていた。休暇が終わるまでに一シリング硬貨を投げた回数は二万五〇〇〇回を数え、ピアソンはその一回一回の結果を漏れなく記録しておいた。作業の大半は屋外で行なったので、本人に言わせれば、「滞在していたあたりで悪評が立ったことに疑いの余地はなかろう」。ピアソンはシリング硬貨で実験しただけでなく、同僚たちに頼んでペニー硬貨を八〇〇〇回以上投げてもらったり、数字の書かれた札を袋から繰り返し引いてもらったりした。[11]

ランダム性を理解するためには、できるかぎり多くのデータを集めるのが肝心だとピアソンは考えていた。彼の言うとおり、私たちは「自然現象の絶対的知識など」持ち合わせて「おらず」、たんに「自分がどう感じているかを知って」いるにすぎない。[12]

そしてピアソンはコインを投げたり札を引いたりするだけにとどまらなかった。彼はさらなるデータを求めて、モンテカルロのルーレットテーブルに目をつけたのだった。ピアソンもポアンカレ同様、なかなか多芸多才だった。偶然性に興味を抱いていたのに加えて、戯曲や詩を書き、物理学と哲学を研究していた。イギリス生まれのピアソンは広く旅して回った。とくに夢中になっていたのがドイツ文化で、ハイデルベルク大学の事務職員が誤って彼の名前を「Carl」ではなく「Karl」と記録してしまうと、そのままその綴りを使い続けた。[13]

あいにく、計画していたモンテカルロ行きは実現しそうになかった。フレンチ・リヴィエラ〔コートダジュール〕のカジノへ「調査旅行」に行くと言っても、研究費を出してもらうのはほぼ不可能なことはピアソンも承知していた。だが、わざわざホイールを観察するまでもなかった。じつは、『ル・モナコ』という新聞がルーレットの結果を毎週発表していたのだ。[14]そこでピアソンは、一八九二年夏のある四週間の結果に的を絞ることに決めた。そしてまず、赤と黒の結果の割合を見てみた。ホイールを何度となく回せば（そして0を無視すれば）、赤と黒の割合は半々に近づくはずだ。

『ル・モナコ』紙に発表された一万六〇〇〇回ほどのスピンのうち、五〇・一五パーセントが赤だった。ピアソンは〇・一五パーセントの違いが偶然の産物かどうかを突き止めるために、五〇・一五パーセントという結果が五〇パーセントからどれだけ外れているかを計算した。次にその結果を、ホイールがランダムだった場合に見込まれる変動と比べた。すると、〇・一五パーセントの違いはとくに異常ではないことがわかったので、ホイールのランダム性を疑う根拠は得られなかった。

　赤と黒が出た回数は同じようなものだったが、ピアソンは他の結果も調べてみることにした。そこで次に、どれぐらい頻繁に同じ色が続けざまに出るかに注目した。カジノの客はそうした巡り合わせにこだわりかねない。一九一三年八月一八日の晩を例に取ろう。モンテカルロのカジノの一軒では、ルーレットボールが十数回も続けて黒の上に止まった。客はそのホイールの周りに群がり、次が何色になるかを見守った。[15] いくらなんでも、もう黒は出ないはずでは？　ホイールが回り始めると、客たちはどっと赤に賭けた。ところが、ボールはまたしても黒に止まった。さらに多くのお金が赤に賭けられた。だが、次も黒だった。そして、その次も、そのまた次も。ボールは都合二六回連続して黒のポケットに飛び込んだ。もしホイールがランダムなら、どのスピンも互いにまったく無関係のはずだ。黒が続いても、赤が出る可能性が高まるわけではない。それなのにその晩、客たちはそうなると思い込んだ。それ以来、この心理的なバイアス〔偏り〕は「モンテカルロの誤謬（ごびゅう）」として知られてきた。

　赤と黒がそれぞれ連続して出た回数を、ホイールがランダムだった場合に見込まれる頻度とピアソンが比べると、どうもおかしかった。同じ色が二回か三回続けて出ることが、本来あるべき頻度を下回っていた。そして、色が交互に（たとえば赤、黒、赤という具合に）出ることがあまりに多過ぎた。ピアソンは、ホイールが本当にランダムだと仮定した場合に、少なくともこの程度まで極端な結果が出る確率を計算した。この確率（彼はそれを「p値」と名づけた）は、ごく小さかった。実際、本当に小さかったので、地球の歴史が始まって以来ずっとモンテカルロのルーレットテーブルを眺め続けていたとしても、これほど極端な結果を目にすることはとうてい見込めないとピアソンは述べている。それは、ルーレットが偶然性に左右されるゲームではないという決定的な証拠だと彼は考えた。

この発見に彼は激怒した。ルーレットのホイールがランダムなデータの恰好の供給源になってくれればと願っていたのに、彼の巨大な「カジノ実験室」が生み出す結果は信頼できないのだから腹が立った。「科学者は半ペニー銅貨を投げたときの結果を誇らしげに予測するだろう。しかし、モンテカルロのルーレットは彼の理論を混乱させ、法則を嘲るように振る舞う」とピアソンは述べた[16]。ホイールが自分の研究にはほとんど役に立たないのが明らかになったので、カジノは全部廃業にし、その資産は科学に寄付させるべきだとピアソンは提案した。ところが後日、ピアソンが得た異常な結果は、本当はホイールに欠陥があったせいではなかったことが判明した。『ル・モナコ』紙は記者たちにルーレットテーブルを見守って結果を記録するようにお金を払っていたのに、彼らは手抜きして数をでっち上げていたのだった。[17]

そんな怠け者たちとは違って、ヒッブズとウォルフォードはリノを訪れたときには実際にルーレットのホイールを見守った。すると、四つに一つの割でホイールには何らかのバイアスがあることがわかった。なかでもあるホイールにはひどい偏りがあったので、それで賭けをした二人は最初の一〇〇ドルの賭け金をみるみるうちに増やすことができた。最終的にどれだけ儲けたかについては諸説があるが、いくら稼いだにせよ、クルーザーを買って一年間カリブ海を回るのに十分な額だった。[18]

二人のものと似たやり方で成功を収めたギャンブラーの話は山ほどある。モンテカルロのあるホイールのバイアスにつけ込んで一財産築いたヴィクトリア女王時代のエンジニア、ジョセフ・ジャガーや、一九五〇年代初期に国営のカジノで大儲けしたアルゼンチンのシンジケート〔ギャンブル組織〕については、多くの人が語っている。[19]ピアソンがランダム性について調べてくれたおかげで、弱点を抱えたホイールを見つけるのはごく簡単になったと思う人もいるかもしれない。だが、バイアスのあるホイールを見つけたからといって、それが儲かるホイールだとはかぎらないのだ。

一九四八年、アラン・ウィルソンという名の統計学者が四週間にわたって毎日二四時間、あるルーレットのホイールのスピンをすべて記録した。それからピアソンの検証法を使って、それぞれの数が出る可能性が同じかどうか調べると、そのホイールにバイアスがあることは明らかだった。ところが、どう賭けたらいいかはわからなかった。ウィルソンはデータを公表するとき、ギャンブル好きの読者に挑戦状を叩きつけた。[20]「どんな統計的原理に基づいて特定のルーレットの数字に賭けることを決めるべきか？」

一つ答えが出るまでに、三五年かかった。スチュアート・イーシアーという数学者がとうとう気づいたのだが、重要なのはランダムでないホイールを見つけることではなく、賭けるときに有利になるホイールを見つけることなのだ。厖大な回数のスピンを観察して三八の数字のうちの一つが他の数よりも出やすいという確固たる証拠が見つかったとしても、それだけでは儲けられないかもしれない。その数は、平均すると三六回のスピンで少なくとも一回出る必要がある。さもないと、依然としてカジノに負けることが見込まれる。

ウィルソンのルーレットのデータに最もよく出てきた数は19だったが、イーシアーが調べると、19に賭ければ長期的に儲けが出るという証拠は見つからなかった。そのホイールがランダムでないのは明らかだったものの、特別有利な数はないようだった。イーシアーは、自分が方法論を示したころには、ほとんどのギャンブラーにとっておそらく手遅れになっていたことを承知していた。ヒッブズとウォルフォードがリノで荒稼ぎしてからの年月に、バイアスのあるホイールはしだいに減って、姿を消していたからだ。だが、ルーレットが無敵でいられたのも、そう長いことではなかった。

予測可能なはずのものが予測不可能なものを生む

私たちが無知のレベルのどん底にあり、物事の原因があまりに複雑過ぎて理解不能のときに何ができるかと言えば、それは多くの事象を一まとめにしたものを眺め、何かしらパターンが現れていないか、目を凝らすことぐらいだろう。すでに見たように、この統計的な手法は、もしルーレットのホイールにバイアスがあればうまくいく可能性がある。ルーレットのスピンの物理学的側面について何も知らなくても、どんな結果になるかについて予測ができるのだ。

だが、もしバイアスがなかったり、大量のデータを集める時間がなかったりしたらどうだろう？　リッツクラブで勝った三人組は、バイアスのあるホイールが見つかることを願って何度となくスピンを眺めたりはしなかった。ルーレットボールがホイールの上を転がるときの軌道に注目しただけだ。つまり彼らは、ポアンカレの三次の無知ばかりでなく二次の無知からも逃れたということだ。

これは至難の業(わざ)だ。ルーレットボールがどんな道筋をたどるかを決める物理的プロセスを一つ残らず解明したとしても、ボールがどこに止まるかは必ずしも予測できない。水のなかへ突き進んでいくペンキの分子の場合とは違って、ルーレットボールの道筋を決める原因はそれほど複雑ではない。ただし、その原因があまりに小さくて見つけられない可能性がある。ボールの初速がほんのわずかに違うだけでも、最後に止まる場所が大きく変わる。ポアンカレは次のように主張している。ルーレットボールの初期状態の違い（あまりに微細で私たちが見落としてしまうような違い）が、見逃しようのないほど大きな結果につながりうるが、私たちにはその因果関係がつかめないので、その結果は運次第だと言うのだ、と。

これは「初期条件に対する鋭敏な依存性」として知られている問題だ。ルーレットのスピンだろうと熱帯低気圧だろうと、あるプロセスについて詳しい測定値を集めたところで、少しでも見落としがあれば、完全に予想外の展開になりかねない。数学者のエドワード・ローレンツがある講演で、「ブラジルでチョウが羽ばたけばテキサスで竜巻が起こるか？」と問いかける七〇年前に、ポアンカレはいわゆる「バタフライ効果」を概説していたのだ。[21]

やがてカオス理論へと発展することになるローレンツの研究は、主に予測に的を絞っていた。より正確な天気予報をしたい、もっと先まで未来を見通したいというのが彼の動機だった。一方、ポアンカレは逆の問題に興味があった。あるプロセスがランダムなものになるには、どれだけ時間がかかるのか？　じつのところ、ルーレットボールの軌道は本当にランダムになることがあるのか？

きっかけはルーレットだったが、ポアンカレははるかに壮大な軌道を調べることで突破口を開いた。一九世紀に天文学者は、黄道帯〔天球上で、太陽、月、惑星が運行するように見える帯状の範囲〕に沿って散らばっている小惑星のおおよその位置を示した。するとこれらの小惑星は、夜空にほぼ均等に分布していることがわかった。そこでポアンカレは、なぜそうなるかを突き止めたくなった。

小惑星はケプラーの運動法則に従っているに違いなく、また、その初速は知りようがないことをポアンカレは承知していた。彼の言うように、「黄道帯は巨大なルーレット盤で、その上に造物主が厖大な数の小さな球を投げ込んだと見なすことができる」[22]。そこでポアンカレは、小惑星がどうしてそのような配置になっているかを理解するために、ある点を一つの仮想上の物体が周回する距離の総計を、周回する回数と比較することにした。

次のような実験を想像してほしい。信じられないほど長く、信じられないほど摩擦の小さい壁紙のロールを広げる。次に、平らにならしてから、ビー玉を一個取り出し、その壁紙の上に転がす。次にビー玉をもう一個転がし、さらにいくつか、その後から順繰りに転がす。ただし、速さはそれぞれ変える。速いビー玉はあっと言う間に遠ざかるが、遅いビー玉はずっとゆっくり進んでいく。

壁紙は滑らかなのでビー玉はひたすら転がり続ける。しばらくしてからスナップ写真を撮り、その瞬間のビー玉の位置を記録する。そして、壁紙の縁にそれぞれのビー玉の位置を示す切り込みを入れる。それからビー玉を片づけ、壁紙を元どおりに巻き戻す。ロールの縁を見たとき、一つひとつの切り込みは、ロールの縁のどこに現れる可能性も同じぐらいある。なぜそうなるかと言えば、それは壁紙の長さ（そして、それは当然、ビー玉が転がることのできる距離でもある）が、ロールの直径よりもはるかに長いからだ。ビー玉の総移動距離が少しでも変われば、切り込みがロールの縁に現れる場所が大きく変わる。十分に長い時間ビー玉を転がらせておけば、この「初期条件に対する鋭敏性」のおかげで、切り込みが現れる場所はランダムに見えることになる。

ポアンカレは、小惑星の軌道にもそれが当てはまることを示した。長い時間を経るうちに、けっきょく小惑星は黄道帯に沿って均等に散らばることになるのだ。

ポアンカレにしてみれば、黄道帯とルーレットのホイールは、同じ考え方を映し出す二つの例にすぎなかった。ルーレットボールが何周となく回った後に止まる場所も、完全にランダムだとポアンカレは主張した。ただし彼は、賭けの選択肢のなかには、他よりも早くランダム性の領域に陥るものがあることを指摘した。ルーレットのポケットは赤と黒が交互に並んでいるので、どちらが出るかは、ボールがどこに止まるかを正確に計算しなければ予測できない。この予測は、ボールが一、二周回っただけで恐ろしく難しくなる。だが、ホイールを二分して、どちらにボールが止まるかを予測するような賭けの選択肢は、そこまで初期条件に対して鋭敏ではない。したがって、結果がランダムも同然になるまでには、何周も回る必要がある。

ギャンブルをする人にとっては幸いにも、ルーレットボールは極端に長い間、回り続けることはない（数学者のブレーズ・パスカルが永久機関を造ろうとしていてルーレットを発明したという話が、まことしやかに繰り返されてはきたが）[23]。その結果、ギャンブラーはルーレットボールの初期段階の軌道を計測すれば、理論上、ポアンカレの二次の無知に陥るのを避けることができる。何を測定するべきかさえ突き止めればいいのだ。

ルーレットの研究を始めた二人の天才

ルーレットボールのトラッキング（位置や軌道を測定すること）のテクノロジーという話が浮上したのは、リッツクラブの件が最初ではなかった。ヒッブズとウォルフォードがバイアスのあるリノのホイールで大儲けしてから八年後、エドワード・ソープはカリフォルニア大学ロサンジェルス校の談話室で学生仲間たちと一攫千金のもくろみについて話し合っていた。素晴らしい天気の日曜の午後で、彼らはルーレットで勝つ方法はないかと知恵を絞っていた。仲間の一人が、カジノのホイールはたいてい完全無欠だと言うのを聞いたとき、ソープの頭に閃くものがあった。彼は物理学の博士課程を始めたばかりで、手入れが行き届いたしっかりしたホイールは、じつは統計学ではなく物理学で解き明かすべき問題であることに気づいたのだ。彼の言葉を借りれば、「転がるルーレットボールが、突如として、明確で予測可能の壮大な軌道を進む惑星のように見えた」[24]。

一九五五年、ソープはハーフサイズのルーレットテーブルを手に入れ、カメラとストップウォッチを使ってスピンの分析に取りかかった。だが、このホイールにはあまりに欠陥が多く、予測が絶望的であることにまもなく気づいた。それでも彼は投げ出さず、ありとあらゆる手を使って、問題の物理学的側面を調べた。一度など、親類がディナーにやって来たのに、玄関に迎えに出なかった。親類が中に入ってあちこち探すと、ソープはキッチンの床でビー玉を転がしていた。どこまで転がるかを調べる実験の最中だったのだ。

博士号を取得したソープは東海岸に移り、マサチューセッツ工科大学〔ＭＩＴ〕で職を得た。そこで同大学の知的巨人の一人、クロード・シャノンに出会った。シャノンはそれまでの一〇年間、「情報理論」の分野を開拓してきた。情報理論はデータの保存法と伝達法に革命をもたらした。そしてシャノンの研究は後に、宇宙飛行や携帯電話、インターネットなどの実現に貢献することになる。

ソープがシャノンにルーレットの予測について語ったところ、シャノンは町のすぐ外にある自宅でいっしょに研究を続けようと提案した。ソープがシャノンの家を訪ねて地下室に足を踏み入れると、シャノンがどれほど機械や装置が好きかが一目でわかった。その地下室は、発明家が思う存分楽しめる場所だった。そこには、どう見ても総額一〇万ドルは下らないほどのモーターや滑車、スイッチ、歯車などが並んでいた。近くの湖の上を散歩するための巨大な発泡スチロールの「靴」さえあった（彼の散歩姿に、近隣の人は肝を冷やしたことだろう）。ほどなくソープとシャノンは、この機械・装置コレクションに、一五〇〇ドルの業界標準仕様のルーレットテーブルを加えた。

ルーレットの解明は秘密裏に進められた

ほとんどのルーレットのホイールは、客が賭ける前にボールの軌道に関する情報を集められるような形で操作される。クルピエはホイールを左回りにスピンさせてから、ボールを右回りの方向に勢い良く転がし、ホイールの外側の「バックトラック」あるいは「ボールトラック」と呼ばれる縁の部分に沿って回らせる。ボールが何周かすると、クルピエは「賭けはこれまで（ノー・モア・ベット）」（フランス語で客を魅了したがるカジノならば「リヤン・ヌ・ヴァ・プリュ」）と宣言する。やがてボールは、バックトラックの内側の「ボトムトラック」という斜面についているデフレクター（ボールの進む向きを変える出っ張り）の一つに当たり、ポケットのどれかに収まる。客にとってはあいにくだが、ボールの軌道は数学用語を使えば「非線形」で、インプット（速度）がアウトプットレの三次の無知に逆戻りしてしまったわけだ。

二人はボールの動きを求める方程式を導き出して解決を図るかわりに、観察の結果に頼ることにした。特定の速さで動くボールがどれだけ長くバックトラックにとどまるかを実験で調べ、その情報を使って予測を行なった。彼らは、スピンの間にボールがバックトラックを一周するのにかかる時間を計っては、それまでの結果と比べて、いつボールがデフレクターに当たるかを推測した。

計算はルーレットテーブルの前でする必要があったので、ソープとシャノンは一九六〇年末に世界初のウェアラブルコンピューターを作り、ラスヴェガスに持っていった。配線が頼りにならず、頻繁に修理しなければならなかったため、一度しか試すことができなかった。それでも、コンピューターは役に立ちそうに見えた。コンピューターのシステムを使えば客の側が有利になるから、この研究の話が世間に伝われば、カジノがルーレットを廃止するかもしれないとシャノンは考えた。したがって、秘密にしておくことが何より重要だった。ソープは次のように回想している。「彼によれば、噂の伝わり方を研究している社会的ネットワーク理論家たちは、たとえばアメリカでランダムに二人を選ぶと、たいてい三人以下の知り合いを介して、すなわち『三次の隔たり』を介してつながっていると主張しているという」。やがて、「六次の隔たり」という考え方が大衆文化に浸透することになる。社会学者スタンリー・ミルグラムによる一九六七年の実験が広く世に伝えられたおかげだ。この実験では、参加者はターゲットとする受取人に手紙を届けるのを手伝うように求められる。ターゲットを知っている可能性が最も高いと思われる自分の知人へ手紙を送ってほしいというのだ。[25]最終的に受取人に届くまでに、手紙は平均すると六人の手を経た。こうして、「六次の隔たり」という概念が誕生した。ところがその後の研究で、シャノンが主張した「三次の隔たり」のほうがおそらく現実に近いことがわかった。研究者たちが二〇一二年にフェイスブックでのつながり（実生活での知り合いの代役として、かなりふさわしいだろう）を調べると、どんな人を二人選んでも、平均すると三・七四次の隔たりで結びついていたことがわかったのだ。[26]どうやら、シャノンが恐れるのももっともだった。

ルーレット攻略のヒントを得た次世代研究者たち

一九七七年も押し詰まったころ、ニューヨーク科学アカデミーはカオス理論に関する初の主要な会議を開いた。そして、ジェイムズ・ヨーク（ルーレットや天候などの、規則性はあるものの予測不能の現象を指す「カオス」という用語を使い始めた数学者）や、ロバート・メイ（プリンストン大学で個体群動態を研究している生態学者）ら、多種多様な研究者を招いた。

その会議には、カリフォルニア大学サンタクルーズ校の若手物理学者ロバート・ショーの姿もあった。[27] ショーは博士号の取得を目指して、流水の動きを研究していた。だが、彼が取り組んでいたプロジェクトはそれだけではなかった。彼は仲間の学生たちと、ネヴァダ州のカジノと張り合う方法も開発していた。彼らは古代ギリシアの幸福（エウダイモニア）追求主義の哲学的概念を肯定する意味を込めて「エウダイモン」を自称した。そして、ルーレットでカジノを打ち負かそうとするこのグループの試みは、その後、ギャンブル界の伝説の一部となった。

このプロジェクトは、ドイン・ファーマーとノーマン・パッカードというカリフォルニア大学サンタクルーズ校の二人の大学院生が、手入れをした中古のルーレットホイールを購入したときに始まった。二人は前の夏を使って、さまざまなゲームのベッティングシステム〔賭けのシステム〕を面白半分に試した後、結局ルーレットに落ち着いた。ソープはシャノンに警告されたにもかかわらず、著書の一冊に、ルーレットで勝つ方法があることをほのめかしてしまっていた。ファーマーとパッカードは、本の終わりのほうに埋め込まれたこのさりげないコメントを読んだだけで、ルーレットはさらに研究するだけの価値があることを確信した。二人は大学の物理学研究室で夜な夜な作業に励み、ルーレットのスピンの物理学的側面を少しずつ解き明かしていった。そして、ホイールの周りを回るボールを測定するうちに、賭けで儲けるだけの情報が集められることを突き止めた。[28]

後に、エウダイモンの一人であるトマス・バスは、このグループの活躍ぶりを『エウダイモンのパイ（*The Eudaemonic Pie*）』という本に綴った。グループが計算の精度を上げてから、コンピューターを靴の中に隠し、それを使って多くのカジノでボールの軌道を予測した話を、バスはその本で語っている。ただし、一つだけバスが明かさなかった情報がある。エウダイモンたちの予測法の基盤となる方程式だ。

論文として発表されたルーレット攻略法

ギャンブルに関心のある数学者はたいてい、エウダイモンたちの話を聞いたことがあるだろう。また、彼らのもののような予測が可能かどうか、疑問に思ったことのある数学者もいるはずだ。だが、実際に試す人はいなかった。ようやくその予測法を検証した人がいたことが明らかになったのが二〇一二年で、この年、『カオス』誌にルーレットに関する新しい論文が載ったのだ。[29]

マイケル・スモールが最初に『エウダイモンのパイ』に出会ったのは、南アフリカ共和国の投資銀行に勤務していたときだ。彼はギャンブラーではなかったし、カジノも好きではなかった。それでも、靴に仕込んだコンピューターに興味を引かれた。また、かつて博士号を取得するために、非線形の力学的特性を持つ系〔一定の相互作用をしたり相互関連を持っていたりするものの集合〕を分析したことがあり、ルーレットはそのカテゴリーに見事に当てはまった。[30]それから一〇年が過ぎ、スモールはアジアに移り、香港理工大学で職に就いた。そして、工学部の同僚であるチー・コン・ツェと、ルーレット攻略用のコンピューターの作成は学部生にうってつけのプロジェクトになりうるということで意見が一致した。

エウダイモンたちのもののように有名なルーレット攻略法を研究者が公に検証するまでに、これほど時間がかかったのは不思議に思えるかもしれない。とはいえ、ルーレットのホイールは簡単には調べられない。普通、カジノのゲーム用具は大学の備品リストには載っていないから、ルーレットを研究する機会は限られている。ピアソンがいいかげんな新聞報道に頼ったのは、誰に頼んでもモンテカルロ行きの費用を出してもらえなかったからだし、ソープもシャノンの後援がなければ、ルーレットの実験はなかなか行なえなかっただろう。

ルーレットにまつわる数学的な基本事項も、問題解明の邪魔をしてきた。ルーレットの背後にある数学的特性があまりに複雑だからではなく、単純過ぎるからだ。専門誌の編集者は掲載する科学論文の種類にうるさいため、基礎的な物理学を使ってルーレットで勝とうとするというのは、たいてい編集者が好むテーマではない。とはいえ、

図1.1　ルーレットスピンの3段階

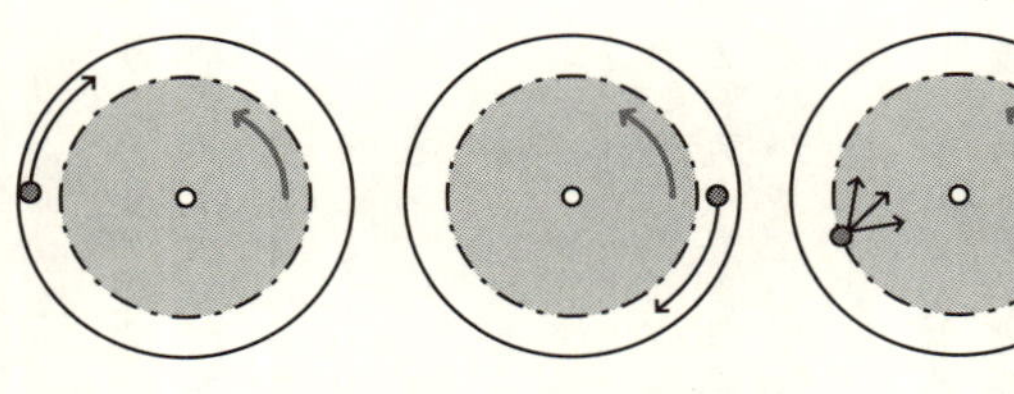
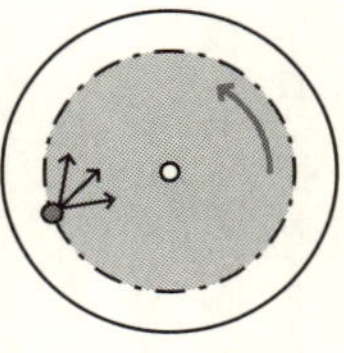

ルーレットに関する論文もたまにはあり、ソープが自分の手法を説明したものもその一例だ。あいにくソープは、コンピューターを使った予測は成功しうると読者（エウダイモンたちも含む）が納得するだけのことは明かしたものの詳細は伏せたままにした。肝心の計算をそっくり除外しておいたのだ。

スモールとツェは、大学を説き伏せてルーレットホイールを買わせるとすぐ、エウダイモンたちの予測法の再現に取りかかった。手始めに、二人は図1・1のようにボールの軌道を三つの異なる段階に分割した。クルピエがホイールを回すと、ボールは最初、ホイールの外側のバックトラックを巡り、中央の回転部分はそれとは逆方向にスピンする。この段階では、ボールには二つの競合する力が働く。ボールを縁に押しつける遠心力と、ホイールの中心に向かって引きずり下ろそうとする重力だ。

スモールとツェは、ボールは転がっているうちに当然、摩擦でスピードが落ちると考えた。やがてボールの速度が落ち、重力が優勢になる。その時点で第二段階に入り、ボールはバックトラックを離れて、その内側のボトムトラックを転がる。そして、しだいにホイールの中心に向かい、ボトムトラックに配置されたデフレクターの一つに衝突する。

その時点までは、ボールの軌道は教科書に出てくるとおりの物理学を使って計算できる。だが、ボールはデフレクターに当たった途端、方向が変わり、やがてポケットの一つに収まる。賭けの観点に立つと、ボールは予測可能な心地好い世界を離れ、完全なカオスの段階に入る。

スモールとツェは、統計的な手法を使ってこの不確実性に対処することもできた。だが、二人は物事を単純化するため、ボールがデフレクターに衝突した瞬間、真下に来ていたポケットの一つ先のポケットの数字を予測結果と定めることにした。ボールがデフレクターに当たってどのポケットに飛び込むかを予測するために、スモールとツェには六つの情報が必要だった。ボールの位置と速度と加速度、そして、ホイールの回転位置と速度と加速度だ。幸い、軌道について考えるときの視点を変えれば、これら六個の要因は三個に減らすことができた。ルーレットテーブルを見物している人にすれば、ボールが一方に動き、ホイールが逆方向に動いているように見える。だが、ボールの視点から計算を行なうことも可能だ。その場合には、ボールがホイールに対して相対的にどう動いているかを測定するだけで済む。スモールとツェは、ボールが特定の場所を通過するときのタイムをストップウォッチで測ってそれを測定した。

ある日の午後、スモールは最初の実験を行なってこの手法を検証した。彼は計算を処理するコンピュータープログラムをノートパソコンで書いてから、ボールを転がして必要な計測を手ずから行なった。おそらくエウダイモンたちもそうしたことだろう。スモールはボールがバックトラックを一二、三周する間に情報を集め、どこに止まるかを予測することができた。そのうちにオフィスを後にする時間がきたので、実験は二二回しかできなかった。だがその二二回のうち三回で数字を的中させた。ランダムに推測していて三回以上も正しい結果を予測する確率（p値）は二パーセントに満たなかった。これでスモールは、エウダイモンたちの戦略が有効であることを確信した。物理学を応用すれば、ルーレットで本当に勝つことができそうだった。

自らの手でこの手法を検証したスモールとツェはハイスピードカメラを設置し、ボールの位置について、より正確な測定値を集めた。このカメラは、毎秒およそ九〇回の割合でホイールの写真を撮影した。そのおかげで、ボールがデフレクターにぶつかった後どうなるかを調べることができた。スモールとツェは、工学部の学生二人に手伝わせ、ホイールを七〇〇回スピンさせ、自分たちの予測と最終結果との違いを記録した。そして、その情報をまとめ合わせ、予測したポケットとそれ以外の各ポケットにボールが止まる確率を計算した。ほとんどのポケットでは、その確率はずば抜けて高くも低くもなく、ポケットをランダムに選んだときに見込まれる確率にほぼ等しかった。とはいえ、そこから浮かび上がってくるパターンもいくつかあった。ボールは、止まる場所が完全に偶然だったなら見込まれるよりもはるかに頻繁に、予測したポケットに収まった。そのうえ、予測したポケットのすぐ手前に並ぶ数字でボールが止まることは稀(まれ)だった。それらのポケットに入るには、ボールは弾んで後戻りしなければならないのだから、当然だろう。

カメラは理想的な状況下で（つまり、ボールの軌道について非常に正確な情報が手に入るとき）何が起こるかを示してくれたが、たいていのギャンブラーは、ハイスピードカメラをカジノに持ち込もうとしたら苦労するだろう。したがって、自ら測定を行ない、その結果に頼るしかない。だが、これはそれほど不都合でないことにスモールとツェは気づいた。ストップウォッチを使った予測でさえ、ギャンブラーに一八パーセントの期待利益をもたらせると二人は主張した。

結果を発表したスモールのもとには、この手法をカジノで実際に使ったギャンブラーたちからメッセージが届いた。「ある男性は、手口の詳しい説明を送ってきました」とスモールは言う。「コンピューターのマウスを改造して足の指に取りつけた『クリッカー』装置の見事な写真も添えて」。スモールの研究はドイン・ファーマーの注意も引いた。彼はフロリダでヨット遊びをしていたときに、スモールとツェの論文について耳にした。[31]ファーマーが自分の手法を三〇年余りも公表せずにきたのは、スモール同様、カジノを嫌っていたからだ。ファーマーはエウダイモン時代にネヴァダ州のカジノに行ってみて、ギャンブル依存症の人々がギャンブル業界の食い物にされていると確信した。だから、もし人々がコンピューターを使ってルーレットで勝つことを望むのなら、カジノが優位を取り戻すのを助けるようなことを、ファーマーは一言も口にしたくなかった。とはいえ、スモールとツェの論文が発表された以上、もう沈黙を破っても良かろうとファーマーは考えた。エウダイモンたちのやり方と、スモールとツェが示したやり方とには重大な違いがあったから、なおさらだった。

スモールとツェは、摩擦がボールを減速させる主な力だと決めてかかっていたが、ファーマーの見方は違った。ボールを減速させる最大の要因は空気抵抗であり、摩擦ではないことを、彼は発見済みだったのだ。[32]実際、空気のない（したがって、空気抵抗もない）部屋にルーレットテーブルを置けば、ボールは数字の所に止まるまでにホイールの周りを何千周も転がるだろうと彼は明言している。

スモールとツェのやり方と同じで、ファーマーの手法を使うときにも、ルーレットテーブルを前にしていくつか値を推定する必要があった。エウダイモンたちは、カジノに出かけたときには、空気抵抗の大きさ、ボールがバックトラックを離れたときの速度、ホイールが減速する割合の三つを突き止めなければならなかった。[33] 空気抵抗とホイールの減速の割合を推定するのがとりわけ難しかった。この二つはどちらも同じような形で予測に影響を与えた。空気抵抗を少なく見積もれば、それは速度を大きくするようなものだったからだ。

ルーレットボールの周りで何が起こっているかを知ることも大切だった。外部要因は物理的プロセスに大きな影響を与えうる。ビリヤードというゲームを例に取ろう。台に摩擦抵抗がなかったら、一度突かれたボールは何度となく跳ね返りながら転がり続け、複雑な軌跡を残すだろう。キューボール〔突き球〕が数秒後にどこに行くかを予測するには、それがどう突かれたかを正確に知る必要がある。[34] だが、長期的な予測をするには、最初の一突きについて知っているだけでは足りないことを、ファーマーらは指摘している。引力（それも、地球のもの以外の引力まで）などの力も考慮に入れなければならない。一分後にキューボールがどこに行くかを正確に予測するには、銀河系の果てにある粒子の引力まで計算に組み込む必要があるのだ。

ルーレットの予測を立てるときには、ルーレットテーブルの状態についての正しい情報を手に入れることが欠かせない。天気の変化さえ、結果を左右しかねない。サンタクルーズが晴れているときに推定した値に基づいて計算を行なうと、霧が押し寄せてきた場合には、ボールは予期していたよりも半周早くバックトラックを離れることにエウダイモンたちは気づいた。もっと身近な邪魔が入ることもある。ある日、カジノを訪れたファーマーは賭けを断念する羽目になった。じつに恰幅の良い男性客がルーレット台にもたれかかっていたので、ホイールが傾き、予測がまともにできなくなってしまったからだ。

とはいえ、エウダイモンたちにとって最大の足枷(あしかせ)は、機器の不具合だった。彼らがベッティング戦略を実行に移すときには、カジノのセキュリティ要員に疑われないように、一人にスピンを記録させ、別の人に賭けさせた。無線でメッセージを送り、チップを持っているプレイヤーにどの数字に賭けるかを伝えるという作戦だ。ところが、このシステムは不具合を起こしてばかりだった。しばしば信号が途切れ、賭けの指示も伝わらないのだった。理論上、エウダイモンたちはカジノに対して二〇パーセントの割合で優位に立てるはずなのに、こうした技術上の問題のせいで、どうしても大儲けはできなかった。

やがてコンピューターの性能が上がるにつれ、以前より優れたルーレット攻略用の機器を首尾良く開発した人もいるにはいる。だが、そのほとんどがニュースで報じられることはなく、二〇〇四年にリッツクラブで勝った三人組は例外だ。あのときには、新聞各紙はレーザースキャナーの話に飛びついた。ところが事件の数か月後、ベン・ビーズリー＝マリーというジャーナリストが業界のインサイダーたちに話を聞くと、レーザーが使われたという主張は否定された[35]。リッツクラブの三人組は、ホイールがスピンするときの時間を携帯電話を使って計った可能性が高かった。基本的な手法はエウダイモンたちのものと似ていたのだろうが、テクノロジーの進歩のおかげで、以前よりはるかに効果的に活用できたのだった。元エウダイモンのノーマン・パッカードによれば、万事わけもなくやってのけられただろうとのことだ[36]。

そして、それは完全に合法でもあった。リッツクラブの三人組は詐欺によって金銭を奪った（窃盗罪の一形態）として起訴されたが、実際にはゲームに干渉してはいない。誰一人ボールに手を出したわけでもなければ、チップをすり替えたわけでもない。したがって、警察は三人組を逮捕してから九か月後、捜査を打ち切り、合計一三〇万ポンドの賞金を返還した。三人組がこれだけのお金を手に入れられたのは、ギャンブルに関するイギリスの法律が恐ろしく時代遅れである点に負うところが大きい。一八四五年に成立した賭博法は、ギャンブラーが利用できる新しい手法に対処できるように改正されてはいなかったのだ。

あいにく、この法律が恩恵を施すのはギャンブラーばかりではない。あなたがカジノと交わしている暗黙の合意（たとえば、正しい数字を選べば金銭で報いられるというもの）には、イギリスでは法的拘束力がない。あなたが勝ったのにカジノが支払いを拒んでも、カジノを相手に訴訟を起こすことはできない。また、カジノは負けにつながる戦術を使う客が大好きではあっても、必勝法を知っている客は好まない。あなたがどんな戦術を採用するにせよ、カジノ側の対抗策をかわさなければならない。ヒッブズとウォルフォードがリノでバイアスのあるルーレットホイールを探し出して、獲得賞金が五〇〇〇ドルを超えると、カジノは各ルーレットテーブルの位置を入れ替えて二人の裏をかいた。[37] エウダイモンたちは長い時間をかけてホイールを観察する必要はなかったが、それでも時折カジノから早々に退散せざるをえなかった。

ルーレットを考える理論モデルの進化過程

効果的なルーレット攻略法はどれも、カジノのセキュリティ要員の注意を引くこと以外にも共通点を持っている。すべて、ホイールを回した結果は予測不能であるとカジノが信じているという事実を拠り所にしているのだ。結果が予測不能でないときには、じっくり観察すればバイアスにつけ込むことができる。ホイールが完璧で、万遍なく数が出るときには、ギャンブラーはボールの軌道について十分なデータを集めれば、カジノを打ち負かしうる。

有効なルーレット攻略法の進化は、過去一世紀の間に偶然性の科学研究が発展してきた道のりを反映している。ルーレットで勝つためになされた初期の取り組みは、物理的なプロセスについて何もわかっていない、ポアンカレの三次の無知を免れようとするものだった。ルーレットに関するピアソンの研究は純粋に統計的で、データの中にパターンを見出すことを目指していた。リッツクラブでの大成功など、ルーレットで利益をあげようとする後の試みでは、別の手口が使われた。それは、ポアンカレの二次の無知を克服し、ルーレットの結果はホイールとボールの初期状態に信じられないほど鋭敏であるという問題を解決しようとするものだった。

ポアンカレにとってルーレットは、単純な物理的プロセスがランダムに見えるものに陥りうるという自分の考えを例証する手段だった。彼の考えはカオス理論の根幹を成し、この理論は新たな学問分野として一九七〇年代に登場してきた。その間も、ルーレットの影が常にその背景にちらついていた。事実、エウダイモンたちの多くが、カオス系についての論文を発表することになる。ロバート・ショーは研究の一つで、蛇口から滴る水の規則的なリズムが、栓をさらに回して開けると予測不能のビートを刻むようになることを実証した。これは、規則的なパターンがランダムに等しいパターンへと切り替わる「カオス的遷移（せんい）」の、実生活における例として最初期に挙げられた現象だ。カオス理論とルーレットへの関心は、月日が流れても衰える気配はない。両者は今なお世間の想像力を搔（か）き立てる。二〇一二年にスモールとツェの論文がメディアで大々的に取り上げられたことからも、それは明らかだ。

ルーレットは取り組み甲斐があって人の気をそそる知的難問かもしれないが、お金を稼ぐとなると、最も簡単な手段でもなければ、最も当てになる手段でもない。まず、カジノのルーレットテーブルには賭け金の限度額がある。エウダイモンたちは少額の賭け金でプレイした。おかげで目立たずに済んだが、勝ち取れる金額にも限りがあった。賭け金の高いテーブルでプレイすればもっと儲かるかもしれないが、カジノのセキュリティ要員による監視も厳しくなる。さらに、法的な問題もある。ルーレット攻略用コンピューターの使用は多くの国で禁止されており、許されている国でさえ、カジノは当然、使用者に敵対的だ。そのため、たっぷり利益をあげようと思っても、一筋縄では行かない。

こうした理由から、じつはルーレットは、科学的ベッティングの物語のほんの一部でしかない。エウダイモンたちが靴にコンピューターを仕込んで成功して以来、ギャンブラーたちは他のゲームにもせっせと取り組んできた。そうしたゲームの多くもルーレットと同じで、長年、攻略不能という評判を取ってきた。だが、ルーレットの場合と同じで、今や人々は科学的な手法を使って、その評判がどれほど的外れたりうるかを明らかにしつつある。

第2章　宝くじの抜け穴につけ込む

宝くじと実験と「制御されたランダム性」

ケンブリッジ大学の数あるカレッジのうち、ゴンヴィル・アンド・キーズは、四番目に古く、三番目に裕福で、二番目に多くのノーベル賞受賞者を輩出している。[1] また、毎晩三コースのフォーマルディナーが出されるわずかなカレッジの一つでもあり、それはつまり、学生のほとんどにとって、このカレッジのネオゴシック様式の大食堂と、その独特のステンドグラスの窓がすっかりお馴染みであることを意味する。[2]

窓の一つにはぐるぐるとねじれたDNAの二重らせんが描かれ、かつてこのカレッジのフェロー〔特別研究員〕だったフランシス・クリックを称えている。別の窓には三つの円が重なり合うベン図が描かれている。これは論理学者ジョン・ベンへの敬意の印だ。さらに別の窓にはチェッカーボードも収まり、マス目が見たところランダムに色分けされている。現代統計学の創始者の一人であるロナルド・フィッシャーを記念するものだ。

フィッシャーはゴンヴィル・アンド・キーズで奨学金を獲得した後、ケンブリッジ大学で進化生物学を専攻し、三年間学んだ。[3] 彼は第一次世界大戦直前に卒業し、イギリス陸軍に入ろうとした。だが、身体検査を何度か受けたものの、視力が弱かったため、毎回合格できなかった。その結果、イギリスのいくつかの一流パブリックスクールで数学を教え、空き時間に少しばかり学術論文を発表したりして戦時を過ごした。戦いが終わりに近づくと、フィッシャーは新しい仕事を探し始めた。選択肢の一つはカール・ピアソンの研究室に加わることだった。主任統計学者の職を提示されていたのだ。フィッシャーはこの選択肢にはあまり乗り気になれなかった。その前年、ピアソンがフィッシャーの研究の一部を批判する論文を発表していたからだ。この攻撃に依然として動揺していたフィッシャーは、その職を辞退した。

かわりに、フィッシャーはロザムステッド農事試験場で職に就き、農業の研究に注意を向けた。彼はたんに実験の結果に興味を持つだけではなく、実験をなるべく有用なものとするべく計画できるようにしたいとも考えた。「実験が終わってから統計学者の意見を求めるのは、実験の検死を行なうよう求めるにすぎないことが多い。ひょっとするとその統計学者は、実験の死因を挙げられるかもしれないが[4]」と彼は述べている。

フィッシャーは進行中の研究について考えていて、実験の際、異なる処置を施した

図2.1　ラテン方陣　偏った方陣

C	D	B	A
B	A	D	C
D	C	A	B
A	B	C	D

ラテン方陣

A	A	B	D
A	B	D	B
A	C	D	C
D	C	C	B

偏った方陣

作物を用地にどう分散させるか頭を悩ませた。広大な地域で医学的な試験を行なうときにも同じ問題が発生する。異なる処置をいくつか比較するときには、それぞれが広い地域に行き渡るようにするのが望ましい。だが、場所をランダムに選んで分布させると、似たような場所を繰り返し選んでしまう可能性が出てくる。その場合、ある処置が一つの地域に集中し、実験はひどくお粗末なものになってしまう。

四つの処置を、四行四列、合計一六のマス目に仕切った実験用地で試験したいとしよう。それぞれの処置を隣接する一角に集中させることなく、全体に散らばらせるにはどうしたらいいのか？フィッシャーは画期的な著書『実験計画法』で、四つの処置がどの行にもどの列にも一度ずつ現れるように配置することを提案した。こうすれば、畑の一方の側の土地が肥えており、もう一方の側の土地が痩せていても、すべての処置がどちらの条件にもさらされる。フィッシャーが提案したパターンは偶然にも、別の分野では以前から人気を博していた。古典様式の建築では、よく使われていたのだ。その方面では「ラテン方陣」として知られていた。図2・1に示しておく。

ゴンヴィル・アンド・キーズ・カレッジのステンドグラスには、もっと規模の大きいラテン方陣が描かれており、それぞれの処置を表す文字の代わりに、異なる色が配されている。フィッシャーのアイデアは古風な大食堂で記念されているだけではなく、今日も使われている。ランダムでしかもバランスの取れたものをどう作るかという問題は、農業や医療を含め、多くの業界で生じる。そして、宝くじの類のゲームでも起こる。

宝くじはプレイヤーにお金を払わせるようにできている。受け入れやすい形の税金として始まり、大きな土木建設工事の費用の足しにする目的のことが多かった。中国の万里の長城は漢王朝が運営していた宝くじの収益を資金源としていたし、[5] イギリスの大英博物館は一七五三年に行なわれた宝くじの収益で建てられた。[6] アメリカのアイビーリーグを構成する名門大学の多くは、植民地政府が企画した宝くじの売上を使って創立された。[7]

現代の宝くじはいくつかの異なるゲームから成り、そのうちでもスクラッチカードが大きな儲けを出している。イギリスでは国営宝くじの歳入の四分の一をスクラッチカードが占めているし、[8]アメリカの州営宝くじは、スクラッチカード販売で何百億ドルも稼いでいる。[9]賞金は何百万ドルにもなるので、宝くじの運営者は当たりカードの供給を念入りに制限する。こすって剝がすスクラッチ箔の下に、ランダムに数字を印刷するわけにはいかない。賞金の支払い能力を超える当たりくじができてしまいかねないからだ。また、カードをでたらめに取扱い先に送るのも賢明ではない。「ラッキーな」カードがすべて一つの町に行き着いてしまうかもしれないからだ。スクラッチカードは、ゲームを公平にするために偶然の要素を持っている必要があるが、運営者は当選者が出過ぎたり、一か所に偏り過ぎたりしないように、どうにかしてゲームを調整する必要もある。統計学者のウィリアム・ゴセットの言葉を借りれば、彼らには「制御されたランダム性」[10]が必要なのだ。

当たりくじを見つけ出す方法

スクラッチカードが特定の規則に従っていることにモハン・スリヴァスタヴァが思い当たったのは、面白半分のプレゼントを受け取ったのがきっかけだった。二〇〇三年六月、彼はカードを何枚かもらった。そのうちの一枚には、○×ゲームがいくつか印刷されていた。スクラッチ箔をこすって剝がすと、同じシンボルが三つ並んで現れ、三ドルの賞金がもらえた。同時に彼は、このくじの運営者は当たりカードをどうやって把握するのだろうと疑問に思い始めた。[11]

スリヴァスタヴァはカナダのトロントで統計の専門家として働いていたので、どのカードにも、当たりかどうかを示す何かしらの暗号がついているのではないかと考えた。彼は以前から暗号解読に興味があった。彼はビル・タットの偉業を知っていた。[12]イギリスの数学者、タットは、一九四二年にナチスのローレンツ暗号機の暗号を解読し、この功績は後に「第二次大戦における屈指の知的偉業」[13]と評された。スリヴァスタヴァは、地元のガソリンスタンドにカードの賞金を受け取りに行く途中、その宝くじの運営者は、○×ゲームのスクラッチカードをどういう方法で流通させているのか考え始めた。彼はその手のアルゴリズムに関しては経験豊富だった。彼は、さまざまな採掘会社でコンサルタントをしていた。金の鉱床を見つけ出すのが仕事だった。高校時代には宿題のために、○×ゲームのコンピューター版のプログラムを書いたことさえあった。[14]スリヴァスタヴァは、スクラッチカードのスクラッチ箔が被さったパネルのそれぞれには、数字が三行三列、合計九個印刷されているのに気づいた。ひょっとしたら、この数字がカギかもしれない。

その日のうちにスリヴァスタヴァはもう一度ガソリンスタンドに寄り、スクラッチカードを一束買った。そして数字を調べてみると、カードには何度も現れる数字もあれば、一度しか現れない数字もあることがわかった。次々にカードを見てみると、一度しか現れない数字がどこかの行に三つ並んでいるカードが、たいてい当たりだった。単純で効果的な手法だった。難しいのは、そのようなカードを見つけることだ。

あいにく、当たりのカードはめったにない。かつて、こんな事件があった。二〇一三年四月一六日の未明に、一台の自動車がケンタッキー州のコンビニエンスストアのドアを突き破った。中から女性が一人飛び出してきて、スクラッチカード一五〇〇枚が入った陳列棚を奪い、車で走り去った。だが、数週間後に逮捕されたときまでに、その女性が手に入れていた賞金はわずか二〇〇ドルだった。[15]

スリヴァスタヴァは賞金をもらえるスクラッチカードを見つける、信頼できる（そして合法的な）方法を突き止めたにもかかわらず、その知識を活かして実入りの良いビジネスを始めることはできなかった。カードをいちいち調べて「ラッキーな」カードを見つけるのにかかる時間を計算すると、今の仕事を続けたほうが得であることを悟ったのだった。キャリアを変える価値がないと判断したスリヴァスタヴァは、スクラッチカード宝くじの運営者に自分の発見を教えれば喜ばれるかもしれないと考えた。そこで、まず電話で伝えようとして伝言を残したが、怪しげな戦術を使う多くのギャンブラーの一人とでも思われたのか、返事の電話はかかってこなかった。そこで、手つかずのスクラッチカード二〇枚を当たりと外れの二種類に分け、宅配便業者を使って運営者の警備部あてに送りつけた。その日のうちに警備部から電話があった。「ぜひ、お話をうかがいたいです」[16]と。

○×ゲームのカードは、まもなく販売店から回収された。くじの運営者によれば、問題はデザイン上の欠陥によるものだったそうだ。だがスリヴァスタヴァは二〇〇三年以降もアメリカとカナダの他の宝くじを見たことがあり、同じ問題を抱えたスクラッチカードがあいかわらず製造されているのではないかと思っている。

二〇一一年、『ワイアード』誌がスリヴァスタヴァの話を特集してから数か月後、テキサス州のプレイヤーがスクラッチカードで驚異的な成功を収めていることが報じられた。一九九三年から二〇一〇年にかけて、ジョーン・ギンザーという女性がテキサス州のスクラッチカード宝くじで四回もジャックポット〔大当たりで支払われる多額の賞金〕を勝ち取り、合計二〇四〇万ドルを懐に入れたという。[17]これはただの幸運だったのだろうか？　勝ちを重ねられた理由についてギンザーは一言もコメントしていないが、彼女が統計学の博士号を持っていることと無縁ではないかもしれないと臆測する人もいる。

科学的思考に弱点を暴かれてしまうのはスクラッチカードだけではない。従来の宝くじは制御されたランダム性とは無縁だが、数学的才能に恵まれたプレイヤーたちにかかると、依然として安泰ではない。そして、宝くじに抜け穴があると、大学の研究プロジェクトのようなお堅いはずのものからさえ必勝法が誕生しかねない。

期待利益がプラスになる宝くじが存在する？

マサチューセッツ工科大学ほど型にはまらないことで有名な大学の中にあってさえ、学生寮ランダムホールは少なからず奇抜であるという評判を取っている。キャンパスの伝説によれば、一九六八年にそこで初めて暮らした学生たちは、この寮を「ランダムハウス」と呼びたがったが、同名の出版社から苦情を申し立てる手紙が届いて断念したという。[18]この寮は、各階にも名前がついている。ある階は「デスティニー」と呼ばれており、それはお金に困った寮生たちがインターネットオークション・サイトのｅＢａｙ〔イーベイ〕で命名権を売りに出した結果だ。娘にちなんで名づけたいと願っていた男性が三六ドルで権利を競り落としたのだった。[19]この寮には学生たちが作成した独自のウェブサイトさえあり、それを使えば寮生はバスルームや洗濯機が空いているかどうか調べられる。[20]

二〇〇五年に、ランダムホールのあちこちの廊下で別のプランが形を取り始めた。ジェイムズ・ハーヴィーという学生が、もう少しで数学の学位を取得するところまで来ており、最終学期に研究プロジェクトを一つやり遂げる必要があった。テーマを探していた彼は、宝くじに興味を持った。[21]

マサチューセッツ州営宝くじは、州政府の歳入を増やすために一九七一年に設立された。この組織はいくつか異なるゲームを運営していたが、とくに人気があったのは「パワーボール」と「メガミリオンズ」だった。この二つのゲームを比較すれば良い研究プロジェクトになるとハーヴィーは踏んだ。ところが、とかくありがちなことだが、この研究プロジェクトもしだいに大きくなり、ハーヴィーはまもなく、「キャッシュ・ウィンフォール」と呼ばれるものも含めて他のゲームとも結果の比較を始めた。

マサチューセッツ州営宝くじがキャッシュ・ウィンフォールを開始したのは二〇〇四年の秋だった。他の州でも行なわれているパワーボールなどのゲームと違い、キャッシュ・ウィンフォールはマサチューセッツ州独自のものだった。ルールは単純だ。プレイヤーは一枚二ドルのチケットごとに六つの数字を選ぶ。抽選で選ばれるものとまったく同じ六つの数字を選べば、最低でも五〇〇万ドルのジャックポットとなる。六つではなくいくつか的中させても、額は少ないが賞金が出る。この宝くじでは、二ドルあたり一ドル二〇セントが賞金として支払われるように設定されており、残りは地元の福利のために使われる。多くの点でウィンフォールは他のあらゆる宝くじのゲームと似ていた。だが、一つだけ重要な違いがあった。普通、宝くじで当選者がいないときには、賞金は次の抽選に繰り越される。次回も当選者がいなければ、賞金はその次に繰り越され、やがて誰かがすべての数字を当てるまでそれが繰り返される。繰越の問題は、宝くじにとっては良い宣伝になる当選者が、なかなか出ない場合がありうる点だ。そして、笑顔と巨額の小切手の写真がしばらく新聞に載らないと、人々はプレイしなくなってしまう。

二〇〇三年、マサチューセッツ州営宝くじはまさにこの問題に直面した。メガミリオンズでまる一年にわたって当選者が出なかったのだ。運営者側は、キャッシュ・ウィンフォールではこの厄介な状況を避けるために、ジャックポットを制限することに決めた。もし当選者が出ないまま賞金が二〇〇万ドルに達したら、ジャックポットは繰り越されるかわりに、数字を三つか四つか五つ的中させたプレイヤーたちに分配される。これがいわゆる「ロールダウン」だ。

宝くじの運営者は抽選の前には毎回、前回の抽選でのチケット売上に基づいてジャックポットの金額を推定して公表した。その推定値が二〇〇万ドルに達すると、六つの数字を的中させる人がいなければ、ロールダウンになることがプレイヤーにはわかる。人々はまもなく、ロールダウンのときのほうが賞金を獲得する可能性がはるかに高まることを見抜いた。その結果、そのような回にはいつも抽選前にチケットの売上が急増した。

ハーヴィーはキャッシュ・ウィンフォールを調べていて、このゲームのほうがプレイヤーにとって他の宝くじよりもお金を稼ぎやすいことに気づいた。それどころか、期待利益がプラスになることさえあった。ロールダウンが起こると、二ドルのチケット売上あたり少なくとも二ドル三〇セントの賞金が支払われることになっていたのだ。

二〇〇五年二月、ハーヴィーはＭＩＴの学生仲間たちとベッティングシンジケートを作った。初回には五〇人ほどの学生が合計一〇〇〇ドルのお金を出し、数を的中させて三倍の賞金を手にした。その後の数年間、宝くじをやるのがハーヴィーの本業になった。二〇一〇年までには彼はシンジケートの仲間とともに、事業を法人化した。彼らはこの会社を、昔のＭＩＴの寮にちなんで、ランダム・ストラテジーズ・インヴェストメンツＬＬＣと名づけた。

他にも宝くじに手を出すシンジケートが出てきた。あるシンジケートは、ボストン大学の生物医学研究者たちから成っていた。別のシンジケートは元商店主（で、数学の学位を持つ）ジェラルド・セルビーが率いていた。彼は以前、別の場所でも同じようなゲームで成功を収めたことがあった。二〇〇三年、やはりロールダウンのあるミシガン州の宝くじゲームに抜け穴があることにセルビーは気づいた。そこで彼は三二人から成るベッティングシンジケートを結成し、二〇〇五年にこの宝くじが中止されるまでの二年間にチケットを大量に買い（そして、ジャックポットを獲得し）続けた。セルビーのシンジケートはキャッシュ・ウィンフォールのことを聞きつけると、マサチューセッツ州に目を向けた。そのようなシンジケートが殺到したのももっともだった。キャッシュ・ウィンフォールはアメリカでいちばん儲かる宝くじになっていたからだ。

宝くじ攻略の実際とその困難

二〇一〇年の夏、キャッシュ・ウィンフォールのジャックポットは再びロールダウンが起こる限度に近づいた。八月一二日に一五九万ドルの賞金を誰も獲得できなかったので、運営者たちは次の抽選のジャックポットが一六八万ドルほどになると推定した。抽選があと二、三回行なわれればロールダウンが必ず起こると見たさまざまなベッティングシンジケートが準備を始めた。月末までには、また多額の賞金を獲得するつもりだった。

ところが、ロールダウンが起こったのは、二回後の抽選ではなく、三回後の抽選ですらなく翌週の八月一六日だった。どういうわけかチケットの売上が急激に増え、賞金総額が二〇〇万ドルを超えてしまったのだ。この莫大な売上のせいで、思いがけずロールダウンが早まった。いちばん驚いたのが宝くじの運営側だった。ジャックポットの推定額がこれほど低いうちに、これほどチケットが売れたことはかつてなかったからだ。これは、いったいどうしたわけか？

キャッシュ・ウィンフォールを始めるにあたって、運営者たちは誰かが大量のチケットを購入して意図的にロールダウンを起こす可能性を検討した。彼らは、チケットの売れ行きがジャックポットの推定額（と、ロールダウンの見込み）にかかっているのを承知していたので、賞金の額を過小評価して売上を落としたくなかった。

彼らは次のように計算した。プレイヤーが、数字をでたらめに選ぶ店頭の自動発券機を使えば、一分間あたりに一〇〇枚のチケットを買える。ジャックポットが一七〇万ドル未満なら、二〇〇万ドルという限度以上に押し上げるためには、プレイヤーはチケットを五〇万枚以上買わなければならない。それには八〇時間をはるかに上回る時間がかかるので、ジャックポットがすでに一七〇万ドル以上でないかぎり、誰も総額を二〇〇万ドル以上にはできないだろうと、彼らは踏んだ。

だが、MITのシンジケートの考えは違った。ジェイムズ・ハーヴィーは、二〇〇五年に初めてこの宝くじに注目したとき、くじの運営本部があるブレイントリーの町を訪れた。ゲームの手引きを手に入れたかったからだ。その手引きには、賞金が厳密にはどのように分配されるかが概説されているだろうと思ってのことだった。あいにく、当時は誰も彼の要望に応えられなかった。二〇〇八年にようやく手引きを送ってもらえた。こうして得られた情報は、MITのシンジケートにとって大きな後押しとなった。それまでは独自の計算に頼っていたからだ。

過去の抽選を調べると、ジャックポットが一六〇万ドルを超えなかったときには、翌週の賞金の推定額が運命の二〇〇万ドルをほぼ確実に下回ることがわかった。だからＭＩＴのシンジケートが狙いどおり、八月一六日の賞金が限度を超えるようにすることができたのは、周到な準備のおかげだった。彼らは、ジャックポットが十分な金額（一六〇万ドルに近いものの、それ未満）に達するのを待っただけではなく、およそ七〇万枚のベッティングスリップにすべて手書きで記入しておく必要があった（選んだ数字を手書きでベッティングスリップに記入し、くじの取扱店に持参して料金を払うと、選んだ数字が印刷されたチケットが発行される）。「手筈（てはず）を整えるのに一年ばかりかかりました[22]」とハーヴィーは後に述べている。苦労は報われた。彼らはその週に約七〇万ドル稼いだと推定されている[23]。

残念ながら、まもなく利益があがらなくなった。一年もしないうちに、『ボストン・グローブ』紙がキャッシュ・ウィンフォールの抜け穴と、それにつけ込んで儲けてきたベッティングシンジケートについての記事を掲載したのだ[24]。二〇一一年の夏、マサチューセッツ州監察長官のグレゴリー・サリヴァンがこの件に関する詳細な報告書をまとめた。サリヴァンは、ＭＩＴなどのシンジケートの行動は完全に合法であることを指摘し、「大量の賭けによって、当たりチケットを手に入れる可能性に影響を受けた人はいなかった」と結論した。それでも、キャッシュ・ウィンフォールで大金を稼いでいる人がいたことは明白で、このゲームは段階的に廃止された。

キャッシュ・ウィンフォールがたとえ中止されていなくても、ベッティングシンジケートが儲け続けることはできなかっただろうと、ボストン大学のシンジケートは監察長官に語った。ロールダウンの週にチケットを買う人が増えたので、一枚あたりの賞金がしだいに少額になっていったからだ。損をするリスクが増す一方で、見込まれる報酬は縮むばかりだった。そのような競争の激しい状況では、他のシンジケートより優位に立つことが肝心だった。MITのシンジケートは、多くの競争相手よりもゲームをよく理解することで、それをやってのけた。彼らは確率と利益と、自分たちが厳密にはどれだけ有利かを知っていたのだ。

とはいえ、賭けでの成功を制約するのは競争だけではない。段取りという、馬鹿にできない問題がある。ジェラルド・セルビーが指摘したように、ロールダウンの週に利益を最大化しようと思うシンジケートは、賭けるためのベッティングスリップを三一万二〇〇〇枚用意してチケットを買う必要があった。なぜなら、それが「統計上のスイートスポット」だからだ。それほど多くのチケットを買うプロセスは、いつもすんなり行くとはかぎらない。湿度の高い日には発券機が詰まることがよくあったし、インクが少なくなると余計に時間がかかるものだ。あるときなど、MITのシンジケートは停電のせいで手間取った。また、シンジケートに発券するのを完全に拒む店もあった。

さらに、買った厖大な枚数のチケットをどうやって保管し、整理するかという問題もあった。シンジケートは何百万枚もの外れチケットを、税務調査官に見せるために箱に保存しておかなければならない。そのうえ、当たったチケットを見つけるのも頭痛の種だ。セルビーは二〇〇三年に宝くじに取り組み始めて以来、およそ八〇〇万ドル勝ち取ったと主張している。[25] だが、抽選の後には妻とともに毎日一〇時間かけてチケットの山を調べ、当たったものを探さなければならなかった。

単純な「シラミ潰し」での宝くじ攻略

シンジケートは宝くじで利益をあげるために、じつに多くの数の組み合わせを買うという戦術をはるか以前から使ってきた。いわゆる「シラミ潰し攻撃」という手法だ。なかでも有名なのが、一九九〇年にアイルランド国営宝くじで勝つことを企てた会計士のステファン・クリンセヴィッチの話だ。クリンセヴィッチは、一〇〇万ポンドをわずかに下回る金額があれば、可能な数字の組み合わせを網羅するだけのチケットが買え、抽選が行なわれたときには、そのうちの一枚が必ず当選することに気づいた。だが、この戦略が有効なのは、ジャックポットが高額の場合だけだ。クリンセヴィッチは繰越賞金が膨れ上がるのを待ちながら、二八人から成るシンジケートを組織した。そして半年をかけて、シンジケートのメンバーはひたすらベッティングスリップへの記入を続けた。やがて、一九九二年五月最終月曜日の一般公休日に行なわれる抽選の繰越金が一七〇万ポンドであることが発表されると、彼らは計画を実行に移した。あまり目立たない地域の宝くじの発券機で、必要な枚数のチケットを買い始めたのだ。チケットの売れ行きが異様に増えたため、運営側の担当者たちが気づき、シンジケートが利用している発券機を停止して食い止めようとした。そのため、シンジケートのメンバーは、可能な数字の組み合わせのうち、八割ほどしか買えなかった。これでは当選が確実にはならなかったものの、非常に有利な立場に立つことはできた。そして抽選結果が発表されたとき、当選番号はシンジケートのチケットのなかに入っていた。ところがあいにく、当選者は他にも二人いたので、シンジケートは彼らとジャックポットを山分けしなければならなかった。それでも、けっきょく三一万ポンドの利益をあげることができた。

この手の単純なシラミ潰しの手法は、多くの計算をしなくてもやってのけられる。本当に大変なのは、必要な枚数だけチケットを買うことであり、数学というよりも人力の問題なので、この手法は一部の人の独占的なものではない。だから、ルーレットのプレイヤーはカジノの裏をかくだけでいいのに対して、宝くじのシンジケートは、同じジャックポットを勝ち取ろうとしている他のシンジケートとも競い合わなければならないことが多い。

競争は絶え間なく続いているのにもかかわらず、繰り返し（しかも合法的に）利益をあげることに成功しているシンジケートもある。そこからは、ルーレットのベッティングとの別の違いも浮かび上がってくる。宝くじのシンジケートの多くは、単独で、あるいは小さなチームで監視の目をかいくぐろうとする人々とは違い、会社を設立している。彼らは投資者を募り、納税のための所得申告を行なう。この際立った差異は、科学的ギャンブルの世界における、より広範な変化を反映している。かつては個人的な活動だったものが、今や完全な事業に発展したのだ。

第3章　競馬必勝法と水爆開発

ブラックジャック必勝法誕生の経緯

ビル・ベンターは、世界のギャンブラーのうちでも屈指の成功者だ。香港を拠点にしたベンターのベッティングシンジケートは、長年にわたって競馬に莫大な金額を賭け、そして勝ってきた。だが、ベンターがギャンブルの道に足を踏み入れたきっかけは競馬ではなかった。スポーツですらなかった。

ベンターは学生時代に、ギャンブルで有名なアトランティックシティのあるカジノでこんな掲示を目にした。「当店では、プロのカードカウンターのプレイはお断り申し上げます」[1]。この掲示には、ろくに抑止効果はなかった。これを見たベンターの頭に浮かんだのは、カードカウンティング〔カードゲームのブラックジャックで、すでに場に出たカードを記憶したり記録したりすること〕は効果的なのだ、の一点だったのだから。

それは一九七〇年代後期のことで、それまでの一〇年ほど、カジノは自分たちが不正行為と見なすある戦術を厳しく取り締まっていた。カジノに損失を負わせた責任（あるいは、「功績」と言えるかもしれない）の大半は、エドワード・ソープに帰せられる。ソープは一九六二年に、『ディーラーをやっつけろ！』を出版し、その中でブラックジャックの必勝法を説いていた。

　ソープはカードカウンティングの父と称されるが、[2]じつは完全無欠のブラックジャック攻略法というアイデアが生まれたのは軍の兵舎だった。ソープが著書を刊行する一〇年前、一兵卒だったロジャー・ボールドウィンは、メリーランド州のアバディーン性能試験場で仲間の兵士たちとカードゲームに興じていた。一人がブラックジャックをやろうと言い出すと、ゲームのルールの話になった。[3]ゲームの基本的な進め方については、全員の意見が一致した。ディーラー〔親〕は各プレイヤーに二枚ずつカードを配り、自分は一枚を表向きにし、一枚を伏せる。次にプレイヤーは、「ヒットする」（すなわち、ディーラーの持ち札の合計を上回ることを期待してもう一枚カードを受け取る）か、「スタンドする」（現在の持ち札で勝負する）かを選択する。カードを受け取った結果、プレイヤーの持ち札の合計が二一を超えた場合、そのプレイヤーは「バスト」となり、賭け金を失う。

　プレイヤー全員がヒットかスタンドを選び終えると、次はディーラーの番だ。そこで一人の兵士が、ラスヴェガスのディーラーは合計が一七以上のときはスタンドしなくてはならないことを指摘した。ボールドウィンは驚いた。ディーラーは一定の規則に従わなくてはならないのか？　それまで仲間内でブラックジャックをしたときには、ディーラーは好きなようにプレイできた。数学の修士号を持っていたボールドウィンは、カジノでプレイするときにはこの規則が味方してくれそうだと気づいた。ディーラーが厳しい制約を課されているのなら、自分の勝算を最大化する戦略を見つけられるはずだ。

　カジノゲームの御多分に漏れず、ブラックジャックも店側に有利な仕組みになっている。ディーラーもプレイヤーも目的は同じ（すなわち、カードの合計を二一に近づける）ように見えるが、先にヒットかスタンドかを判断するのは常にプレイヤーなので、ディーラーが有利になる。プレイヤーがカードを要求し過ぎて合計が二一を超えてしまえば、ディーラーは労せずして勝ちを収められる。

　ブラックジャックの典型的なハンド〔手役〕を調べたボールドウィンは、カードを要求するかどうかを決める際に、ディーラーのアップカード〔表向きのカード〕が何かを考慮に入れると、自分の勝算が増すことに気づいた。ディーラーはアップカードの数字が小さいと、カードを何枚か引かなければならなくなる可能性が高く、合計が二一を超える危険が増える。たとえば、アップカードが6の場合、ディーラーがバストする可能性は四〇パーセントだ。[4] 10の場合、その可能性は半減する。したがって、ディーラーのアップカードが6ならば、ボールドウィンは低めのハンドでスタンドしても、勝つ見込みがあることになる。というのも、ディーラーは規則に縛られているので、カードを引き過ぎてしまう可能性が高いからだ。

理論上は、このような発想に基づいて完全無欠の攻略法を構築することは、ボールドウィンにとってわけもなかっただろう。だが実際には、ブラックジャックのハンドの組み合わせは厖大な数にのぼるために、紙とペンだけでこの課題に取り組むのはほぼ不可能だった。カジノでプレイヤーが選択するのは、ヒットするかスタンドするかだけではないから、なおさらややこしい。プレイヤーにはその他にも、手元の二枚のカードに加えてもう一枚受け取ることを条件に、賭け金を倍額にするというオプションもあった。また、最初に配られたカードが同じ数の場合、それをスプリット〔分割〕して別々のハンドにすることもできる。

このような計算をすべて手作業で行なうことはできなかったので、ボールドウィンはやはり数学の学位を持つウィルバート・キャンティ軍曹に、基地の計算機を使わせてもらえないかと頼んだ。ボールドウィンのアイデアに魅了されたキャンティは協力を約束し、分析部門に従事するジェイムズ・マクダーモットとハーバート・メイゼルという二人の兵士もこれに加わった。[5]

ソープがロサンジェルスでルーレットの予測に精を出していたころ〔第1章参照〕、この四人は夜な夜な知恵を絞り、ディーラーを打ち負かす最善策を練り上げようとしていた。何か月も計算を重ねた結果、彼らはついに最適戦略と思えるものにたどり着いた。だが、この完全無欠なはずのシステムは、およそ完全無欠でないことが判明した。「統計学的に言えば、期待値は依然としてマイナスだった」と、メイゼルは後に語った。「運に恵まれないかぎり、長期的にはやはり負けることになる」[6]。だとしても、四人はこの計算によって、カジノ側の優位をわずか〇・六パーセントにまで引き下げることに成功していた。それとは対照的に、ディーラーに課された規則、すなわち、持ち札の数の合計が一七以上になったら必ずスタンドするという規則をそのまま真似た場合、プレイヤーは平均で六パーセントも不利になることが見込まれた。四人はこの研究結果を一九五六年、「ブラックジャックにおける最適戦略（The Optimum Strategy in Blackjack）」と題する論文にまとめて発表した。[7]

この論文が公表されたとき、たまたまソープはラスヴェガスへの旅の手配を済ませてあった。妻といっしょにのんびりと休日を過ごすはずだった[8]――ブラックジャックのテーブルではなく、ディナーのテーブルで楽しむ数日間を。ところが出発する直前に、ソープはカリフォルニア大学ロサンジェルス校のある教授から兵士たちの研究について聞かされた。強く興味を掻き立てられたソープは、彼らの戦略を書き留めて、それを携えて旅立った。

ある晩、ソープはカジノのテーブルに向かい、書き写したカンニングペーパーの拾い読みに手間取りつつボールドウィンらの戦略を試した。彼のプレイぶりは、同席した客たちの目には常軌を逸しているように映った。ソープはスタンドするべきときにカードを求め、カードを受け取るべきときに断った。また、弱いカードを受け取った後に賭け金を倍額にした。さらには、ディーラーのハンドに見劣りする8のペアをスプリットすることさえ選択した。いったいこの男は何を考えているのか？

それは一見無謀な戦略だったにもかかわらず、ソープがチップを使い果たすことはなかった。他の客たちがすっからかんになって、一人また一人と席を立っていくなか、彼はその場に残っていた。その晩ソープは結局、持ってきた一〇ドルのうち八ドルを失ったところで切り上げた。だが、このちょっとした試みによって、兵士たちの戦略が他のどの戦略よりも有効であるという確信を得ていた。そして、どうすればこの戦略を改良できるだろうかと考え始めた。

ボールドウィンは計算を簡略にするために、カードはランダムに配られ、デッキ（トランプの一組）に含まれる五二枚のカードの現れる可能性はどれも等しいという前提に立っていた。ところが実際には、ブラックジャックはそれほどランダムなゲームではない。ルーレットでは、どのスピンも直前のスピンとは無関係（少なくとも、そうあるべき）だが、ブラックジャックはそれとは違い、毎回それまでにどのカードが出たかに左右される。ディーラーはデッキからカードを配っていくからだ。

すでに配られたカードを記録できれば、次のカードが何であるかを予想するのに役立つとソープは確信した。そして、自分はすでに理論上ほぼ損をしない戦略を知っているのだから、次のカードの大小についての情報を得られれば、このゲームで十分に優位に立てると考えた。ほどなくソープは、デッキの中にある10と、10に相当するカード（ジャック、クイーン、キング）の枚数だけを把握するといった単純な戦術でさえ、利益を生み出せることに気づいた。彼はカードカウンティングを利用して、アバディーンの四人の兵士（後に「アバディーンの四騎士」と呼ばれることになる）の研究を、必勝法へとしだいに発展させていった。[9]

ソープがブラックジャックで大金を稼いだのは事実だが、彼がラスヴェガスへ通い詰めたのは、それが主な理由ではなかった。ソープはどちらかと言うと、攻略法の探求を学問上の義務と捉えていた。[10] 彼が必勝法の存在について初めて言及したとき、それに対する反応は必ずしも好意的ではなかった。ソープが最初に最適戦略を試したときに同席した客たちと同じように、人々は彼のアイデアを嘲笑った。ソープの研究は結局のところ、ブラックジャックは攻略不能であるという世間の思い込みに挑むものだったからだ。『ディーラーをやっつけろ！』は、自分の理論が正しいことを証明するソープなりの方法だったのだ。

ブラックジャック必勝法をカジノで実践する

アトランティックシティで見た掲示は、ビル・ベンターの頭に常に引っかかっていたので、彼はブリストル大学に一年間留学している間にソープの著書について耳にすると、地元の図書館に直行して手に入れた。それは、かつて出会ったこともないほど素晴らしい本だった。「打ち負かせないものなど何一つないことを示してくれました」とベンターは述べた。「カジノ側が常に優位に立っていることを教え諭す古くからの金言の数々は、もはや正しくありません」[11]。ベンターはアメリカに戻るとすぐに、しばらく学業から離れることにした。そして、オハイオ州クリーヴランドにある大学のキャンパスからラスヴェガスのカジノに場所を変え、ソープの攻略法を実行に移し始めた[12]。この決断はやがて、巨額の利益をもたらすことになった。ベンターは二〇代前半にして、ブラックジャックで年間約八万ドルを稼ぎ出していたのだから[13]。

ベンターはこの時期に、やはりカードカウンティングでかなりの額を儲けているアラン・ウッズというオーストラリア人と知り合った。ベンターが大学の講堂から直接カジノへ進んだのに対し、ウッズは大学卒業後、保険計理人として研鑽(けんさん)を積み始めた。一九七三年、彼の会社は政府の依頼を受けて、オーストラリア初の合法カジノでゲームに課すハウスエッジ〔「控除率」とも呼ばれ、カジノ側が確率論上の倍率よりも低い倍率で配当することによって得る差額利益の割合で、ゲームの手数料と言える〕を算出することになった。[14]ウッズはこのプロジェクトを通して、ブラックジャックで儲ける仕組みという発想に出会い、その後の数年間、週末は世界各地でカジノを打ち負かすことに明け暮れた。そして、ベンターに出会ったころには専業のブラックジャックプレイヤーになっていた。だが、彼らのように勝ちを重ねてきたギャンブラーにとって、状況は厳しくなりつつあった。

　ソープが自身の戦略を出版してからの数年間に、カジノ側もカードカウンターを見抜く能力を高めていた。カードカウンティングには、集中力を要することに加えて、デッキの残りカードを予想するために十分な情報を得るまでに、数多くのカードを見る必要があるという重大な難点がある。その間はボールドウィンの最適戦略を使い、少額ずつ賭けて損失を抑える以外に選択の余地はほとんどない。そして、いよいよ好ましいカードが出そうだと見極められたら、その有利な状況を最大限活用するために、賭け金を大幅に増やす必要がある。だがこれでは、カードカウンターに目を光らせているカジノのスタッフに、見つけてくださいと言っているのも同然だ。あるプロのブラックジャックプレイヤーの言うように、「カードカウンティングができるようになるのは易しいが、見咎められずにやり抜く技を身につけるのは難しい」[15]。

　カードの数字を記憶しても、ネヴァダ州では（いや、どこでも）違法ではないが、だからといって、ソープや彼の攻略法がラスヴェガスで歓迎されるわけではなかった。

カジノは私有地なので、気に入らない人は誰でも締め出すことができる。ソープ[16]はセキュリティ要員に止められないように、カジノを訪れるときには変装をし始めた。カジノ側が賭けのパターンに大きな変化がないかと警戒するなかで、ギャンブラーたちはより巧妙なブラックジャックのやり方を模索し出した。期待できそうな状況になるまでカードを数えるかわりに、デッキ全体のカードの順序を予測できたとしたらどうだろう？

完全にシャッフルするのはじつは難しい

二〇世紀初期の数学者はたいてい、ポアンカレの確率論[17]を読んではいたが、その内容をきちんと理解している人はほとんどいなかったようだ。真の意味で理解していた数少ない例外の一人が、ポアンカレと同じく、パリ大学に籍を置いていた数学者エミール・ボレルだ。ボレルはとくに、水にペンキを混ぜたときのような、ランダムな相互作用が最終的に平衡状態に落ち着く様子を説明するためにポアンカレが使ったたとえに興味を引かれた。

ポアンカレはこの状況を、カードシャッフルの過程になぞらえていた。もし、最初にデッキのカードがどのような順序で並んでいるかを知っていたら、何枚かのカードをランダムに入れ替えたところで、その順序が完全に乱されることはない。したがって、そのデッキについての当初の知識はまだ役立つだろう。ところが、シャッフルが繰り返されるにつれて、この知識の価値はしだいに薄まっていく。ペンキと水が時とともに混じり合うのによく似て、カードはだんだんと一様に分布するようになり、各カードが現れる可能性は、デッキ内のどの箇所でも等しくなる。

ポアンカレの研究に触発されたボレルは、カードがどれだけ速く一様分布に収束するのかを計算する方法を見つけた。ボレルの研究は、カードシャッフルであれ、化学的相互作用であれ、ランダムなプロセスの「混合時間」を計算する際に、今なお活用されている。[18] この研究は、深刻さを増すある問題にブラックジャックプレイヤーが対処する上でも役立った。

カジノはカードカウンターたちをてこずらせるために、複数のデッキを（ときには六組ものカードを組み合わせて）使い、すべてのカードを配り終える前にシャッフルをするようになっていた。そのせいでカウンティングが前より難しくなったので、プレイヤーの優位を一掃するのに役立つのではないかと、カジノ側は期待していた。だがカジノ側は、複数のデッキを使うとカードを効果的にシャッフルするのも難しくなる点には気づかなかった。

一九七〇年代、カジノではたいてい「リフルシャッフル」でカードを混ぜていた。このシャッフルでは、まずデッキを半分に分け、それをリフル（カードをパラパラと弾

図3.1　リフルシャッフル（Todd Klassy 提供（注20））

A 2 3 4 5 6 7 8 9 10 J Q K
↓
A 2 3 4 5 6 7　　8 9 10 J Q K
↓
A 2 8 3 9 10 4 5 J 6 Q K 7

くこと」して混ぜ合わせる。[19]カードが完璧にリフルされた場合、つまり、左右のカードがすべて一枚ずつ順番に落ちて重なった場合は、情報はまったく失われない。カードを一枚おきに見るだけで、最初の順序を回復できる。とはいえ、左右からランダムにカードが落ちた場合でも、情報が完全に失われるわけではない。

仮に一三枚から成るデッキがあるとしよう。リフルシャッフルを一度行なうと、カードの順序は図3・1右側のように入れ替わるかもしれない。

シャッフルされたデッキは、ランダムにはほど遠い。黒い文字とグレーの文字で示したとおり、はっきりとした二つの昇順の数列が存在する。実際、カードトリックのなかには、この事実に基づいているものがある。順序正しく並んだデッキの中にカードを一枚差し込み、そのデッキを一、二度シャッフルしても、後から加えられたカードは昇順から外れてしまうので、たいてい見分けられる。

五二枚のカードから成るデッキについて、それとわかるようなパターンをいっさい残さないためには、ディーラーは少なくとも六回はカードをシャッフルするべきことが、数学者によって証明されている。[21] ところがベンターは、それほど入念なカジノはほとんどないことに気づいた。[22] デッキを二、三度シャッフルするディーラーもいれば、一度で十分だと考えているらしいディーラーもいた。

一九八〇年代初期には、プレイヤーたちは隠し持ったコンピューターを使って、すでに出てきたカードを記録し始めた。スイッチを押して情報を入力すれば、コンピューターは状況が有利になると、振動で知らせてくれた。[23] 切り混ぜられたカードの記録をつけられるのならば、カジノが複数のデッキを使うかどうかは問題ではなかった。これはまた、プレイヤーがカジノのセキュリティ要員にはっきり見咎められずに済むためにも役立った。次の勝負で良いカードが出る可能性が高いとコンピューターが教えてくれるなら、プレイヤーは賭け金を大きく積み増さなくても、利益をあげられるからだ。ギャンブラーにはあいにくなことに、この利点はもはや存在しない。コンピューターの力を借りた賭けは、一九八六年以降、アメリカのカジノでは違法とされているためだ。[24]

テクノロジーに対するこのような取り締まりがたとえなかったとしても、ウッズやベンターのようなプレイヤーには、また別の問題があった。ソープの場合とほぼ同じで、彼らも世界中のほとんどのカジノから徐々に締め出しを食らうようになっていた。「一度名を知られるようになると、とても狭い世界なんです」[25]とベンターは語る。カジノでのプレイを拒まれるようになった二人は、やがてブラックジャックに見切りをつけることにした。だからといって、この稼業をやめようとしていたわけではなく、はるかに大規模なゲームに打って出ることをもくろんだのだった。

競馬のベッティング市場は完全か

水曜の晩の跑馬地（ハッピーヴァレー）競馬場は活気にあふれている。まさに大賑（にぎ）わいだ。香港島の高層建築の陰に隠れるように、かつて沼地だった土地に建つ競馬場のスタンドには、三万人を超える観客が詰めかける。スタンドの歓声は、近くの湾仔（ワンチャイ）地区から聞こえるエンジンやクラクションの音をも掻き消すほどだ。[26]こうした混雑ぶりや大騒ぎは、ここで賭けられる金額がいかに大きいかを物語っている。ギャンブルは、ハッピーヴァレーでの暮らしの大切な一コマだ。二〇一二年のレース開催日には、一日に平均一億四五〇〇万ドルが賭けられた。[27]この数字がどれほどのものかを理解しやすくするために、ケンタッキー・ダービー〔アメリカ競馬のクラッシック三冠の第一戦で、最高峰のレースとされる〕と比べてみよう。同年のケンタッキー・ダービーは、一レースあたりの賭け金のアメリカ記録を更新したが、その総額は一億三三〇〇万ドルだった。[28]

ハッピーヴァレー競馬場は、香港ジョッキークラブによって運営されている。このクラブは、湾を隔てた九龍(カオルン)半島にある沙田(シャティン)競馬場でも、土曜日にレースを開催している。ジョッキークラブは非営利組織で、その誠実な運営手法には定評があり、観客たちはレースの公正さを固く信じている。[29]

香港の競馬は、いわゆる「賭け金分配(パリミューチュエル)」方式で運営されている。この方式では、客はブックメーカー〔胴元〕を相手に固定のオッズで賭けるのではなく、勝馬投票券〔馬券〕の購入金はいったんプールされ、それぞれの馬に賭けられた金額によってオッズが決まる〔日本の公営ギャンブルもすべてこのパリミューチュエル方式で運営されている〕。たとえば、二頭が出走するレースがあったとしよう。一頭に合計二〇〇ドルが、もう一頭には合計三〇〇ドルが賭けられたとする。二頭の賭け金を足したものが、プールされる賭け金総額となる。レースの興行主は、まず手数料を差し引く。香港の場合、これは一九パーセントで、賭け金総額が五〇〇ドルの場合、四〇五ドルがプールに残される〔日本の公営競馬の場合、馬券の種類によって異なるが、二〇～三〇パーセントが差し引かれる〕。次に、それぞれの馬のオッズ〔賭け金一ドルあたりに払い戻される配当額〕が計算される。表3・1に示したように、オッズは、払い戻し可能な賞金総額（四〇五ドル）を各馬の賭け金総額で割ることで求められる。

キャバレー「ムーラン・ルージュ」の創設者でもあるパリの実業家ジョゼフ・オレ

表3.1　トート・ボードの表示例

	賭け金合計額	オッズ
馬1	$200	2.03
馬2	$300	1.35

ールによって考案されたパリミューチュエル方式で賭けを行なう場合、正確なオッズを提示するためには、絶えず計算をし直さなくてはならない。「トート・ボード〔配当表示板〕」の名で広く知られる「オートマティック・トータリゼーター〔自動賭け率計算機〕」が発明されたおかげで、一九一三年以降、この計算は容易になった。考案者のオーストラリア人技師ジョージ・ジュリアスは当初、選挙の投票用紙の集計装置を開発したいと考えていたが、政府は彼の発明にまったく興味を示さなかった。ジュリアスはこの挫折にめげず、仕組みに手を加えて、選挙結果ではなくオッズを計算する装置に作り替え、ニュージーランドのある競馬場に売り込んだ。[30]

パリミューチュエル方式では、観客は互いに相手が負けることに賭けているに等しい。レースの興行主は、どの馬が勝つかにかかわりなく、同じ額の取り分を徴収する。そのためオッズは、どの馬にベッター〔賭け手〕が期待しているかという一点によって決まる。もちろん、勝ち馬を選ぶ方法は人それぞれで、さまざまなやり方がある。客が選ぶのは、このところ素晴らしい走りを見せている馬かもしれない。ひょっとすると、直近のレースで連勝した馬、あるいは調教のときに自信に満ちあふれているように見えた馬かもしれない。特定の天候に強い馬、さらには、名高い騎手の乗る馬の可能性もある。レース時点で理想的な体重の馬や適齢にある馬もありうる。

十分な数の人間が賭ければ、パリミューチュエル方式のオッズは「適正な」倍率、すなわち実際の各馬の勝ち目を反映した倍率に落ち着くように思えるかもしれない。言い換えれば、ベッティング市場がうまく機能していて、あちこちに散在する各馬の情報はすべて集約され、特定の人が有利になるような情報が一つも残されていないという状況だ。私たちはこうした状況に達するのではないかと考えるが、実際は違う。

トート・ボードに表示されたある馬のオッズが一〇〇の場合、それはベッターがその馬の勝算を一パーセント程度と考えていることを示している。だが、弱い馬の勝ち目に対して、人々の評価はたいてい甘過ぎるように思われる。統計学者は、彼らが穴馬に投じる金額とそうした馬が実際に勝つ回数とを比較して、その勝率がオッズの示す数字よりもはるかに低い場合が多いことを突き止めた。そして、これとは対照的に、本命とされる馬の勝つ見込みについては、過小評価される傾向にある。

この「本命＝大穴バイアス」があるせいで、トップクラスの馬はしばしば、オッズが示すよりも勝つ可能性が高いことになる。それでも、本命馬に賭けるのは必ずしも良い戦略とは言えない。というのも、パリミューチュエル方式では、競馬場が取り分を徴収するので、大きなハンディキャップを克服しなくてはならないからだ。カードカウンターたちは、ほぼ損をせずに済ませられる四騎士の手法を改善すれば事足りるが、スポーツベッター〔スポーツ賭博の賭け手〕たちには、競馬場に一九パーセントもの手数料を徴収されてもなお、利益をあげられる戦略が必要なのだ。[31]

本命＝大穴バイアスは注目に値するかもしれないが、あまり極端になることはまずない。また、一貫性もなく、バイアスが比較的大きな競馬場もあれば、比較的小さな所もある。それでもやはり、オッズが常に馬の勝算と一致しているとはかぎらないことを、このバイアスは教えてくれる。ブラックジャックと同じように、ハッピーヴァレーのベッティング市場もまた、頭の切れるギャンブラーに対しては無防備だ。そして一九八〇年代には、こうした弱点を衝けば、莫大な儲けを手にできることが明らかになった。

競馬攻略の研究成果を発表した論文

アラン・ウッズが競馬のベッティングシステムの考案に挑んだのは、香港が初めてではなかった。一九八二年には、プロのギャンブラーから成るグループとニュージーランドに一年間滞在した。全員の知恵を結集すれば、不適切なオッズが付された馬を見極められるのではないかと期待してのことだった。残念ながらこの年は、成功と失敗が相半ばする結果となった。[32]

ビル・ベンターは物理学の素養があり、コンピューターに興味を持っていたので、ハッピーヴァレーの競馬に対しては、ウッズとベンターはもっと科学的な手法を採用しようと考えた。だが、競馬で勝つのとブラックジャックで勝つのとでは、問題点の性質がかなり異なった。勝ち馬を予想する上で、数学は本当に役立つのだろうか？

ネヴァダ大学の図書館に赴いたときに、この問いへの答えが見つかった。ベンターは、あるビジネス雑誌の最近の号に掲載された論文に目を留めた。カナダのアルバータ大学に籍を置く二人の研究者、ルース・ボルトンとランドール・チャップマンのもので、「競馬で正の利益を得るための探求（Searching for Positive Returns at the Track）」という題だった。[33]二人は冒頭で、続く二〇ページで論じる内容について、次のように示唆している。「賭けのオッズを決定する際に、一般の人々が一貫して検知可能な誤りを犯すのならば、優れた賭け戦略によって、そうした状況を利用して儲けることができるかもしれない」。それまでに公表されていた戦略はおおよそ、本命＝大穴バイアスのような、競馬のオッズに関するよく知られた矛盾に焦点を絞っていた。だが、ボルトンとチャップマンの手法は違った。二人は入手可能な情報（レースでの勝率や平均速度など）を集めて、それをもとに各馬が勝つ確率を推計した。「この論文こそが、数十億ドル規模の産業を誕生させたのです」[34]とベンターは語った。では、それはどのような仕組みだったのだろうか？

競馬予測モデルの作り方とはどのようなものか

カール・ピアソンはモンテカルロのルーレットホイール〔回転盤〕[35]に関する研究を行なった二年後、フランシス・ゴールトンという名の紳士と出会った。チャールズ・ダーウィンのいとこであるゴールトンは、科学や冒険、そしてもみあげに対する一族の情熱をダーウィンと共有していた。だがピアソンはほどなく、二人にはいくつか違いがあることに気づいた。

ダーウィンは進化論を練り上げるにあたって、この新分野を整然とまとめることに時間を費やし、骨組みや方向性を幅広く示したので、彼の足跡は今なおはっきりと見て取れる。このようにダーウィンが建築家だとすれば、ゴールトンは探検家だった。ポアンカレとよく似て、ゴールトンも新奇なアイデアを世に公表するだけで満足し、すぐに次のアイデアの探求に向かうのだった。「彼はけっして、誰が後に続いてくるのかを見届けようとはしなかった」とピアソンは語った。「彼は生物学者や人類学者、心理学者、気象学者、経済学者らに新天地を指し示したが、彼らが後に続こうが続くまいが、お構いなしだった」[36]

ゴールトンは、統計学にも興味を持っていた。彼は統計学を、長年魅了されてきたテーマである遺伝の生物学的プロセスを理解するための一方法と見なしていた。そして、他の人々までこのテーマの研究に巻き込んだ。一八七五年、ゴールトンの友人七人は、スイートピーの種を受け取った。その種を植えて、子世代の種を返してほしいと記されていた。[37]添えられた説明書きには、その種を植えて、子世代の種を返してほしいと記されていた。重い種を受け取った人もいれば、軽い種が届いた人もいた。ゴールトンは、親の種の重さが子の種の重さとどのような関係にあるのかを知りたかったのだ。

さまざまな大きさの種子を比較したゴールトンは、親の種が小さければ、子の種はそれよりも大きく、親の種が大きければ、子の種はそれよりも小さいことを突き止めた。ゴールトンはこれを「平均への回帰」と名づけた。彼は後に、人間の親子の身長の関係性を検討したときにも、同じパターンを見出した。

もちろん、子の外見は複数の要因に影響された結果だ。要因のなかには、わかりやすいものもあれば、目につかないものもある。それぞれの要因の役割を正確に解明するのは不可能だろうと、ゴールトンは悟った。だが、自分が新たに考案した回帰分析を使えば、それぞれの要因が寄与する度合いに違いがあるかどうかを確かめられるように思われた。たとえばゴールトンは、両親の形質が重要なのは間違いないが、世代を飛ばして現れたと思しき特徴、すなわち、祖父母の世代、さらには曾祖父母の世代

図3.2　A. J. メストンによる遺伝の説明図

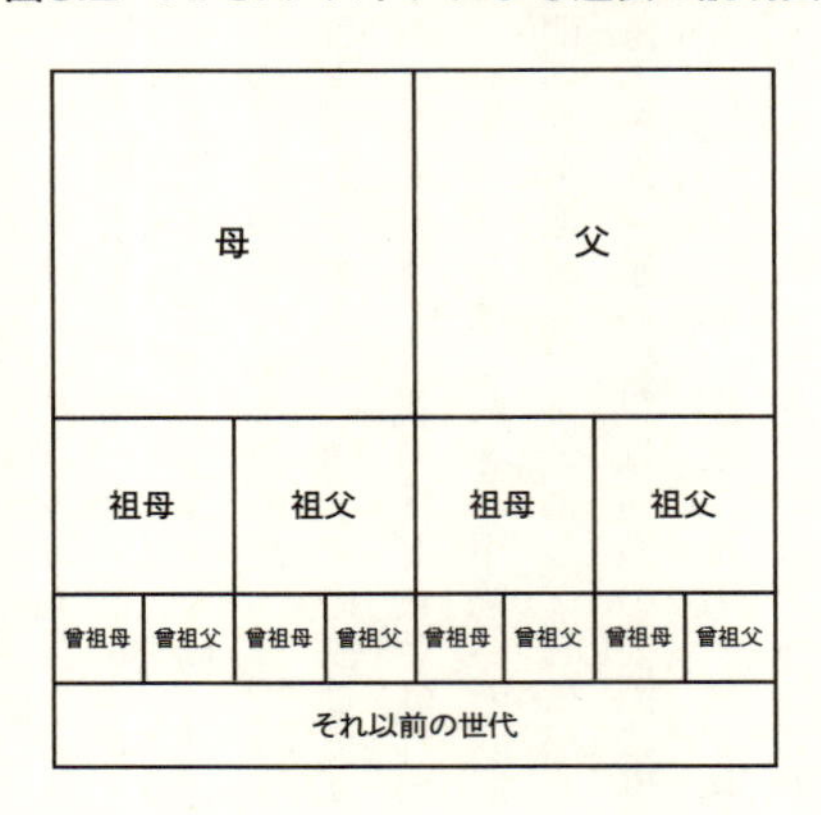

から受け継いだらしい形質も時折見受けられることに気づいた。子の受け継いだ資質には祖先の誰もがある程度の影響を与えているに違いないと、ゴールトンは確信していたので、マサチューセッツ州ピッツバーグで馬の育種をしている人が公表した図が、自分が説明を試みていたプロセスを的確に描き出すものだと聞き知ったときには歓喜した。A・J・メストンというその育種家は、正方形で子を表し、それをより小さな正方形に分割して、それぞれの世代が与えた影響を示した〔図3・2〕。正方形が大きいほど、その影響も大きいことを意味する。両親が全体の半分を占め、祖父母が四分の一、曾祖父母が八分の一といった具合だ。

ゴールトンはこの発想にすっかり感心し、一八九八年一月に『ネイチャー』誌に書簡を送り、メストンの論文を転載するように進言した。[38]

ゴールトンは長期にわたって、子の体格に代表されるような結果に対して、さまざまな要因がどのように影響するのかについての考察を重ねた。また、細心の注意を払って、この研究を裏づけるデータを収集した。だが残念なことに、彼の限られた数学的知識では、この貴重な情報を十分に活用できなかった。ピアソンに出会ったときのゴールトンは、ある特定の要因の変化が結果にどれほど影響するのかを正確に計算する方法など、知るべくもなかった。

ゴールトンがまたしても新天地を指し示したのを受けて、数学の厳密さでその地を埋めたのがピアソンだった。二人はほどなく、こうした発想を遺伝の問題に適用してみることにした。二人とも平均への回帰は問題を孕(はら)んでいると考え、「優れた」人種的形質が次世代以降に確実に継承されるために、社会は何をするべきかと思案した。[39]ピアソンの見るところでは、「その構成員の大多数を優秀な血筋から確実に集めること」[40]によって、国民は改良可能だった。

現代の視点に立てば、ピアソンは少々矛盾した人物だったように思われる。彼は当時の多くの人とは異なり、男女は社会的にも知的にも等しく扱われるべきだと考えていた。だがその一方で、統計的手法を利用して人種の優劣を主張したり、児童労働を禁じる法律のせいで子供たちが社会的・経済的重荷となっていると訴えたりもした。[41]

こうした見解はどれも、今日では道徳にもとるように聞こえる。それにもかかわらず、ピアソンの研究は大きな影響力を振るい続けてきた。一九一一年にゴールトンが没してまもなく、ピアソンはユニヴァーシティ・カレッジ・ロンドンに世界初の統計学科を創設した。また、ゴールトンが『ネイチャー』誌に送った図をもとにして、「重回帰」の手法を構築した。つまり、影響を与えうる要因が複数あるとき、それぞれが結果とどのような相関関係にあるのかを明らかにする方法を編み出したのだ。

回帰分析は、アルバータ大学のボルトンとチャップマンが競馬の予測をする際の根幹ともなった。ゴールトンとピアソンは、子の形質を分析するためにこの手法を使ったが、ボルトンとチャップマンは、さまざまな要因が馬の勝算に与える影響を理解する際にこの手法を活用した。体重は直近のレースでの勝率よりも重要だろうか？　馬の平均速度は、騎手の評判と比べてどうなのか？

ボルトンが初めてギャンブルの世界に接したのは、幼いころのことだった。「まだよちよち歩きだったときに、父に競馬場に連れていかれ、どうやらそのとき小さな手で選んだ馬が勝ったようです」[42]と彼女は言う。幼くして勝ちを収めたにもかかわらず、彼女が競馬場に足を運んだのはこの一度限りだった。ところが二〇年後、ボルトンは再び勝ち馬を当てることになる。そしてこのときは、はるかに堅固な手法に基づいていた。

勝ち馬の予測法につながるアイデアは、一九七〇年代後期には具体化していた。ボルトンは当時、カナダのクイーンズ大学の学生だった。彼女は「選択モデリング」として知られる経済学の一分野についてもっと学びたいと考えていた。選択モデリングは、ある特定の意思決定に伴う利益と損失を把握することを目的としている。ボルトンは学位論文を書くために、その分野の問題を研究していたチャップマンと手を組んだ。勝負事に長年興味を抱いていたチャップマンは、すでに競馬に関する厖大なデータを収集してあったので、二人は協力して、その情報をレース結果の予測にどうしたら活かせるかを検証することにした。このプロジェクトで始まったのは、研究上のパートナーシップだけではなかった。二人は一九八一年に結婚し、私生活でもパートナーとなったのだ。

結婚から二年後、ボルトンとチャップマンは競馬に関する研究結果を『マネージメント・サイエンス』誌に投稿した。当時、予測法の研究は人気の高まりつつある分野だったので、二人の論文は度重なる精査を受けた。「あの論文の査読には、ずいぶんと時間がかかりました」とボルトンは語っている。彼らの研究は結局、四度の修正を経て、一九八六年の夏にようやく掲載された。

ボルトンとチャップマンは論文のなかで、ある馬の勝算はその「優良性（quality）」によって決まるという前提に立っていた。優良性は、複数の異なる要因を考え合わせて計算する。要因の一つは、スタート位置だった。馬番が小さいほど、その馬はトラックの内側寄りからスタートすることになり、馬の勝算を高めるはずだった。というのも、ゴールまでの距離が短くなるからだ。そこで二人は、回帰分析によって、馬番が大きくなるにつれて優良性は減少することを証明できるだろうと考えた。

さらに馬の体重という要因もある。これが優良性へ与える影響は、スタート位置ほど明確ではない。一部のレースで設けられている体重制限は、体重の重い馬にハンデイキャップを課すが、足の速い馬はえてして体重が重いものだ。保守的な競馬の専門家たちであれば、どちらがより重要な要素なのかについて自分なりの結論を出そうとするかもしれないが、ボルトンとチャップマンには、そうした見識を得る必要はなかった。彼らはただ、大変な仕事は回帰分析に任せて、体重が優良性にどうかかわっているのかを示してもらえば良かったのだ。

ボルトンとチャップマンが想定した競馬モデルでは、優良性の値は走りに影響を与えうる九つの要因によって決まり、そうした要因には体重や直近のレースでの平均速度、スタート位置などが含まれた。さまざまな要因が馬の優良性にどう寄与するのかを説明するには、ゴールトンが『ネイチャー』誌に送った図のような仕組みを使いたくなる。だが、現実はそうした図が示すほど単純ではない。ゴールトンの図は、子の形質の形成に肉親がどうかかわるのかを示していたが、すべての形質が遺伝によって決まるわけではないことを思えば、不完全と言うほかない。環境要因も影響力を持ちうるが、その影響は必ずしも見て取れたり、知りえたりするとはかぎらない。さらに、（父母などを示す）整然と並んだ四角形は、実際には重なり合う可能性が高い。父親がある形質を持っているとしたら、祖父や祖母も同じ形質を持っているかもしれないからだ。となると、それぞれの要因は他の要因から完全に独立しているとは言えない。それは、競馬にも当てはまる。そこでボルトンとチャップマンは、馬の優良性の予測をするにあたって、走りに関連する九つの要因だけでなく、不確定要因も加えた。馬の走りに対する未知の影響に加えて、それぞれのレースに固有の避けようのない事情や展開も、この要因に帰せられた。

二人は各馬の優良性を測定し終えると、その測定値を各馬の勝算についての予測に変換した。変換には、レースに出走するすべての馬の優良性の値を総計するという方法を採った。ある馬が勝利する確率は、この総計にその馬の優良性が占める割合によって決まるのだった。

どの要素が予測に役立つのかを解き明かすために、ボルトンとチャップマンは二〇〇戦ものレースのデータと自分たちのモデルを比較した。レース結果は数十枚のコンピューター用パンチカードに記録されており、情報の取り扱いは、それだけで至難の業だった。「私が受け取ったとき、データは大きな箱に入っていました」とボルトンは語った。「何年もの間、私はその箱を持ち運んでいました」。レース結果をコンピューターに入力するのもまた大変な手間だった。一レース分のデータを入力するだけで、およそ一時間かかったからだ。

ボルトンとチャップマンは、検証した九つの要因のうち、ある馬の着順を決する上で最も重要なのは平均速度であることを突き止めた。それとは対照的に、体重は予測にまったく影響しないようだった。体重は完全に無関係なのかもしれないし、何らかの影響は及ぼしているものの、別の要因の陰に隠れて表に出ないのかもしれない。ちょうど、子の外見に対する祖父の影響が、父親の影響によって隠されてしまう場合があるのと同じように。

意外な要因がきわめて重要だと判明する場合もある。ビル・ベンターの初期のあるモデルでは、馬がそれまでに走ったレース数が予測に大きく寄与していた。ところが、それがなぜそれほど重要なのか、直感的に納得できる理由はなかった。ギャンブラーのなかには説明を試みようとする人がいてもおかしくはないが、ベンターは臆測で原因を特定しようとはしなかった。[43] というのも、さまざまな要因が重なり合っている可能性が高いことを承知していたからだ。ベンターはレース数のようなものが重要に見える理由を解釈しようとするかわりに、実際のレース結果を再現しうるモデルを構築することに専念した。バイアスのあるルーレット台を探し求めたギャンブラー同様、ベンターも根底にある原因を正確に突き止めなくても、正しい予測を手に入れることができた。

もちろん、他の業界では、特定の要因が結果に及ぼす影響の大きさをはっきりさせる必要が出てくることもあるだろう。ゴールトンとピアソンは遺伝を研究していたが、ビールの醸造を手掛けるギネス社は、自社のスタウトの賞味期限を延ばしたいと考えていた。そしてこの任務を請け負ったのが、ウィリアム・ゴセットだった。彼は、一九〇六年の冬にピアソンの研究室で研究に取り組んだこともある将来有望な若手統計学者だった。[44]

ベッティングシンジケートは、馬の体重のような要因についてはどうすることもできないが、ギネス社が自社のビールの原料を変更することは可能だった。ゴセットは一九〇八年、回帰分析を使い、ビールの賞味期限にホップがどれほど影響しているのかを検証した。ホップ抜きでは、同社のビールは一二〜一七日しか品質が保持できないことが見込まれたのに対して、適量のホップを加えると、その期間を数週間も延長できた。

ベッティングシンジケートは、特定の要因がなぜ重要なのかという点にはとりたてて興味がない。彼らが本当に知りたいのは、自分たちの予測がどれだけ的確かということだ。その予測を検証するには、自分たちが分析したばかりのレースのデータと比較するのが、最も簡単だと思われるかもしれない。だがこれは、賢明なやり方とは言えないだろう。

エドワード・ローレンツは、カオス理論の研究に取り組む前の第二次世界大戦中に、太平洋戦線のアメリカ陸軍航空隊のための気象予報官を務めていた。ローレンツのチームは一九四四年の秋、シベリア＝グアム間の飛行経路の気象条件について、立て続けに完璧な予測をした。少なくとも、そのルートを飛行した戦闘機からの報告によれば完璧だった。だがローレンツはほどなく、この信じられないほどの的中率の理由を悟った。他の任務に忙しいパイロットたちが、予報をそのまま観測報告に転用していただけだったのだ。[45]

シンジケートが、賭けの予測を検証するために、モデルを調整する際に使用したデータと照らし合わせたならば、これと同じ問題が生じる。実際、一見したところ完璧と思われるモデルを構築するのは容易だろう。それぞれのレース結果に対して、シンジケートは一着になる馬を示唆する要因をモデルに投入できる。次に、そうして加えた複数の要因を微調整すれば、各レースで実際に勝った馬に完璧に一致させることが可能だろう。こうして得たモデルは、非の打ち所がないように思われるが、じつのところ、実際の結果を予測に見せかけたにすぎないのだ。

ある戦略が今後どれだけ役立つのかを知りたければ、その戦略が新たな事象をどれだけ的確に予測できるのかを見極める必要がある。そのため、過去のレースに関する情報を収集する際、シンジケートは相当量のレース結果をモデル作成には使わずに取り置く。次に、残りのデータを使って、モデルに組み込む要因を評価する。それが終了したら、取り置いてあったレース結果の情報群と比較して、その予測を検証するのだ。こうした手順を踏めば、シンジケートは自分たちのモデルが実戦でどれほどの成果をあげられるのか確認できる。

新たなデータと比較して戦略を検証すれば、そのモデルが「オッカムの剃刀（かみそり）」として知られる科学的原理を満たしていることを確認する上でも役立つ。「オッカムの剃刀」とは、観察されたある事象に対する説明が複数あり、そのなかの一つを選ばなければならないときは、最も単純なものを選ぶのが最も良いとする法則だ。言い換えれば、現実に存在するあるプロセスのモデルを構築しようとするなら、正当性を認められない要素は削（そ）ぎ落とすべきであるということだ。

新たなデータと予測を比較することには、ベッティングシンジケートが一つのモデルに多くの要因を詰め込み過ぎるのに歯止めをかける効果はあるが、それでもやはり、そのモデルが実際にどれだけ役立つのかを評価する必要は残る。予測の正確さを測る方法の一つに、統計学者が「決定係数」と呼ぶ指標の利用が挙げられる。決定係数は〇から一までの値で示され、モデルの説明力の程度を測る係数と考えて差し支えない。

係数が〇であれば、モデルがまったく役に立たないことを意味し、これに従った者は運任せに賭けるに等しい。一であれば、予測が実際の結果と完全に一致することになる。ボルトンとチャップマンのモデルの決定係数は、〇・〇九だった。ランダムに勝ち馬を選ぶよりはましだが、このモデルが把握できていない要因はまだたっぷり残されていたわけだ。

問題の一端は、二人が使ったデータにあった。分析した二〇〇レースは、アメリカ国内の五つの競馬場のものだった。つまり、そのデータの背後には、多くの情報が隠れていたのだ。出走馬の対戦相手は多様で、レース条件も異なれば、騎手もさまざまだっただろう。こうした問題のいくつかは、レースのデータを大量に集めれば克服できたかもしれないが、たった二〇〇戦程度で十分だっただろうか？　そうは思えない。それでも、レース条件のばらつきがいくらか少なければ、二人の戦略も功を奏する可能性があった。

競馬予測研究の理想の地、香港

あなたが競馬研究のための実験計画を立てなくてはならないとしたら、おそらく香港によく似た設定にするだろう。香港では、レースは二か所の競馬場のどちらかで開催されるため、実験条件はかなり一貫性の高いものになる。実験対象もそれほど多岐にはわたらない。アメリカでは、全土で何万頭もの競走馬がレースをしている。対する香港では、競走馬の数はおよそ一〇〇〇頭に限られている。この馬たちは一年に六〇〇戦ほど開催されるレースで、繰り返し競い合う。つまり、同様の事象を複数回にわたって観測できるのだ。これこそまさにピアソンが常に目指していたことだ。そのうえ、怠け者の記者たちがルーレットの結果を報じていたモンテカルロとは異なり、香港には競走馬とその成績に関して誰もが入手可能なデータが大量にある。

ベンターは初めて香港のデータを分析したとき、的確な予測をするには少なくとも五〇〇～一〇〇〇レース分のデータが必要だと悟った。五〇〇レースよりも少なければ、それぞれの要因が成績にどれだけ寄与しているのかを解明するには足りず、モデルは信頼性を欠くことになる。その一方、一〇〇〇レース超のデータを投入したところで、予測結果の大きな改善にはつながらなかった。

一九九四年、ベンターは競馬のための基本的ベッティングモデルを概説する論文を発表した。[46]それには、彼の予測と実際のレース結果を比較した表が載っていた。比較結果は見事なものだった。散見されるわずかな相違を別にすれば、そのモデルは驚くほど現実に近かった。とはいえベンターは、この予測結果には重大な欠陥が隠れていると警告した。この予測を使って賭けようとする人がいたとしたら、悲惨な結果を招いただろう。

競馬予測モデルをオッズを使って修正する

ここで想像してみてほしい。あなたが思いがけず大金を手に入れ、それを元手にどこかで小さな書店を買い取りたいと思ったとする。実現に向けて二通りの手順が考えられる。まず、候補となる書店をいくつかリストアップして、それぞれの店に足を運び、店内の商品を確認し、経営者に質問し、経営状態を調べることが可能だろう。さもなければ、面倒な書類仕事は抜きにして、ただ店の外に腰掛け、来店する客の数と、出てくる客が手にしている本の数を数えるという手もある。この対照的な二つの戦略は、投資に臨む際の二つの主要な手法を反映している。ある企業を徹底的に調べ上げるやり方は、「ファンダメンタル分析」として知られており、一方、他の人々がその企業をどう見ているのかを時間をかけて観察する方法は、「テクニカル分析」と呼ばれる。[47]

ボルトンとチャップマンの予測は、ファンダメンタル分析の手法を使っていた。この手法では、的確な情報を手に入れて、それをできるかぎり優れた方法で取捨選択することが欠かせない。分析にあたっては、専門家の見解は考慮されない。他の人々が何をし、どの馬を選んでいるかも問題にならない。このモデルはベッティング市場を無視している。これではまるで、隔絶された場所で予測しているようなものだ。

レースの予測ならば、外界との接触を断ったまま行なうことも可能かもしれないが、実際に賭けるとなると話は別だ。シンジケートは競馬で儲けたいなら、他のベッターたちを出し抜く必要がある。ファンダメンタル分析だけに頼る手法は、ここで問題に突き当たる恐れがある。ベンターは、自分のファンダメンタル分析モデルと公表されているオッズを比較して、気がかりなバイアスがあることに気づいた。彼は自分のモデルを「オーバーレイ」を探し出すのに利用した。オーバーレイとは、モデルに従えば、オッズが示すよりも勝つ見込みの高い出走馬を指す。他のギャンブラーを打ち負かそうとするのならば、ベンターが賭けるのは、まさにこうした馬だっただろう。だが、実際のレース結果を見てみると、オーバーレイは予測が示していたほどには勝利していなかった。こうした馬の真の勝算は、モデルが導き出した確率とレースのオッズが示す確率の間のどこかにあるらしかった。ファンダメンタル分析の手法からは、明らかに何かが抜け落ちていたのだ。

ベッティングシンジケートが優秀なモデルを持っていたとしても、（トート・ボード上のオッズによって示されるような）出走馬の勝ち目に対する一般の人々の見方もまったく見当違いとは言えない。というのも、賭けをするときは誰もが、公表されている情報に基づいて勝ち馬を選んでいるとはかぎらないからだ。なかには、当該レースに関する騎手の戦略について知っている人や、馬の食事やトレーニングのスケジュールについて知っている人もいるかもしれない。彼らがそうした内部情報を活用して儲けようとすれば、トート・ボード上のオッズも変化する。

だとすれば、利用可能なこの二つの知識の源、すなわち、モデルと（トート・ボード上のオッズによって示されるような）他のギャンブラーの読みとを組み合わせるのが理に適っている。これこそ、ベンターが推奨した手法だ。それでも、彼のモデルは公表されているオッズはひとまず考慮せずに予測を行なう。当初の一連の予測は、賭けなど存在しないかのような設定で導き出される。この予測は次に、一般の人々の見方と統合される。各馬の勝つ確率は、モデルが導き出した勝算とその時点でのオッズに照らした勝算のバランスを取った値となる。この値は、どちらかに偏ることもありうる。いずれにせよ、実際の結果に最も適合する複合的な予測を導き出せる値となる。うまくバランスが取れれば、優秀な予測は儲かる予測になりうる。

香港での成功までの道のり

香港に着いたウッズとベンターは、すぐさま成功を収めたわけではない。ベンターが最初の一年を統計モデルの構築に費やしている間、ウッズは本命＝大穴バイアスを利用して一儲けしようとした。アジアにやってきたとき、彼らには一五万ドルの手持ち資金があったが、二年もしないうちにそのすべてを失った。投資家たちが彼らの戦略に関心を示さなかったことも災いした。「誰もがこのシステムをろくに信頼していなかったので、儲けを一〇〇パーセント渡すという条件でも投資してくれなかったでしょう」[48]とウッズは後に語った。

だが一九八六年には、希望が見えてきた。ベンターが何十万行ものコンピューターコードを書いたところで、彼のモデルは実用に向けた準備が整った。また、二人はある程度的確な予測を生み出すのに十分なだけのレース結果の収集も終えていた。彼らはその年、このモデルを使って勝ち馬を選び、一〇〇万ドルを勝ち取った。

ところが、初めて成功を手にしたこのシーズン後、二人は仲たがいをして袂を分かつことになった。[49]ほどなく、ウッズもベンターもそれぞれシンジケートを組織し、その後はライバルとして香港で競い続けた。ウッズは後年、ベンターのチームのモデルのほうが優れていることを認めたが、どちらのグループもその後の数年間に劇的に利益を増やすことができた。

今では香港のいくつかのベッティングシンジケートがモデルを活用して競馬のレース結果を予測している。競馬場の取り分があるので、勝ち馬を当てるといった単純な賭けで儲けるのは難しい。そこでシンジケートは、設定されている賭けの方式のうちでも複雑なものに的を絞っている。たとえば、三連勝単式だ。これを的中させるには、一着、二着、三着の馬を着順どおりに予測しなくてはならない。「トリプルトリオ」というものもあり、それで勝つには、三レース続けて三連勝複式を的中させる必要がある。こうした特殊な賭けでは、巨額の払戻金が手に入る可能性があるかわりに、ごくわずかな誤りも許されない。

　ボルトンとチャップマンが作成した当初のモデルには、すべての出走馬に同レベルの不確定性を想定するという欠点があった。この想定によって計算は楽になるが、現実性はいくぶん損なわれる。この問題を理解するため、二頭の競走馬を想像してほしい。片方は信頼性を絵に描いたような馬で、常にほぼ同じタイムでゴールする。もう一頭は、走りにむらがあり、一頭目よりもずっと早くゴールすることもあれば、はるかに長くかかるときもある。結果として、二頭のレースの平均タイムはどちらも同じだとする[50]。

　この二頭だけが競走しているのならば、それぞれの勝つ確率は等しくなる。それは、コイントスのようなものだ。だが、それぞれ不確定性のレベルの異なる数頭の馬がレースに出走するとしたらどうなるだろう？　ベッティングシンジケートが上位三着を正確に選び出したいと思うなら、不確定性の違いを明らかにする必要がある。これは長年、最良の競馬モデルをもってしても力の及ばない問題だった。ところがこの一〇年ほどの間に、どのシンジケートも各馬を取り巻く不確定性の程度が異なっていても、レースを予測する方策を見出した。これは、近年コンピューターの処理能力が向上したおかげばかりではない。この手の予測は昔ながらの発想にも基づいている。それは元々、水素爆弾の開発に取り組んでいた数学者のグループが練り上げたものだった。

水爆を開発した数学者、ウラム

一九四六年一月のある晩、スタニスワフ・ウラムはひどい頭痛を抱えて床に就いた。翌朝目覚めたときには、言葉を発することができなくなっていた。ウラムは大急ぎでロサンジェルスのある病院に運ばれ、そこで事態を重く見た外科医たちによって穿頭（せんとう）手術を受けた。医師は感染症によってウラムの脳が激しい炎症を起こしていることを突き止め、露出した組織にペニシリンを投与して病気を治療した。[51]

ポーランド出身のウラムがヨーロッパを離れてアメリカに渡ったのは、一九三九年九月に祖国がナチスの手に落ちるわずか数週間前のことだった。ウラムの専門は数学だったが、第二次世界大戦中は、ロスアラモス国立研究所で原子爆弾の開発に年月の大半を費やした。戦争が終わると、ウラムはカリフォルニア大学ロサンジェルス校に数学教授として着任した。だがそこは、第一志望の就職先ではなかった。戦争が終結したらロスアラモス研究所は閉鎖されるかもしれないと噂されるなか、ウラムはさらに著名な大学数校にも採用を打診していたが、すべて断られたのだった。[52]

一九四六年の復活祭（イースター）には、ウラムは手術からすっかり回復していた。入院したおかげで、その後の選択肢をじっくりと検討できたウラムは、カリフォルニア大学での職を辞して、ロスアラモスに戻ることに決めた。政府は研究所を閉鎖するどころか、逆に厖大な予算をそこに注ぎ込んでいた。研究所の取り組みの大半は、「スーパー」の異名をとる水素爆弾の製造に向けられていた。ウラムが着任したときには、開発の行く手にはまだいくつかの障害が立ちふさがっていた。研究者たちはとりわけ、起爆に欠かせない核連鎖反応を予測する手段を必要としていた。これはつまり、爆弾の中でどの程度の頻度で中性子が衝突し、その結果どれほどのエネルギーが放出されるのかを解明することを意味した。ところがウラムにとって歯がゆいことに、従来の数学ではこの計算は不可能だった。

ウラムは多くの数学者が好んでしていたように、何時間もかけてこつこつと問題を解くのは好きではなかった。ある同僚は、ウラムが黒板で二次方程式を解いていたときのことを思い出して言った。「彼は眉間に皺(しわ)を寄せながら、小さな文字で一心不乱に式を走り書きしていました。そしてとうとう解が求まると、振り向いてほっとしたように言ったのです。『これで一日分の仕事をやり終えたような気分だ』と」[53]

ウラムは新しいアイデアを生み出すことに専念するほうが好きだった。技術的な詳細を詰めるのは、他の人々に任せておけばいいというわけだ。彼が独創的な発想で取り組んだのは、数学の謎ばかりではなかった。一九四三年の冬、ウィスコンシン大学で教鞭を執っていたとき、ふと気づくと、同僚数人が職場に姿を見せなくなっていた。

その後ほどなく、ウラムはニューメキシコ州でのプロジェクトへの参加を誘う手紙を受け取った。その手紙では、プロジェクトの内容については触れられていなかった。興味を引かれたウラムは、大学の図書館へ向かい、ニューメキシコ州についてできるかぎりの情報を調べ上げようとした。すると、その州について書かれた本は一冊しかなかった。そこでウラムは、誰が最近その本を借り出したか見てみた。「そのとき不意に、姿を消した仲間たちみんなの行き先がわかったのです」[54]と彼は語っている。同僚たちの研究上の関心分野にざっと目を通したウラムは、それらを考え合わせて、彼らが砂漠の真ん中で何に取り組んでいるのかをたちまち理解した。

モンテカルロ法という解の探究法

水素爆弾のための計算がいくつもの数学上の袋小路に迷い込んでいたとき、ウラムは入院中に考えていた問題のことを思い出した。手術後、回復に向かうなか、ウラムは暇潰しにトランプの一人遊びに興じた。ゲームの途中で不意に、カードがある特定の並び方になる確率を算出してみようと思いついた。出現しうる厖大な組み合わせを計算する（いつも避けようとしてきた類の単調な作業だ）必要に直面して、ウラムは何度かカードを並べて、どうなるかを見てみるだけのほうが早いかもしれないことに気づいた。この実験を十分に繰り返せば、何一つ計算せずに、おおよその答えの見当をつけられるだろう。

同じ手法が中性子の問題解決にも役立つのではないかと考えたウラムは、このアイデアをごく親しい同僚の一人だったジョン・フォン・ノイマンという名の数学者に打ち明けた。二人は一〇年来の友人だった。じつのところ、一九三〇年代にポーランドを離れてアメリカに渡るようウラムに勧めたのもこのノイマンであり、一九四三年にロスアラモス研究所に来るようウラムを誘ったのも彼だった。二人は好対照だった。皺一つないスーツに身を包んだ恰幅の良いノイマン（けっしてジャケットを脱いだりしない）に対し、ウラムはと言えば、服装にはまるで頓着がないものの、鮮やかな緑色の目をしていた。

ノイマンは頭の切れる論理的な男で、それが過ぎてときに無愛想に思えるほどだった。あるとき、鉄道で旅をしていたノイマンは腹が空いてしまい、車掌に車内販売員をよこしてくれないかと頼んだ。だが、その依頼はすげなくあしらわれた。「見かけたら、伝えておきます」と車掌は答えたのだ。この返事にノイマンはこう応じた。「この列車は一列につながっているのですよね[55]」。通路を進んでいけば、見かけないはずはないというわけだ。

ウラムがトランプのアイデアを説明したところ、ノイマンは即座にその可能性を見抜いた。二人は同僚のニコラス・メトロポリスという名の物理学者の協力も得て、中性子の衝突のシミュレーションを繰り返すことによって連鎖反応の問題を解明する方法の概略をまとめた。これが実現できたのは、その少し前に、ロスアラモス研究所にプログラム可能なコンピューターが設置されたからだった。ところが、三人は政府の機関に勤務していたので、この新たな手法には暗号名が必要だった。そこでメトロポリスは、ギャンブル漬けだったウラムのおじを偲ぶかのように、これを「モンテカルロ法」と呼んではどうかと提案した。

この手法では、ランダムな事象のシミュレーションを繰り返さなければならなかったので、厖大な量の乱数を手に入れる必要があった。人を雇って一日中座ってサイコロを振り続けさせるべきだと、ウラムが冗談を飛ばしたほどだ。彼の軽口からは、その裏にある嘆かわしい真実が透けて見えてくる。乱数を作成するのはじつに困難な仕事であり、しかも彼らはそれを大量に必要としていたのだ。一九世紀のモンテカルロの記者たちが真面目に仕事をしていたとしても、ロスアラモスの研究員の必要を満たせるほどの乱数を収集するには、カール・ピアソンは苦労しただろう。

ノイマンは持ち前の独創性を発揮し、乱数を収集するかわりに単純な演算によって「疑似乱数」を作成する方法を考え出した。この手法は実行するのはたやすいが、欠点もあることをノイマンは承知していた。最大の欠陥は、真の乱数を生成できない点だ。「数学的な手法によって乱数を生み出せると考える者は誰であろうと、当然ながら神を冒瀆しているのだ」[56]と、彼は後に冗談を言っている。

　コンピューターの性能が向上し、適切な疑似乱数が入手しやすくなるにつれて、モンテカルロ法は科学者にとって貴重な道具となっていった。エドワード・ソープは、『ディーラーをやっつけろ！』で披露した戦略を編み出すためにさえ、モンテカルロ法によるシミュレーションを使ったほどだ。とはいえ競馬に関しては、事はそう簡単には運ばなかった。

　ブラックジャックで見られるカードの組み合わせは限られているので、ゲームの攻略法を手計算で導き出すには多過ぎるが、コンピューターであれば問題ない。これを競馬の予測モデルと比べてみよう。競馬のモデルが扱う要因は一〇〇を超えうる。結果に対する各要因の寄与度を微調整する（ひいては結果の予測を変更する）方法は、いくらでもある。だが、ランダムにさまざまな要因の寄与度の組み合わせを選ぶだけでは、望みうる最良のモデルを探し当てられる見込みはほとんどない。新たな推論を立てるたびに、それが最良のモデルである可能性はいつも同じだけ存在するが、このようなやり方が理想的な戦略を見出すための最も効率的な方法であるとはとても言えない。理想としては、新たな推論が常に直前の推論よりも優れたものであることが望ましい。これはつまり、ある種の記憶を含む手法を模索するべきであるということだ。

より強力な、マルコフ連鎖モンテカルロ法の登場

二〇世紀初期にカードシャッフルに興味を抱いた学者は、ポアンカレとボレル以外にもいた。ロシアの数学者アンドレイ・マルコフもその一人で、彼は途方もない才能と途方もない短気で知られていた。若いときには「荒れ狂うアンドレイ（アンドレイ・ネイストヴィ）」というあだ名までつけられる始末だった。[57]

一九〇七年、マルコフは記憶も取り込まれたランダムな事象についての論文を公表した。そうした事象の一例がカードシャッフルだった。数十年後にソープも気づくのだが、一度シャッフルした後のカードの順序は、直前の順序に依存している。さらに、その記憶は長続きしない。次のシャッフルの結果を予測するために必要なのは、現在の順序だけだ。数回前のシャッフル時のカードの配列に関する情報を加えたところで、まったく意味がない。マルコフの研究にちなんで、この一段階限りの記憶は「マルコフ性」として知られることになった。このランダムな事象が数回繰り返される場合、それは「マルコフ連鎖」と呼ばれる。マルコフ連鎖は、カードシャッフルや、すごろくなどの偶然性が支配するゲームで広く見られる。また、隠された情報を探るときにも役立つ。

トランプのデッキをきちんと混ぜるためには、リフルシャッフルを少なくとも六回は行なわなくてはならないことを覚えているだろうか？　この結論を導き出した数学

者の一人が、パーシ・ダイアコニスという名のスタンフォード大学教授だった。ダイアコニスがカードシャッフルについての論文を発表してから何年かたったころ、地元の刑務所の精神分析医が新たな数学の難題を携えて、スタンフォード大学を訪ねてきた。[58]彼は受刑者たちから没収した暗号文の束を持参していた。暗号文はどれも、円や点、線から成る記号の寄せ集めだった。

ダイアコニスはこの暗号を、教え子の一人であるマーク・コーラムに課題として与えてみることにした。コーラムは、暗号文が換字式暗号〔原文の文字を一文字から数文字単位で系統的に別の文字や記号に置き換えた暗号〕を使っており、それぞれの記号が異なる文字を表しているのではないかと考えた。厄介なのは、どの文字がどの記号なのかを突き止めることだった。この難題に取り組むとすれば、試行錯誤を繰り返すというのも一つの手だった。コーラムは意味の通った文章ができるまで、コンピューターを使って文字を入れ替え、その結果を調べる作業を繰り返すこともできただろう。これはまさにモンテカルロ法だ。この方法を使えば、最終的には暗号文を解読できただろうが、成功までに馬鹿らしいほどの時間がかかったかもしれない。

コーラムは最初から毎回当て推量をするのではなく、シャッフルのマルコフ性を活用して、徐々に推測を改善していくことにした。まず、ある推測がどれだけ現実に即しているのかを測定する基準が必要だった。そこでコーラムは、『戦争と平和』の全文をダウンロードして、異なる二つの文字のさまざまな組み合わせがどの程度の頻度で現れるのかを調べた。それをもとに、対象とする文章中に特定の文字の組み合わせがそれぞれどれぐらいの頻度で登場するのか、見当をつけることができるようになった。

コーラムは毎回、暗号文中の二つの文字をランダムに入れ替えて、推測が改善したかどうかを確かめた。置き換えた文字の組み合わせが直前の推測よりも正しいように思えたら、コーラムはそのまま次の推測に進んだ。逆に前より怪しくなった場合、たいてい元に戻した。だが時折、妥当性に劣る暗号文のまま、先を続けることもあった。それはちょうど、ルービックキューブを完成させるようなものだった。完成のための最速の手順には時折、一見間違った方向に進んでいるように思われる段階が含まれる。また、これもルービックキューブと似ているのだが、状況を改善する手順を重ねるだけでは、完璧な配列にはたどり着けない恐れがあるのだ。

モンテカルロ法の力と一段階の記憶だけに依存するというマルコフ性を結びつけるというアイデアは元々、ロスアラモス研究所で生まれた。一九四三年、ニコラス・メトロポリスは研究チームに加わったとき、かつてポアンカレとボレルも頭を悩ませた問題に取り組んでいた。すなわち、たくさんの分子間の相互作用をいかに把握するかという問題だ。これは、粒子の衝突の様子を記述する方程式を解くことを意味したが、当時の計算機の性能の低さを思えば、もどかしい難題だっただろう。

メトロポリスと仲間たちはこの問題と何年も格闘した後、シラミ潰しに計算していくモンテカルロ法とマルコフ連鎖を組み合わせれば、相互に作用する粒子から成る物質の特性を推し量れるだろうことに気づいた。[59] より賢明な推測ができれば、直接観測できない数値を徐々に明らかにしていけるだろう。「マルコフ連鎖モンテカルロ法」として知れ渡ったこの手法こそ、のちにコーラムが受刑者の暗号文を解読するときに使うことになる手法だった。

結局コーラムは受刑者の暗号を解読するまでに、コンピューターを利用した推測を数千回繰り返さなければならなかった。だが、ひたすらシラミ潰しに推測していたら、はるかに長い時間がかかっただろう。受刑者の書いた暗号文の一つには、ある揉め事の一風変わった原因が記されていることがわかった。「ボクサーの声があんまりデカいんで、言ってやったんだよ、おいおい、頼むから少し落ち着いてくれよ、こっちはチェスをしてんだからってさ」

受刑者の暗号を解読するために、コーラムは（それぞれの記号に対応する文字という）観測しえないものを、観測可能な二文字ずつの組み合わせを使って推測しなければならなかった。ベッティングシンジケートも、競馬で同様の問題に直面する。各馬を取り巻く不確定性がどの程度なのか、あるいは、それぞれの要因が予測結果にどの程度寄与しているのかは、彼らにはわからない。だが、（ある一定の不確定性と要因の組み合わせについて）予測が実際のレース結果にどれだけ適合しているかを評価することはできる。これは、ウラムが用いた手法の典型だ。シンジケートは、とうてい歯が立たない一連の方程式を書き出して解く努力などせずに、その仕事をコンピューターに任せてしまうのだ。

マルコフ連鎖モンテカルロ法は近年、シンジケートがより優れたレースの予想法を考案し、トリプルトリオのような儲けの大きい特殊なレース結果を予測するためにも役立っている[60]。ただし、ギャンブラーとして成功するためには、ただ優位に立つだけでは足りない。そこから利益をあげる方法もあわせて理解する必要がある。

正しく予測できても儲けは賭け方次第

あなたがコイン投げで裏の出るほうに一ドル賭ける場合、その適正な配当額は一ドルだろう。裏に賭けた一ドルに対して二ドル支払おうという相手がいたとすれば、その人物はあなたに有利な条件を提示してくれていることになる。あなたは二分の一の確率で二ドルを手にし、二分の一の確率で一ドルを失うことが見込まれる。これは、〇・五ドルの期待利益と言い換えられる。

このようなバイアスのある賭けを提示してもらえたら、あなたはいくら賭けるだろうか？　有り金すべて？　その半分？　多く賭け過ぎれば、勝つか負けるかが依然として五分五分でしかない事象次第で、あなたはすべての貯蓄を失うリスクを負う。だが賭け金が少な過ぎれば、せっかくの有利な条件を十分に活かせない。

ソープはブラックジャックの必勝法を編み出した後、こうしたバンクロール〔手持ち資金〕管理の問題に目を向けた。カジノに対して特定の割合で優位に立っている場合、いくら賭けるのが最適なのだろうか？　ソープはこの答えが、「ケリー基準」という名で知られる公式から得られることを発見した。この公式の名前は、ジョン・ケリーにちなんでいる。ケリーはテキサス州出身で銃の収集が趣味の物理学者で、一九五〇年代にはクロード・シャノンと共同研究を行なっていた。[61]ケリーの説によれば、長期的には手持ち資金のうち、期待利益を賭けに勝った場合に得られる金額で割った値に等しい割合を賭けるべきだという。

先ほどのコイン投げの場合、ケリー基準は、期待利益（〇・五ドル）を勝った場合に受け取るはずの利益（二ドル）で割ることで求められる。その値は〇・二五となり、賭けに注ぎ込めるバンクロールの四分の一を賭けるべきことを意味する。理論的には、この割合で賭ければ、資金をなし崩し的に失うリスクを抑えつつ、相当な利益を確保できる。同様の計算は、競馬にも適用できる。ベッティングシンジケートは、自分たちのモデルで馬の勝つ確率を計算して把握している。さらに、トート・ボードのおかげで、他の馬券購入者が馬の勝ち目をどう読んでいるかについても知ることができる。モデルが示した値よりも、一般の人々が勝利の見込みは小さいと考えているとしたら、そこに金儲けのチャンスがあるかもしれない。

ブラックジャックでは功を奏したケリー基準だが、欠点がないわけではなく、競馬ではなおさらだった。第一に、ある事象の真の確率がわかっていることを前提に計算が行なわれる点だ。コイン投げで表になる可能性なら明らかだが、競馬に関しては、事はそれほど明白ではない。モデルが提示するのは、ある馬が勝利する可能性の推定値にすぎないからだ。あるシンジケートが馬の勝ち目を過大評価していた場合、ケリー基準に従えば、賭ける金額が大きくなり過ぎて、一文無しになるリスクが増える。常に勝ち目を二倍に過大評価していたら（たとえば、ある馬が勝利する可能性が実際には二五パーセントであるときに、五〇パーセントと読み続けていたら）、いずれ必ず破綻することになる。[62] したがって、シンジケートはケリー基準の推奨する金額よりも少なく賭けるのが一般的で、算出金額の半分、あるいは三分の一しか賭けない場合もよくある。こうすることで、「荒馬」に乗って痛い目に遭い、資金の大部分（悪くすれば、そのすべて）を失うリスクを減らしているのだ。[63]

少なめに賭ければ、香港のベッティング市場に固有の事情や展開の一つを乗り切る助けにもなる。大きな期待利益が見込まれる馬に賭ける場合、ケリー基準はその馬に大金を投じるように勧める。極端な例だが、その結果に確信があるときには、有り金を残らず賭けるべきだというのだ。ところがパリミューチュエル方式の競馬では、これは必ずしも得策とは言えない。各馬のオッズはその馬に賭けられた金額によって決まるので、賭ける人数が増えるほど、その馬が勝ったときに得られる金額は少なくなるのだ。

大口の賭け金一つで市況が一転することもある。例を挙げよう。あなたがモデルの提示した予測と現在のオッズを比較したところ、ある馬に賭ければ、二〇パーセントの利益が期待できることに気づいたとする。一ドルを賭けたとしても、オッズ全般にはほとんど変化がないので、その馬が勝利すれば、依然として〇・二ドルの利益を得ることが期待できる。十分な資金がある場合、あなたは一ドルより多く賭けようとするだろう。ケリー基準ならば間違いなく、そう勧めるはずだ。ところが、あなたが一〇〇ドル賭けたとすると、オッズは少し下がるかもしれない。その場合、あなたが実際に受け取る利益は、たとえば一九パーセントにしかならない。それでもあなたは、一九ドルの儲けを手にする。

ひょっとするとあなたは、さらに大きく出て、一〇〇〇ドル賭けることにするかもしれない。これほどの額になると、オッズも大きく動きかねない。その馬にはすでに数千ドル賭けられていたとすると、期待利益はたとえば一〇パーセントにまで下がり、儲けはわずか一〇〇ドルになる恐れもある。いずれは、ある馬にそれ以上賭けると正味の利益が減少する点に達する。二〇〇〇ドルを賭けても四パーセントの利益しか期待できないのなら、賭ける金額を引き下げたほうが賢明だ。

対処する必要がある問題は、賭け金が市場を動かす可能性ばかりではない。これまでに述べた計算はどれも、あなたが最後に賭ける人であり、したがって公表されたオッズを知っているという前提に立っている。だが実際には、最適戦略を考え出すのはそれほど単純な話ではない。競馬場では、トート・ボードに表示されるオッズにはタイムラグがあり、三〇秒もの遅れが出る場合もある。つまり、あなたが馬を選んだ後も、賭け金が流入し続ける可能性があるということだ。

あるシンジケートが賭け金を投入したとき、ハッピーヴァレー競馬場のベッティングプール〔賭け金の総額〕が三〇万ドルだったとしても、レースがスタートするまでにはおそらく、少なくともさらに一〇万ドルが賭けられるだろう。賭け方を決めるとき、シンジケートはこの資金流入を織り込む必要がある。そうでなければ、当初は大きな利益をあげるように思われた戦略が、月並みな利益しか生まない結果となりかねない。さらに、追加で流入する資金がランダムに賭けられるという想定もできない。この一〇年ほど、科学的ベッティングが広まっており、現在香港では、モデルを活用してレースを予測するシンジケートが数グループ活動している。締め切り間際の資金流入の背後には、こうしたシンジケートが存在している可能性が高い。「駆け込みでの資金投入は、情報通が行なっている場合が多いです」[64]とビル・ベンターは語った。したがって、シンジケートは最悪の事態を覚悟しておかなければならない。他の人々も有望な馬に賭けてくるだろうから、見込まれる利益はみな想定以上の人数で分配しなければならなくなる、と。

科学的手法が競馬を金儲けの手段にした

シンジケートが香港で科学的手法を採用するようになるまで、競馬に関する効果的なギャンブル戦略はほとんど存在しなかった。だが、今ではそうした手法が大きな成果をあげて（しかも、着実に勝ちを重ねて）いるので、ベンターのもののようなシンジケートは、予測が的中しても祝杯を挙げたりはしない。[65]ベンターが当初成功を収められたのは主に、ギャンブラーが利用できる香港特有の仕組みのおかげだった。ハッピーヴァレー競馬場では、実際に競馬場に足を運んで賭ける必要はない。自分が選んだ馬を電話で伝えるだけでいいのだ。これは、ベンターとウッズが香港を選んだ主要な理由の一つだった。[66]これで少し手間が省けて、制限時間内にどうやって賭けを行なうかを思い煩(わずら)うことなく、コンピューターによる予測のアップデートに集中できた。これにデータの入手しやすさと活発なベッティング市場があいまって、香港は彼らの戦略を実行するための理想的な場所となっていたのだ。

だが、他の人々もしだいに香港の魅力に気づき始めた。その結果、今では香港の競馬でベッティングシンジケートが儲けるのは、じつに難しくなっている。香港での競争が激化したことを受けて、ボルトンとチャップマンが初めて提唱したアイデアは、アメリカなど、他の地域へも広がりつつある。科学的ベッティングは過去一〇年間で、アメリカ競馬の主流になった。コンピューターによる予測を活用しているシンジケートがアメリカの競馬に投じる賭け金は、年間およそ二〇億ドルにのぼり、賭け金総額の二割近くを占めると見られる。[67]大きな競馬場のいくつかでは、コンピューターを使うシンジケートの賭けが禁じられていることを考えれば、この数字にはなおさら目を見張らされる。

ベッティングシンジケートはさらに、他の国々の催しにも目を向けている。スウェーデンの繋駕（けいが）速歩競走もその一例だ。このレースでは、出走馬は繋駕車という二輪馬車に乗ったドライバー（御者）を引いてトラックを走る。[68]古代ローマのものから剣とマントを取り除いた、戦車競走の現代版を想像してもらえばいいだろう。科学的手法は、オーストラリアや南アフリカ共和国の競馬場でも人気が高まりつつある。学術研究の一端として生まれたアイデアは今や、まさしくグローバルな産業へと変貌を遂げたのだ。

科学的なベッティングシンジケートを組織するにはかなりの資金が必要であることには、触れておいてもいいだろう。（予測手法の精度を高め、賭けを行なうことは言うに及ばず）必要なテクノロジーと専門知識を収集するだけでも、たいていの場合、少なくとも一〇〇万ドルは要る。ベッティング戦略の運用には多額の費用がかかるため、アメリカでは有利な条件を提供してくれる競馬場を探し求めるシンジケートが多い。競馬場のなかには、シンジケートが巨額の賭けを行なうのに伴って、自分たちの利益が増加していることに気づき、今ではコンピューターに基づく手法を歓迎している所もある。さらに、ベッティングシンジケートと契約を結んで、シンジケートが大口の賭けを行なう場合、リベートを供与することとさえある。

ボルトンとチャップマンは競馬予測にまつわる問題解決の側面を楽しんではいたものの、これまで挙げたような現実的な問題があるため、賭け事で身を立てることに本気で関心を持ったためしがなかった。自分たちの戦略の実行にはどれだけの費用と段取りが必要か承知していた二人は、学術的研究の枠内にとどまることで満足だった。ボルトンは次のように言う。「私たちにだってできると、二人で冗談を交わしたものです。どれだけ儲かっているかとか、活動規模がどれほど拡大したかというような話を時折耳にしましたが、そういったことは私たちには向いていませんでした」[69]

ギャンブラーが結果を予測する能力にはこれまでずっと限界があったことを思えば、

競馬における科学的ベッティングの成功は、いっそう注目に値する。予測能力の問題は競馬に限った話ではない。スポーツが対象であれ、政治が対象であれ、賭けに必要な情報を手に入れ、信頼に足るモデルを作り出すことは、しばしば困難だった。たとえギャンブラーがそれなりの予測法を編み出したとしても、その戦略を実行に移すのが難しい場合もままあった。ところが、二一世紀の幕開けとともに、状況は一変したのだった。

第4章 スポーツベッティングへの進出

攻略法実践の場としてのオンラインカジノ

二〇〇六年に新たなブラックジャック攻略法がイギリスに現れたとき、その成功の噂は密やかに、だがたちまちのうちに広まった。[1]変装も、カードカウンティングも、カジノに足を運ぶことさえも必要なかった。確かに、その利幅はペントハウスではなくビールを買う程度でしかなかったが、この攻略法はうまくいった。必要なのは、コンピューターと十分な空き時間、そしてビール代と引き換えに退屈な作業を行なうことを厭（いと）わない意欲だけだった。そして、これに飛びついたのが学生たちだ。

この戦略が登場したのは、政府提出の新しい賭博法が数か月前に成立したせいだった。[2]この法律のおかげで、今やイギリスに本社がある企業は、従来のスポーツベッティングだけでなく、オンラインでカジノゲームを提供することができるようになったのだ。各社は新たな顧客を獲得しようと意気込んで、新規登録特典を提供し始めた。一〇〇ポンド賭けたら、五〇ポンドのボーナスを無料で受け取れるといった類の特典だ。一見したところ、このようなボーナスがブラックジャックで勝つのにそれほど役立つようには思われない。カジノにとってオンラインゲームのほうが、カードをランダムに配るようにするのがはるかに簡単なので、カードカウンティングを不可能にできる。カードカウンティングの代わりに四騎士〔第3章参照〕の考案したブラックジャックの最適戦略を使い、カードをもらうかどうかを決めるときにディーラーの見せ札を考慮したとしても、徐々に負けが込んでくることが予想される。ところがこの新規登録特典によって、状況は再びプレイヤー優位に傾いた。ボーナスが事実上、どんな損失でも埋め合わせてくれることに客たちは気づいたのだ。理想的な戦略を実践したプレイヤーはおそらく、賭け金の一部（だがたいした額にはならない）を失うだろうが、賭け金が所定の合計額に達すると、ボーナスがもらえる。通常は、このボーナスも賭けてからでないと勝負からは降りられないが、幸いなことに、プレイヤーはそれまでの戦略を続けるだけで、損失を抑えられる。

二〇〇六年のうちに、多くのギャンブラーがウェブサイトを次々と渡り歩いて、ブラックジャックの勝負に何百回も参加し、ボーナスを集めて回った。ほどなく、ギャンブルサイトを運営する企業は、彼らが「特典濫用」と呼ぶ行為を取り締まり始め、ブラックジャックのようなゲームを新規登録特典の対象から除外した。ボーナスを手に入れるためにアカウントを一つ開設することに、違法性はまったくない（実際のところ、開設してもらうことこそが新規登録特典の目的だ）が、客のなかには、この特典を悪用する人も現れた。特典濫用に対する初めての有罪判決は、二〇一二年春に下された。[3] この判決で、ロンドン在住のアンドレイ・オシポーは、偽造のパスポートと身分証明書を使って複数のベッティングアカウントを開設したとして、懲役三年の実刑を受けた。法に抵触しない範囲で賭けを行なっていた人々が二〇〇六年に得た利益は、オシポーが稼いだとされる八万ポンドに比べれば微々たるものだった。それでもやはり、こうした特典が悪用されうるという事実は、近年ギャンブラーが獲得した三つの決定的な利点をよく示している。

第一に、オンラインベッティングの爆発的な拡大によって、ゲームやギャンブルの選択の幅が一気に広がったことが挙げられる。現実のカジノでは、新たなゲームの登場はたいていギャンブラーにとっては朗報だ。プロのギャンブラーのリチャード・マンチキンによると、新しいゲームを導入するときに、自分たちがどれほどのメリットを提供しているのかを理解しているカジノはほとんどないという。[4] 二〇〇六年に露呈したブラックジャックの抜け穴は、オンラインギャンブルも同様であることを教えてくれた。そして、インターネットがかかわると、儲かる戦略の噂は従来よりもずっと速く広まる。第二の利点として、儲かる可能性のある攻略法をギャンブラーが手軽に実践できるようになったことが挙げられる。カジノのセキュリティ要員の目を巧妙に逃れたり、ブックメーカー〔胴元〕のもとに足を運んだりしなくても、彼らはオンラインで造作なく賭けられる。ウェブサイトからであれ、インスタント・メッセージによってであれ、かつてないほど素早く簡単にアクセスできるからだ。そして最後の利点は、インターネットのおかげで、多くの効果的なベッティング戦略の立案に不可欠な材料を、以前よりもずっと簡単に入手できるようになったことだ。ルーレットから競馬にいたるまで、これまではデータが入手しにくいせいで、賭ける場所も方法も限定されてきた。だが今では、こうした制約は過去のものになりつつある。その結果、人々は数多くの新たなゲームに目を向け始めている。

試験問題から始まったサッカーの試合結果予測研究

毎年秋になると、世界に名だたる大学の数学科には、企業の採用担当者たちが押しかける。流体力学の研究者を求める石油会社や、確率論の専門家を探している銀行など、その顔ぶれはほぼ決まっている。だが近年、イギリスの各大学が主催するキャリアイベントに、これまでとは違う種類の企業が姿を見せ始めた。そうした企業は、ビジネスや金融を論じることなく、もっぱらサッカーのようなスポーツの話に終始する。職務に関する彼らのプレゼンテーションからは、仕事の説明というよりも、試合前に行なわれるごく専門的な分析を見ているかのような印象を受ける。プレゼンテーションは、数式とデータ表（たいていの企業がまだ入社を希望するかどうかもわからない相手には公開しないものだ）の話ばかりだ。こうなると、企業の売り込みというよりも講義に近い。[5]

彼らの手法の多くは、数学者にはお馴染みだ。研究者ならそうした技法を氷床や疫病の研究に使うところだが、こうした企業は同じ手法にまったく異なる応用分野を見出した。彼らは科学的手法を使って、ブックメーカーに挑んでいるのだ。そのうえ、勝利まで収めつつある。

現代的なサッカーの予測は、使い捨ての試験問題として終わるはずだったものから始まった。スチュアート・コールズは一九九〇年代、なだらかな丘陵の広がるイングランドの湖水地方から数キロメートルの所にあるランカスター大学で講師を務めていた。コールズの専門は極値理論だった。極値理論とは、これまで誰も経験したことがないほど深刻で稀な事象が起こる確率を扱う学問だ。一九三〇年代にロナルド・フィッシャーが先鞭（せんべん）をつけた極値理論は、洪水や地震から山火事や保険損失〔保険契約に基づいて保険会社が支払った、もしくは支払わなくてはならない、保険金の金額〕に至るまで、最悪の事態に陥った場合のシナリオを予測するために使われている。ようするに、きわめて稀な出来事についての科学だ。[6]

コールズの研究対象は、高潮から重度の汚染問題まで多岐にわたる。[7] コールズは同じ学科の研究者であるマーク・ディクソンに勧められて、サッカーに関する考察も始めた。ディクソンは、ランカスター大学の四年生に出題された統計の試験問題を目にしたのをきっかけに、サッカーの予測に興味を抱くようになった。[8] 設問のなかに、架空のサッカーの試合結果を予測するものがあったが、ディクソンはある欠点に気づいた。そこで使われる手法は単純過ぎて、現実には役に立たないのだ。それでも、問題自体は興味深く、この発想を発展させれば（さらには、実際のサッカーリーグに適用すればば）、実効性の高いベッティング戦略を生み出せるかもしれなかった。

ディクソンとコールズが新しい手法を開発して発表する準備を整えるまでには数年かかった。研究成果は一九九七年、『応用統計学ジャーナル（*Journal of Applied Statistics*）』誌についに掲載された。[9] この研究を終えると、コールズは自身のプロジェクトに戻った。サッカーを扱ったこの論文が後に重要な意味を持つことになるとは、コールズは夢にも思わなかった。「この論文は、当初は取るに足りないと思われる類のものでしたが、振り返ってみれば、私の人生に重大な影響を及ぼしました」[10] と彼は語っている。

サッカーの試合結果予測法の基本原理

香港の競馬を予測するために、科学的なベッティングシンジケートは、各馬の「優良性」を評価し、それから優良性を決めるさまざまな値を比較して、予想結果を導き出す。だが、同じやり方をサッカーに当てはめようとしても、一筋縄では行かない。各チームの優良性を比較考量し、シーズンを通してどのチームが良い成績を収める可能性が高いかを計算することはできるかもしれないが、特定の試合の勝敗を割り出すのははるかに難しい。あるチームには善戦するチームが、別のチームに対しては冴えないプレイに終始することもある。また、ゴールに入るシュートもあれば、ポストに当たって跳ね返るシュートもあるだろう。さらに、プレイヤーという要因もかかわってくる。神懸かり的なプレイ一つで、チーム全体が勢いづくときもある。チームが実力不足の選手を守り立てることもあるだろう。このように、ピッチ上での活動が複雑に絡み合っているため、統計的な見地からすれば、事態は一段と厄介だ。一九七〇年代には、サッカーの個々の試合は偶然性に大きく左右されるので、予測できる見込みはないという結論に達する研究者さえいたほどだ。[11]

サッカーの試合を研究対象に選んだせいで、ディクソンとコールズが難しい領域に足を踏み入れることになったのは間違いない。とはいえ、彼らに有利な点も一つあった。イギリスでは一般に、サッカーの賭けのオッズは試合の数日前に決められていた。香港の競馬では締め切り直前に盛んに賭け金が投入されたが、サッカーの試合を分析するときには、予測を立てて、その予測をブックメーカーのオッズと比べるための時けの対象になっている。

間がたっぷりとあった。しかも対象となりうる賭けの選択肢が数多くあるから、なお良かった。サッカーのベッティング市場が円熟しているおかげで、イギリスではハーフタイム時点の得点からコーナーキックの本数まで、ありとあらゆる事柄が幅広く賭けの対象になっている。

ディクソンとコールズは、まずは最も重要な問題から始めることにした。すなわち、どちらのチームが勝つか、だ。二人は最終結果を直接予測しようとはせず、試合終了のホイッスルが鳴るまでに入る点数を推定することにした。事を単純にしておくために、試合を通して各チームのシュートが決まるペースは一定とし、それぞれの時点で得点する確率は、その試合でそれまでに起こったことと無関係であると仮定した。

このような規則に従う事象は、「ポアソン過程」をたどっていると言われる。物理学者のシメオン・ポアソンにちなんで名づけられたこの確率過程は、さまざまな分野で見受けられる。研究者たちはこのポアソン過程を使って、交換台にかかってくる電話の本数や放射性崩壊、さらには神経細胞の活動さえもモデル化してきた。[12] ある事象がポアソン過程に従っていると仮定したら、それはその事象が一定のペースで起こるという前提に立つことになる。ポアソン過程で物事が起こる世界は記憶を持たないので、それぞれの時間の区切りは他の区切りに影響されない。ある試合で前半終了時点に無得点だったからといって、後半の得点の見込みが高まるわけではない。

ディクソンとコールズは、サッカーの試合をポアソン過程としてモデル化することを選択した（したがって、一試合を通して、ゴールは一定のペースで決まるという前提に立った）が、どのようなペースでゴールが決まるのかを突き止める必要が残されていた。一試合の得点数はおそらく、プレイしている選手次第で異なるだろう。では、各チームの得点をどう見積もればいいのだろうか？

ディクソンとコールズは一九九七年の論文の最初のほうで、サッカーリーグのモデルを構築しようと思えば誰もが従うべき手順を踏んでいる。まずは各チームの能力をどうにかして査定する必要がある。そのためには、何らかのランキング制度を利用するのも一つの手だ。各試合結果に応じて一定のポイントをチームに与え、所定の期間に獲得したポイント数を総計するのもいいだろう。たとえば、どこのサッカーリーグでもたいてい、チームは勝つと三点、引き分けると一点を与えられ、負けると一点ももらえない。一種類の数字で各チームの能力を示せば、どのチームが好成績を収めているかはわかるかもしれないが、その順位をもとに正確な予測ができるとはかぎらない。クリストフ・ライトナーとウィーン大学経済・経営学部の同僚による二〇〇九年の研究は、この問題を浮き彫りにした。[13] 彼らは二〇〇八年のサッカー欧州選手権について、世界のサッカーを統括する団体である国際サッカー連盟〔ＦＩＦＡ〕の公表するランキングをもとに予想したが、ブックメーカーの予測のほうがはるかに正確であることが判明したのだ。サッカーの賭けで儲けるには、各チームの能力を測る値が一つでは足りないらしい。

ディクソンとコールズは、チームの能力を二つの要因、すなわち攻撃力とディフェンス力に分けることを提案した。チームの攻撃力は得点をあげる能力を反映し、ディフェンスの弱さは相手の得点を防ぐ能力が低いことを示す。特定の攻撃力を備えたホームチームと特定のディフェンスの弱さを持つアウェーチームが対戦した場合にホームチームがあげる予想得点数は、三つの要因を掛け合わせて求められるとディクソンとコールズは考えた。

ホームチームの攻撃力 × アウェーチームのディフェンスの弱さ × ホームアドヴァンテージとなる要因

この「ホームアドヴァンテージとなる要因」とは、本拠地で戦うチームが多くの場合に得られる後押しを指す。同じように、アウェーチームの予想得点数は、チームの攻撃力にホームチームのディフェンスの弱さを掛けたものに等しいとされた（アウェーチームは特別なアドヴァンテージは何も得られない）。

ディクソンとコールズは各チームの攻撃とディフェンスの能力を評価するために、イギリスのサッカーリーグ上位四ディヴィジョン（所属チーム数は合計九二）で開催された試合に関する数年分のデータを集めた。モデルには、各チームの攻撃力とディフェンス力に加えて、ホームアドヴァンテージを示す要因が一つ加わるので、全部で一八五の要因を評価することになった。各チームが他のすべてのチームと同じ回数ずつ対戦するのならば、評価は比較的簡単だっただろう。ところが、数々の大会の試合はもとより、昇格や降格などがあることによって、対戦カードにはむらが出た。ハッピーヴァレーのレース同様、隠れた情報が多過ぎて、単純な計算では事足りない。そのため、一八五にものぼる各要因を推定するには、ロスアラモスの研究陣が開発したもの〔マルコフ連鎖モンテカルロ法、第3章参照〕のようなコンピューターを使った計算法の力を借りる必要があった。

こうして構築されたモデルを使って、ディクソンとコールズが一九九五〜九六年のシーズンに行なわれた試合を予測したところ、実際の試合結果とかなり合致することがわかった。だが、このモデルは賭けに役立つほど正確だろうか？　二人はそれを突き止めるために、全試合を対象に単純な基準に従って、このモデルを検証することにした。モデルを使って計算すると、ブックメーカーのオッズが示すよりも一割以上高い確率で特定の試合結果が出ると判断できる場合は、賭ける価値があると見なしたのだ。二人が使ったのは、ごく基本的なモデルとベッティング戦略にすぎなかったが、このモデルにはブックメーカーを凌ぐ予測力があると思える結果が得られた。

ディクソンとコールズは研究成果を公表してほどなく、別々の道を歩むことになった。ディクソンはスポーツ結果の予測に特化したコンサルティング会社であるアタス・スポーツを設立した。コールズはその後、ロンドンに本拠を置き、同じようにスポーツのモデル化を手掛けるスマートオッズ社に加わった。[14] 現在では、サッカーの予測を行なう企業は数社あるが、ディクソンとコールズの研究は数多くのモデルの核心であり続けている。サッカー関連の分析を取り扱うオンサイド・アナリシスの共同設立者であるデイヴィッド・ヘイスティは、「当時の論文は、今なお大切な出発点なのです」[15]と語った。

もっとも、どんなモデルもそうであるように、この研究にもいくつか弱点がある。「あれは完璧に磨き上げられた作品というわけではありません」[16]とコールズも認めている。問題の一つは、チームの攻撃力やディフェンス力を示す値が一試合を通して変わらない点にある。実際には、試合中に選手が疲れたり、より攻撃的になったりする時間帯がある。さらに、現実の試合結果は、ポアソン過程で予測されるよりも引き分けが多いという問題もある。これは、リードしているチームが試合展開に満足しているのに対し、負けているチームの選手のほうが、なんとか同点に追いつこうと懸命にプレイするからだと説明できるかもしれない。だが、アンドレーアス・ホイヤーとオリヴァー・ルブナーというミュンスター大学の二人の研究者によると、その背後には別の事情もあるという。[17] 引き分けの試合が多いのは、同点のまま試合が終盤に入ると、どちらのチームもリスクを冒したがらなくなる（したがって、得点の可能性が低下する）傾向があるせいだと二人は考えた。そして、ドイツの一部リーグであるブンデスリーガの一九六八年から二〇一一年までの試合を調べた結果、同点のときには得点の入る比率が下がることがわかった。これは、「安楽な引き分け」をよしとしがちな選手心理から、スコアが〇対〇のときにはとりわけ顕著だった。

試合中のいくつかの時点で、とくに引き分けになりやすい状況が生じることも判明した。ホイヤーとルブナーの分析によると、試合開始から八〇分間は、ブンデスリーガの得点数はポアソン過程に沿う傾向にあり、各チームともほぼ一定のペースでゴールネットを揺らしていた。ポアソン過程を逸脱するのは試合が終盤に入ってからで、その傾向がとくに強いのは、残り時間わずかでアウェーチームが一、二点リードしているときだった。

スポーツ結果を予測する企業は、こうした類の特異な展開を考慮した修正を加えつつ、ディクソンやコールズをはじめとする先人の研究を基礎にして、サッカーベッティングを儲かるビジネスへと変貌させた。近年はその事業内容も大幅に拡大している。だが、業界が成長して新たな企業も登場してきたものの、イギリスでは科学的ベッティングは今でも比較的新しい産業分野で、最古参の企業でさえも、設立は二〇〇〇年以降だ。それにひきかえアメリカでは、スポーツに関する予測にははるかに豊かな歴史がある——ときには、文字どおり豊かな。

スポーツベッティングに興味を抱く原子力研究所員

マイケル・ケントは高校の退屈な授業の暇潰しに、よく新聞のスポーツ欄を読んでいた。ケントはシカゴに暮らしていたが、全国の大学スポーツの情報を常に追っていた。試合結果に目を通していると、彼はそれぞれの試合の得点差が気になり出す。「あるチームが二八対一二で相手チームを破ったとして、それはいったいどれほどすごいことなのだろうか、と」[18]とケントは当時を思い出して言う。

ケントは高校を卒業すると、大学で数学の学位を取り、ウエスチングハウス社に就職した。一九七〇年代には、ペンシルヴェニア州ピッツバーグにある同社の原子力研究所に勤務した。そこでは、アメリカ海軍向けの原子炉の設計が行なわれていた。ここはまさに、絵に描いたような研究環境だった。数学者にエンジニア、コンピューターの専門家などが揃っていたのだから。ケントはここで数年間、燃料チャネルに冷却水を流した原子炉で起こる反応のシミュレーションに力を注いだ。空き時間には、アメリカンフットボールの試合を分析するコンピュータープログラムも書き始めた。ケントが大学スポーツに関して構築したモデルは、ビル・ベンターの競馬モデルと多くの共通点があった。ケントは試合結果に影響を与える可能性のある要因を数多く収集し、回帰分析を使ってどの要因が重要なのかを割り出した。後のベンターとまったく同じように、ケントも自分自身で予測を立てた上で、ベッティング市場に目を向けた。「まずは、自分自身で数値を求める必要があります。それから――そこで初めて――他の人々の数字を見てみるのです」[19]とケントは言った。

スポーツ統計学によるラスヴェガスへの挑戦

統計学とデータは長年にわたって、アメリカのスポーツ界で重要な役割を担い続けてきた。それは野球において、とりわけ顕著だ。その理由の一つとして、試合構成が挙げられる。野球の試合は、いくつもの短い間隔に分かれている。そのおかげで、ホットドッグをさっと頬張るチャンスがいくらでも見つけられるだけでなく、分析もぐっと楽になる。さらに、野球の各イニングは、（ピッチャー対バッターのような）個々の対戦に細分できる。こうした対戦は、それぞれが比較的独立しており、統計学者にとっては好ましい。

打率から得点数まで、現在野球ファンが熱中している統計の大半は、一九世紀にヘンリー・チャドウィックが考案したものだ。チャドウィックはスポーツライターで、こうしたアイデアをイングランドのクリケットの試合を観戦しながら磨き上げたのだという。一九七〇年代にコンピューターが普及すると、試合結果を収集して分析することが容易になり、スポーツ統計学の研究を奨励する組織がしだいに形成されていった。こうした組織の一つが、一九七一年に創設されたアメリカ野球学会だ。野球を科学的に分析する手法は、この学会の略称であるSABR（セイバー）にちなんで、「セイバーメトリクス」として知られるようになった。[20]

スポーツ統計学は、一九七〇年代に人気が高まったが、実効性のあるベッティング戦略を作り上げるには、まだいくつかの材料が不足していた。ところが、まったくの偶然から、マイケル・ケントのもとにはその材料がすべて揃っていた。「じつに幸運な話ですが、私の手元には何もかもが集まってきたのです」と彼は語った。第一の材料はデータだった。ケントが勤務するピッツバーグの原子力研究所からそう遠くないところにカーネギー図書館があり、そこには数年分の大学スポーツの成績や日程を収めたデータ集が収蔵されていた。このデータ集のおかげで、ケントのモデルが堅実な予測を立てるために必要な情報を得られたのはまさに朗報だった（その一方で、それぞれの試合結果を手入力しなくてはならないという難点もあったが）。さらに、ケントはウエスチングハウスの高速コンピューターを利用できたので、モデルを運用するテクノロジーも持っていた。出身大学がアメリカで早くからコンピューターを導入した大学の一つだったおかげで、ケントにはすでに、大半の人よりもはるかに豊富なプログラミングの経験があった。それだけではない。ケントはコンピュータープログラムの書き方を知っているばかりか、モデルの背後にある統計理論も理解していた。彼はウエスチングハウスで、カール・フリードリックというエンジニアとともに働いたことがあり、彼の指南を受けて、高速で信頼性の高いコンピューターモデルを構築する方法が身についていた。「彼は私が今まで出会ったなかでも指折りの頭脳明晰な人物です」とケントは語った。「信じられないほど頭が切れました」

重要な材料は揃っていたものの、ケントのギャンブル人生は幸先の良いスタートを切ることができなかった。「始めてまもなく、四度大きな賭けをしたのですが、全部負けました。あの土曜日だけで五〇〇〇ドルもすってしまったんです」と彼は言う。それでも、この不運にもいくばくかの利点があることに気づいた。「負け以上に私を奮い立たせるものはありませんでした」。七年間にわたって、夜な夜なモデルの構築に励んだ後の一九七九年に、ケントはついにスポーツベッティング一本で勝負することを決意した。ビル・ベンターがブラックジャックに第一歩を踏み入れていたころ、ケントは大学のアメリカンフットボールの新シーズンに向けた準備を整え、ウエスチングハウスを辞めてラスヴェガスへ移った。

ラスヴェガスでの生活では、新たに多くの問題に直面した。実際に賭けを行なう段取りもその一つだった。香港で賭けるには、自分の選んだ馬を電話で伝えれば済んだが、ラスヴェガスではそうはいかなかった。ギャンブラーは現金を持ってカジノに足を運ばなくてはならなかったのだ。そのためケントは、当然ながらいくぶん不安を感じた。結局、係員による駐車サービス付きのパーキングを利用することにした。そうすれば、何万ドルもの現金を抱えて薄暗い駐車場を歩く必要がなくなるからだ。[21]

実際に賭けるとなるとコツが要るため、ケントはビリー・ウォルターズと手を組んだ。ウォルターズは熟練のギャンブラーで、ラスヴェガスのカジノのやり口も、カジノをうまく利用する方法も心得ていた。賭けはウォルターズに任せて、ケントは予測に集中できた。続く数年の間に他のギャンブラーもチームに加わり、戦略の実践を手伝った。そのなかには、コンピューターモデルの問題解決を手伝う者もいれば、ブックメーカーへの対応を図る者もいた。彼らのチームは「コンピューターグループ」という名で知られ、ベッターからおおいに称賛されるかたわら、カジノからはおおいに恐れられた。

ケントの科学的な手法のおかげで、コンピューターグループの予測はラスヴェガスのブックメーカーの予想よりも常に優れていた。この成功は一方で、招かざる関心も引いた。一九八〇年代を通して、ＦＢＩはグループが違法な活動をしているのではないかとの疑いを抱き続け、度重なる捜査が行なわれた。この背景には、グループが巨額の利益をあげていることに対する当惑もあった。ところが、何年にもわたって綿密な調査がなされたにもかかわらず、何一つ成果があがらなかった。ＦＢＩは強制捜査を行なったり、グループのメンバー数名を起訴したりしたが、最終的には全員が無罪放免となった。[22]

コンピューターグループは一九八〇年から八五年までに、一億三五〇〇万ドル以上を賭け、一四〇〇万ドル近くを稼いだと見られる。[23] 損失を出した年は一年もなかった。グループは結局、八七年に解散したが、ケントはその後も二〇年にわたってスポーツベッティングを続けた。ケントによると、分業体制にはほとんど変わりがなかったという。彼が予想を立て、ウォルターズが賭けを実行した。ケントは自分の予測が奏功した大きな理由として、コンピューターモデルに細心の注意を払っていた点を挙げる。「モデルの構築こそが重要なんです」と彼は言った。「まずはモデルを構築する方法を理解する必要があります。そして、そのモデルを常に更新し続けなくてはならないのです」

ケントは通常、予測の作業を一人で行なっていたが、あるスポーツに関しては支援を受けていた。西海岸の一流大学の経済学者が毎週、アメリカンフットボールの予測を立てていた。この教授はベッティングの研究を秘密裏に行なっていたので、ケントは実名を出さず、「プロフェッサー・ナンバー1」という仮称を使っている。この経済学者の推測はとても的確だったが、ケントの予想とは異なっていた。そこで二人は、一九九〇年から二〇〇五年にかけて、自分たちの予測を組み合わせることも多かった。ケントは、アメリカンフットボールやバスケットボールなどの大学スポーツの予測によって名を上げ、利益もあげた。だが、あらゆるスポーツがこれほどの注目を集めてきたわけではない。ケントは一九七〇年代に儲けの出るアメリカンフットボールのモデルをいくつも構築したが、ディクソンとコールズがサッカーベッティングで儲ける手法の概略をまとめたのは、一九九八年になってからだった。スポーツのなかには、なおいっそう予測の難しいものもある。

種目により予測のしやすさが異なる理由

一九五一年一月のある午後、フランソワーズ・ウラムが帰宅すると、夫のスタニスワフが窓から外を眺めていた。ただならぬ表情で、ぼんやりと外の庭に目を向けていた。「うまくいく方法を思いついたんだ」とスタニスワフは言った。何の話かとフランソワーズは訊いた。「スーパーだよ」と彼は答えた。「これまでとはまったく違う仕組みなんだ。これできっと、歴史の流れが一変することになるだろう」[24]

ウラムが話していたのは、ロスアラモスで開発が続けられてきた水素爆弾のことだった。モンテカルロ法をはじめとする技術的な進歩のおかげで、アメリカは史上最強の武器を手に入れた。冷戦開始からまもない時期のことで、ソヴィエト連邦は核兵器開発競争でアメリカの後塵を拝していた。

とはいえ、この時期に登場した新機軸は、壮大な核兵器開発構想だけではなかった。ウラムが一九四七年にモンテカルロ法に取り組んでいる間に、鉄のカーテンの向こう側では性質の大きく異なる武器が登場していた。その武器は設計者のミハイル・カラシニコフにちなんで「アヴトマット・カラシニコヴァ」と呼ばれていた。[25] その後数年のうちに、この武器は別の名で世界に知れ渡ることになった。すなわち、「ＡＫ47」だ。水素爆弾とともに、このライフル銃は冷戦の流れを決めることになった。ヴェトナムからアフガニスタンに至るまで、ＡＫ47は兵士やゲリラ、革命家たちの手から手へと渡ってきた。この小銃は今でも使われており、これまでに七五〇〇万挺が製造されたと推計される。[26] ＡＫ47の人気が高いのは、構造の単純さに負うところが大きい。可動部は八つだけで、これは信頼性が高く、修理が容易であることを意味する。精度にはいくぶん欠けるかもしれないが、故障は稀で、何十年もの使用に耐える。

機械の製作に関して言えば、部品が少ないほど、その機械は効率的だと言える。複雑になれば、部品同士の摩擦が増える。たとえば、自動車では、このような摩擦のためにエンジン出力のおよそ一割が失われる。[27] また、複雑な機械は不調を起こしやすい。冷戦時、西側諸国の高価なライフル銃は故障しがちだったが、単純な構造のＡＫ47は正常に作動し続けた。同じことが他のさまざまなプロセスにも当てはまる。事をより複雑にすれば、効率が犠牲になり、誤りも増える場合が多い。ブラックジャックを例に取ろう。ディーラーの扱うカードの枚数が増えれば、適切にシャッフルするのが難しくなる。また、複雑になれば、未来を正確に予想するのも一段と厄介になる。関係する事柄と、それらの間で生じる相互作用が増えるにつれ、限られた過去のデータから将来の出来事を予測するのは困難になる。スポーツに目を向けると、ことさら数多くの相互作用があるために、予測がきわめて難しくなりかねない競技が一つある。

アメリカ大統領のウッドロウ・ウィルソンはかつて、ゴルフを次のように評した。「目的にそぐわない道具を使って、見つけるのも容易でない穴に、捕らえがたいボールを入れようとする、無益な試みである」[28]。ゴルフをするには、球筋を読む必要があるだけでなく、周囲の環境にも対応しなくてはならない。ゴルフコース上には、林や池からバンカーやキャディーまで、いたるところに障害物がある。そのため、運不運が常につきまとう。素晴らしいショットを打って、直接カップインするかと思われたのに、ピンに当たって跳ね返り、バンカーに落ちてしまうかもしれない。また、ボールがスライスしてしまったものの、木に当たって絶好の位置に戻ってくることもありうる。このような出来事はゴルフにはつきものなので、専用の用語までルールブックに明記されている。打球が偶然、何らかの物体に当たって止まったり、方向が変わったりした場合、それは「ラブオブザグリーン」(直訳すると、「グリーンの障害物」)とされる。[29]

香港の競馬が周到に計画された科学実験に似ているのに対して、ゴルフトーナメントは、ロナルド・フィッシャーの言う統計学的な検死〔第2章参照〕を必要とする傾向が強い。四日間にわたるトーナメント中、選手たちがティーショットを打つ時刻はまちまちだ。ラウンドごとにカップの位置も変わり、イギリスで開催されるトーナメントでは、天候も変化しやすい。それでも足りないかのように、ゴルフトーナメントでは優勝を競い合う人の数も厖大だ。ラグビーのワールドカップでは、優勝トロフィーを目指すのは二〇チーム、イギリスのグランドナショナル〔毎年四月にエイントリー競馬場で開催される最高峰のレース〕に出走する競走馬は四〇頭であるのに対して、アメリカで開催されるマスターズ・トーナメントの出場者数は毎年九五名で、メジャー選手権の他の三大会にはさらに多くのゴルファーが参戦する。

これほど多くの要因があることを考えれば、ゴルフは正確に予測をするのがとりわけ難しいことがわかる。そのためゴルフは、スポーツの予想にかけては主流からやや外れてきた。だが、この厄介な問題に挑戦する企業も出始めている。今ではスマートオッズ社にはゴルフの予測に取り組んでいる統計学者たちがいるが、ベッティングに関しては、ゴルフはまだ他の多くのスポーツに大きく後れを取っている。

さまざまなチームスポーツのなかには、他よりも予測しやすい競技がある。その違いの一端は得点率にある。アイスホッケーを例に取ろう。NHL〔ナショナル・ホッケー・リーグ〕に所属するチームならば、一試合の平均スコアは二、三点だ。[30] これをバスケットボールと比べてみるといい。NBA〔全米バスケットボール協会〕のチームは頻繁に、一試合で一〇〇点もの得点をあげる。[31] ホッケーのように一試合で入る点が少なければ、一点が試合に与える影響はより大きくなる。これはつまり、ゴールに嫌われて跳ね返されたり、運良くパックがゴールに飛び込んだりといった偶然の出来事が、最終結果に影響する可能性が高まることを意味する。得点の少ない競技では、取り扱う得点データも少なくなる。素晴らしいチームがろくでもないチームを破っても、一対〇であれば、分析対象となる得点シーンはたった一度しかない。

だが幸いなことに、試合から絞り出せる情報は他にもある。選手のプレイぶりを別の方法で測定するというのも一つの手だ。ホッケーのスコアを予測するために、専門家たちはしばしば「コルシ率」のような統計値を利用する。コルシ率とは、相手のゴールに向けて放たれたシュート数と自陣のゴールを狙ったシュート数の差として示される。[32] このような評価システムが使われるのは、チームの今後の得点能力を判断する上で、過去の試合であげた得点数があまり参考にならないからだ。

バスケットボールのような競技では、一試合あたりの得点はずっと多いが、予測可能性にはプレイスタイルも影響を与えかねない。ハラランボス・ブルガリスは長年、ほぼバスケットボール専門に賭けを続けてきて、今では世界屈指のNBAベッターとなっている。ブルガリスは二〇一三年のMITスローン校スポーツ分析会議の席で、選手たちが距離の長いスリーポイントシュートを狙うことが多くなるのにつれて、バスケットボールの得点の性質が変化しつつあることを指摘した。[33] スリーポイントシュートはランダム性に左右されやすいので、どちらのチームのほうが多く点を入れるかを予測することがしだいに難しくなっているというのだ。従来の予測法は、選手たちが協力してボールをゴールに近づけ、点を取ることを前提としていた。個々の選手が離れた位置から一か八か(ばち)のシュートを放つようになれば、このような予測手法の精度は下がる。

ブルガリスが他のスポーツではなくバスケットボールに賭けるのはなぜだろう？バスケットボールが好きだという単純な事実も理由の一つだ。厖大なデータを詳細に調べるという作業は、興味がなければとてもやっていられない。[34] さらに、対象となるデータが大量にあることも、ブルガリスには幸いしている。予測モデルは、信頼性の高い予測を量産できるようになるまでに、ある程度まとまった量のデータを処理する必要がある。そしてバスケットボールに関しては、分析対象として利用できる情報がたくさんある。だが、他のスポーツではそうはいかない。イギリスのサッカーの予測が開始された当初は、必要なデータを探り当てるのは大変な難題だった。アメリカの専門家たちは大洪水ばりの量の情報を扱っていたが、イギリスには良くても水たまり程度のデータしかなかった。「みんなわかっていませんが、このごろは本当にたやすく情報を手に入れられることがあるんですよ」[35]とスチュアート・コールズも語っている。

一九九〇年代後期には、サッカーに関するデータはなかなか入手できなかったので、ギャンブラーたちはあらん限りの手段を尽くして情報を収集しなければならなかった。なかには、試合結果を公表している数少ないウェブサイトを自動的に探し回って、サイトから直接データ表をコピーするプログラムを作成した人もいた。[36]この「スクリーンスクレイピング」はデータを獲得する手段となったが、収集される側のウェブサイトは、ギャンブラーが自分たちのコンテンツをコピーしたり、サーバーを停滞させたりするのを快く思わなかった。データが盗まれるのを阻止しようと、特定のIPアドレスをブロックするといった対抗策を講じたウェブサイトもあった。[37]

データ量の豊富なアメリカのスポーツ界でさえ、競技ごとにその情報量には大きな違いがある。ケントが大学スポーツを分析したのは、入手可能な情報が多かったからでもある。「バスケットボールの大学リーグの試合数は他の競技よりもはるかに多く、チーム数も格段に多いです。となれば、厖大なデータベースが得られます」[38]とケントは言う。彼はこのようなデータにアクセスできたこともあって、試合結果を予測し、前もって適切な賭けを行なえた。

試合と同時進行で賭けられるブックメーカーの登場

ケントが賭けを生業(なりわい)としている間はずっと、ラスヴェガスのスポーツベッティングは、試合開始と同時に締め切られてきた。審判が試合開始を告げるホイッスルを鳴らすまでに、ケントはすでにお金を賭け終えていた。ギャンブルとプレイ中の出来事は、密接に関連しているように見えて、じつはまったく切り離されていたわけだ。ところが、二〇〇九年に新顔の企業がこの街にやってきたおかげで、カジノは切り離されていたギャンブルの二つの円をようやく交わらせることができた。その企業とは、ウォールストリートの金融会社カンター・フィッツジェラルドの子会社であるカンター・ゲーミングだ。[39]同社は近年、主要なカジノの多くで常設のブックメーカーとなっている。ヴェネチアン、コスモポリタン、ハードロックといったホテルのカジノでスポーツベッティングのセクションに足を踏み入れると、何十もの大型スクリーンやベッティングマシンが目に飛び込んでくるだろう。すべてカンター社が運営しているものだ。野球からフットボールまであらゆるスポーツの中継画面の間に、数字と名前の列がぎっしりと並んで、さまざまな試合のオッズを示している。こうした「ベッティングライン」が変動すると、客から喚声が上がる。そこではスポーツバーと証券取引所の立会場を掛け合わせたような雰囲気が漂い、絶えることなく輝くカジノの照明の下で酒とデータが渾然一体となっている。[40]

カンター社のスクリーンに映し出される数字は、観客たちの感情を反映しているように見えるかもしれないが、じつのところ、試合の間ずっとベッティングラインを調整しているコンピュータープログラムによってコントロールされている。[41] カンター社は、このプログラムを「マイダス・アルゴリズム」と呼んでいる〔マイダスはギリシア神話に登場する強欲な王、ミダスのこと。触れる物をすべて黄金に変える力を与えられた〕。試合展開に応じて、このプログラムはディスプレイ上のオッズを自動的にアップデートする。マイダスのおかげで、試合中に賭ける「インプレイ・ベッティング」が実現し、ラスヴェガスで人気が急上昇することになった。

このマイダスというソフトウェアは主に、二〇〇〇年にカンター社に加わったアンドルー・ガルードというイギリス人の功績による。入社前には、ガルードは日本のある投資銀行にトレーダーとして勤務していた。彼にとってラスヴェガスへの飛躍は、見た目ほど大きなものではなかった。ガルードにしてみれば、金融派生商品の価格を査定できるモデルを設計する仕事から、スポーツの結果を評価できるモデルを設計する仕事に移っただけだったのだから。[42]

カンター社の狙いがこの上なく明白になったのが二〇〇八年で、この年同社はラスヴェガス・スポーツ・コンサルタンツという企業を買収した。この企業は、ラスヴェガスの半数近くのカジノを含むネヴァダ州全域のブックメーカーのために、オッズを準備していた。だがカンター社が興味を持っていたのは、この企業の予測ばかりではなかった。[43]カンター社はこの企業買収によって、じつにさまざまなスポーツの過去の試合結果に関する広範なデータベースを確保できた。この情報はやがて、カンター社の分析の根幹を成すことになる。野球からフットボールまで、特定の事象が試合にどのような影響を与えるかを、カンター社は理解する必要があった。サンフランシスコ・ジャイアンツにあと一本ホームランが出たら、その勝算はどう変わるのか？　ニューイングランド・ペイトリオッツが試合終了間際に、得点を狙って最後の攻撃を仕掛けた場合、成功する確率はどれぐらいあるのか？

ガルードによれば、単純でありきたりの事象は比較的予測がしやすいという。たとえば、あるフットボールチームが二〇ヤードラインからドライブ（攻撃）を開始した場合にタッチダウンが決まる可能性を算出することは、それほど難しくない。問題は、試合中には成功も失敗も繰り返し起こりうるが、そのなかに他のプレイよりも捉えがたいものがあることだ。では、心得ておくべき事象とはどれだろう？　ガルードは、プレイの大半は試合結果にたいして影響しないことに気づいた。[44]したがって、決定的な事象、つまり大きな違いを生み出す事象を突き止めることが重要になる。ここで、厖大なデータベースが役に立つ。多くのギャンブラーは直感を頼りにしているが、マイダスはあるタッチダウンが実際にどれほどの影響力を持つのかを明確に評価できるのだ。

ではカンター社はどうやって、マイダスに必ず正しい予測を行なうようにさせているのだろう？　そんなことをさせようとなどしていない、というのがその答えだ。カンター社のような企業は一般に、モデルを使ってすべての試合結果を正確に見極めようとしていると考えられている。カンター社でスポーツデータ関連の責任者を務めるマシュー・ホールトは、この誤った通念を一蹴した。彼は二〇一三年に次のように述べている。「私たちは試合結果を予測するベッティングラインを作成しているわけではありません。どこで決定的なプレイが起こるのかを予期して、ベッティングラインを作成しているのです[45]」

ベッティングに関して言えば、ブックメーカーの目的はギャンブラーの目的とは根本的に異なる。テニスの全米オープンで対戦する二人の選手が、まったくの互角だったとしよう。その試合の勝敗は五分五分だから、賭け金一ドルにつき、適正な配当は一ドルだ。ベッターが双方に一ドル賭ければ、その損得は差し引きゼロになる。だがブックメーカーは、一ドルを払い戻すようなオッズは設定しない。一ドルの代わりに〇・九五ドルの配当を提示したりする。その場合、両者に賭けた人はみな、〇・〇五ドル損をすることになる。

どちらの選手にも最終的に同じ額が賭けられたならば、ブックメーカーは確実に利益を得られる。だが、どちらか一方に賭け金の大半が向かったとしたらどうだろう？　ブックメーカーは、どちらが勝っても間違いなく同じだけの利益をあげられるように、オッズを修正する必要に迫られる〔ブックメーカー方式の賭けの場合、払い戻しは賭けが行なわれた時点のオッズに従ってなされる。賭けた後にオッズが変化しても、払い戻し額は影響を受けない〕。新たなオッズは、片方の選手が相手より勝つ見込みが低いことを示すものになるかもしれない。となると、両選手の実力が互角であることを承知している賢明なギャンブラーなら、オッズの高いほうの選手に賭ける。だがこれは、抜かりなく手を打っているブックメーカーにとっては何ら問題ない。ブックメーカーはベッティングラインを動かして、ある結果が出る真の確率と一致させようとはしない。彼らは自社の損得勘定の帳尻が合うようにベッティングラインを動かすのだ。

マイダス・アルゴリズムは日々、コンピューターによる予測と実際のベッティングの動向とを考え合わせ、賭け金が流れ込んでくるなかで、オッズを微調整している。何十もの異なるスポーツ種目について、こうした曲芸のような難しい操作を並行して行ない、試合の進行に合わせて各ベッティングラインをアップデートしているのだ。カンター社のようなブックメーカーが利益をあげるためには、ギャンブラーの資金がどこへ向かっているのかを察知しなくてはならない。客たちは何に賭けているのか？ある特定の事象に対して、どのような反応を見せるのか？

ベッターとブックメーカーの間で情報の読み合いが行なわれるのとちょうど同じで、ギャンブラーは多くの場合、ライバルの動向の把握にも努めている。あるベッティングシンジケートが効果的な戦略を編み出したという噂が立てば、他のシンジケートは当然、自分たちも一口乗ろうと躍起になる。多くのベッティング戦略は学術研究に端を発しているので、さまざまな研究論文を丹念に調査すればたいてい、その基本モデルの全体像を描き出せる。だが、スポーツベッティングは競争の激しい業界であり、そのため、有効性のきわめて高い手法のなかには、秘密のベールで覆われたままになっているものもある。スポーツ統計学者イアン・マクヘイルによると、「予測モデルの占有的な性質を考えれば、公表されているものが最良のモデルであることは、（皆無とは言わないまでも）稀だ」[46]という。

最良の戦略を保持しているのが誰なのかをギャンブラーが知りえないとすれば、ギャンブルを取り巻く環境は緊迫したものとなりうる。サッカーで際立った額の賭けの多くが行なわれる巨大なアジア市場では、賭けはたいていインスタント・メッセンジャーを通じて行なわれる。それと同時に、情報がブックメーカーとギャンブラーの間で行き来することになる。両者とも相手が何を考えているのか、そしてどう賭けようとするのかを懸命に読み合うからだ。ある業界関係者によれば、「賭けに関する噂はとてつもなく膨らんでいて、妄想だらけだ」[47]という。

高額ベットを受けられるブックメーカーの秘訣

アジアのブックメーカーが欧米のメディアに取り上げられる場合、良いニュースであることはめったにない。二〇一〇年に行なわれたパキスタン対イングランドのクリケットの試合では、疑わしい投球があったとして、三人のパキスタン選手が反則投球をすることに同意した廉で出場停止処分を申し渡された[48]。記者たちによれば、ブックメーカー（その多くはアジアを拠点としている）はしばしば、このような不正が行なわれる試合を標的にするそうだ。スキャンダルはその後も続いた。二〇一三年の夏には、クリケットのインディアン・プレミアリーグに所属する三人の選手が、八百長を行なったとして告発された。警察の主張によると、特定の時点に対戦相手に得点を許せば、四万ドル以上支払うとブックメーカーが選手に請け合っていたのだという[49]。さらに同年一二月には、イギリスでも、指示に従ってイエローカードやレッドカードをもらうことを申し出たとされる件で、サッカー選手六人が警察に逮捕された[50]。

アジアでギャンブル人気がきわめて高いのは間違いないが、すべてが公明正大な賭けというわけではない。中国の闇ベッティング市場は、香港ジョッキークラブが合法的に取り扱う賭け金総額の一〇倍にのぼると推定されている。違法ベッティングはインドでも広く見られる。クリケットの同国代表が宿敵パキスタン代表と対戦するときには、賭け金総額が三〇億ドルに迫ることもある。[51] とはいえ、アジアのベッティング市場にも変化の兆しが見られる。ギャンブラーはもう、裏通りの酒場の奥の部屋に足を運んで、闇市場のブックメーカーを見つけ出す必要はない。かつては、現金と秘密の合言葉が必要な時代もあった。だが今では、電話やインターネット経由で賭けられる。体裁良く設(しつら)えたコールセンターが、薄汚れた賭博部屋に取って代わった。この新しい産業は、違法な闇市場からは一歩距離を置いているものの、依然としてそこに規制の手はほとんど届かない。これはまさに「灰色市場(グレーマーケット)」であり、現代的で組織的な運営がなされているものの、その内実は不透明だ。[52]

サッカーのようなスポーツに大金を賭けようとする場合、欧米の多くのギャンブラーにとって、アジアは最適地となっている。理由は単純明快だ。ヨーロッパやアメリカでは、ブックメーカーが高額の賭けに応じることはまずない。そのため、こうした地域に本拠を置くギャンブラーにとって、自らの戦略で利益をあげられるだけの金額を投じることは、ますます難しくなっている。ハララボス・ブルガリスは精力的に賭けているにもかかわらず、いや、むしろ精力的に賭けているがゆえに、アメリカのブックメーカーが自分の賭けを受けるのを渋ると不満を述べている。[53] たとえ賭けに応じてもらえたとしても、上限金額はどうしようもないほど低く設定される。わずか数千ドルしか賭けられない場合もある。だが、欧米のすべてのブックメーカーが成功を収めているベッターを敬遠しているわけではない。ここ一〇年間に、辣腕ギャンブラーの賭けに応じ、彼らが賭けることを促してさえいると評判になっている企業がある。ピナクルスポーツだ。

一九九八年に事業を開始したとき、ピナクルスポーツが大胆な狙いを持っていることは明らかだった。同社の賭け金の上限は高く、その最高金額は既存の多くのブックメーカーが提供している設定を上回っていた。ピナクルは、客が何度でも好きなだけ上限金額を賭けることを歓迎すると請け合った。[54] ずっと勝ち続ける客がいたとしても、ピナクルはその客を締め出そうとはしなかった。二〇〇三年当時、このような考え方はブックメーカー界の常識に完全に反していた。儲けようと思うなら、凄腕のベッターに大口の賭けをさせてはならないというのが定説だったからだ。まして、大金を繰り返し賭けさせるなど、もってのほかだ。では、ピナクルはなぜ成功したのだろう？

ブックメーカーはどこも、賭け金の全体的な動きに注目しているが、ピナクルはそれに加えて、そうした賭けを誰が行なっているのかを把握することにも力を入れている。頭の切れるベッターの賭けに応じることで、ピナクルは彼らの読みがどのようなものなのかがつかめる。[55] これは、ビル・ベンターが予測の際にハッピーヴァレー競馬場で公表されているオッズも参考にするやり方とあまり変わらない。ベッティングシンジケート（あるいはブックメーカー）が知らないことを、一般の人々が知っている場合もあるのだ。

ピナクルは通常、最初のオッズを日曜の晩にまとめて公表する。そのときのオッズが完璧とは言い切れないことは同社も承知しているので、この時点では少ししか賭けには応じない。オッズ公表当初の賭けはほぼすべて、少額を賭ける有能なベッターによるものであることにピナクルは気づいた。というのも、最初のオッズは不正確なことが多いので、そこにつけ込んで一儲けしようと、頭の切れるギャンブラーが殺到するからだ〔先にも注記したように、ブックメーカー方式の賭けの払い戻しは、賭けた時点のオッズに従ってなされる〕。ところがピナクルは、試合予測が結果として大きく向上するならば、「一〇〇ドルの天才」とも称されるこうした明敏なギャンブラーたちに恩恵を提供することも厭わない。実質的には、ピナクルは辣腕のギャンブラーに情報提供料を払っているに等しい。

情報を購入するという戦略は、他の分野でも試されているが、ときに物議を醸す結果にもなっている。二〇〇三年夏、トレーダーが中東で起こりかねない事件を予測して投機できる「政策分析市場」[56]の開設を、アメリカの国防総省が計画していることに、上院議員たちが気づいた。この市場では、たとえば生物化学兵器による攻撃やクーデター、アラブの指導者の暗殺といった出来事に賭けられることになる。これは、内部情報を手にして、その情報をうまく利用しようとする人がいれば、国防総省は市場の動きの変化を察知できるはずだという発想に基づいている。投資家は利益を得られるかもしれないが、それによって手の内を明かすことにもなる。この計画の陰の立役者である経済学者ロビン・ハンソンに言わせれば、情報機関とはそもそも、醜い裏情報を提供してくれる人々に報酬を払うものだそうだ。倫理的観点からは、この市場は他の種類の商取引と何ら変わらないとハンソンは考えていた。

だが、上院議員たちの見解は異なった。ある議員は、この発想を「グロテスク」と評し、別の議員は「信じがたいほど馬鹿げている」[57]と述べた。ヒラリー・クリントンによれば、この政策は「死と破壊の取引」[58]を生み出すものだという。こうした猛烈な反発に直面して、計画は長くは持ちこたえられなかった。七月末には、国防総省はこの構想を破棄していた。この決定は、経済的理由というよりは倫理的理由で下されたと言える。計画に反対する陣営はその倫理的側面を非難したが、ベッティング市場のおかげで、ある出来事に関する貴重な見識が明らかになりうることに異を唱える人はいなかった。ギャンブラーは世論調査の協力者とは違い、正確に予測する経済的動機を持っている。彼らは未来の予測を立てるとき、自らの言葉（あるいはモデル）に自らのお金を賭けているのだから。

ピナクルは今では、多種多様なテーマにギャンブラーの見解を反映させている。次期大統領が誰になるかや、アカデミー賞を受賞するのは誰かといったことにも、客は賭けられる。ピナクルは自社の手法に強い自信があるので、注目度の高い出来事に対する大口の賭けにも日頃から応じている。[59]過去には、サッカーのチャンピオンズリーグの決勝戦に五〇〇万ドルを賭けられたこともあった。ピナクルのビジネスモデルは正確に予測することで成り立っているので、賭けの対象にできないものもある。たとえば、二〇〇八年にピナクルは、専門外だという理由で競馬を賭けの選択肢から外した。[60]

ピナクルのように、自社の統計的予測と凄腕のギャンブラーの読みを結びつける方法を見つけた企業は、従来のブックメーカー業界のやり方に挑戦状を突きつけている。頭の切れるギャンブラーの知識を利用することによって自社のオッズに対する自信を深めた企業は、より大口の賭けにも喜んで応じる。だが、変貌を遂げているのはブックメーカー側ばかりではない。ブックメーカーをいっさい通さずに賭けるギャンブラーが登場し始めているのだ。

新しい賭けの形式「ベッティングエクスチェンジ」

過去一〇年ほどの間に、ベッティングへの取り組み方は劇的に変化した。賭けがオンラインに移行しただけでなく、ブックメーカーはベッティングエクスチェンジという形式のこれまでにない種類のギャンブル市場との競争に直面している。ベッティングエクスチェンジは証券取引所とよく似ているが、ギャンブラーは株式を売買するのではなく、賭けを提示したり、賭けに応じたりする。最もよく知られたベッティングエクスチェンジはおそらく、ロンドンに拠点を置くベットフェアだろう。同社は一日に七〇〇万件以上の賭けを扱っている。[61]

ベットフェアの創業者であるアンドルー・ブラックが、ウェブサイトを活用したこの仕組みを思いついたのは、一九九〇年代後期のことだった。当時ブラックは、グロスターシャーに置かれたイギリス政府通信本部にプログラマーとして勤務していた。セキュリティ上の理由から五時以降は職場に残れないため、ブラックは毎晩、田舎の農場に建つ家で独りで過ごす羽目になった。暇があり過ぎて持て余したが、それはきわめて実りの多いものともなった。「退屈して死にそうでしたが、じつに豊かなアイデアが次々と浮かぶようになりました」[62]と、ブラックは後に『ガーディアン』紙に語っている。

ブラックは大学時代にベッティングへの興味を深めた。だが、従来のギャンブルの方式にはいくつもの欠点があったので、手持ち無沙汰なグロスターシャーの夕べに、ブラックはどうしたら改善できるかと考えを巡らせた。これまではブックメーカーを通すしかなかったが、そうではなく、ギャンブラー同士を直接対決させてみたらどうだろう？　この構想は、金融市場とギャンブルとオンライン小売業の考え方を組み合わせることを意味する。プロのギャンブラー、株式のトレーダー、ウェブサイトの制作者としての経歴を持つブラックには、この三分野のすべてで経験があった。

ベットフェアのウェブサイトは、二〇〇〇年に開設された。その夏、同社は偽の葬列を組み、「ブックメーカーの死」を告げる棺を担いで、ロンドンの街を練り歩いた。[63]この奇抜な宣伝行為は多くのメディアで報道されたが、競合企業もたちまち後に続いた。あるライバル企業は、ｅＢａｙを真似、特定のオッズで一〇〇〇ポンドを賭けたい人がいた場合、その企業のサイトはそのような賭けに進んで応じる人との間を取り持とうとする。[64]人々を組み合わせる試みは、トランプゲームのスナップ〔手持ちのカードを順に中央に重ねていって、二回連続で同じ数字が出たら、「スナップ！」と言ってカードの上に手を置き、最初に手を置いた人が、重ねたカードをすべてもらえるゲーム〕をオンラインで大規模に行なうようなものだ。そして、それはときに、条件の合う相手が見つかるまでに長い時間がかかる場合があることを意味する。

ベットフェアには幸いにも、これを迅速化する手立てがあった。ある賭けに応じる人が誰もいなかった場合、ベットフェアはその賭け金を数人に分割するのだ。一例を挙げると、一〇〇〇ポンドの賭けを全額引き受ける人物を探そうとするのではなく、それを分割して、たとえば二〇〇ポンドの賭けに応じたいという五人と組み合わせることもできる。ブックメーカーは従来、提示するオッズを微調整して利益をあげてきたが、ベットフェアはオッズにはまったく手をつけずに、個々の賭けに勝った人の利益から分け前を受け取る。

ベッティングエクスチェンジで「儲けの確定」

ベットフェアのようなベッティングエクスチェンジは、ギャンブルへの新たなアプローチを切り拓いた。従来のブックメーカーとは違い、ベッティングエクスチェンジでは、特定の結果に賭けられるだけではない。賭けに応じる側に回って、特定の結果が「実現しないほうに賭ける」ことも可能だ。この場合、その結果が生じなかったら、賭けの賞金を受け取れる。

ベッティングエクスチェンジでは、どちらの立場からも賭けられるので、試合終了前に儲けを確定することもできる。ベッティングエクスチェンジに現在、あるチームのオッズが五倍と表示されているとする。あなたがそのチームに一〇ポンド賭けることにすると、チームが勝利した場合、五〇ポンドが払い戻される。ところが、その後に状況が一変する。相手チームのスター選手が負傷したらしい。その結果、あなたの賭けたチームの勝つ見込みが高まり、オッズは二倍にまで下がる。試合終了をじっと待つ――と同時に、自分に不利益な結果となるリスクを冒す――かわりに、より低い

表4.1　あるチームの勝利に賭け、続いて敗北に賭けることで、損失は回避できる

		1件目の賭け	2件目の賭け	収支
結果	チームの勝利	£50	-£20	£30
	チームの敗北	-£10	£10	£0

オッズで別の人の一〇ポンドの賭けに応じ、自チームの負けに賭けることで、あなたは自分の最初の賭けの損失を回避できる。自分の賭けたチームが勝った場合、最初の賭けによって五〇ポンドを獲得するが、二件目の賭けについて二〇ポンドを支払わなくてはならない。賭けたチームが負けた場合、上表に示したように、二件の賭けは相殺される。試合がまだ始まってもいないうちから、そのチームが勝てば三〇ポンドが得られ、チームが負けてもまったく損をしないことが、あなたには保証されるのだ（こうした状況を受けて、ブックメーカーの多くは「キャッシュアウト」という機能を導入した。この機能は本質的に、今説明した取引を再現するものだ）。

各試合結果について実現するほうにも実現しないほうにも賭けられるので、ベットフェアのウェブサイトには、試合ごとに、双方の賭けに適用される最も高いオッズが二列になって表示されている。この工夫のおかげで、ギャンブラーが他の人々の思惑を把握し、自分が不適切だと思って

いるオッズにつけ込むことが容易になった。とはいえ、ブックメーカー以外にも、より身近になってきているものがある。

科学的ベッティングはなぜ投資先として有望か

科学的なベッティング戦略は従来、コンピューターグループのような私的なベッティングシンジケートや、より新しいところではアタス・スポーツのようなコンサルティング会社の領分に属していた。だがこうした状況は、もうそう長くは続かないかもしれない。銀行が顧客に投資ファンドを紹介するのとまったく同じように、科学的なギャンブル手法への投資を仲介する企業が姿を見せつつある。ブルームバーグのコラムニスト、マシュー・クラインの言葉どおり、「スポーツベッティングに精通し、手数料と引き換えに私の資金で賭けてくれる人物を見つけられたとしたら、その人はどの点から見ても、ヘッジファンドマネジャーにほかならない」[65]。投資家には今や、株式や商品のような既存のアセットクラス〔投資対象となる資産分類〕ではなく、それに代わるアセットクラスとしてスポーツベッティングに投資するという選択肢も提供されているのだ。

ベッティングは、他の種類の投資とはいくぶん趣が異なるように思われるかもしれないが、それこそがセールスポイントの一つだ。二〇〇八年の金融危機の折には、数々の資産の価格が急落した。こうした打撃から資産を守るために、投資家は多くの場合、多様性に富んだ分散投資を図る。幅広い業種にわたっていくつもの企業の株式を保有するというのも、その一例だろう。だが、市場が混乱をきたした場合、このような多様性だけでは必ずしも十分でない。ウォーリック大学で複雑系の研究を行なうトバイアス・プレイスによると、金融市場が苦境に陥った場合、株式はみな同じような値動きを見せる可能性があるという。[66] プレイスは同僚とともに、一九三九年から二〇一〇年までのダウ・ジョーンズ工業株平均株価の変動を分析し、市場に加わる圧力が増すと、株価が軒並み下落することを突き止めた。そして以下のように記した。「運用資産を守るはずの投資の多様性がもたらす効果は、それが最も切実に必要とされる市場急落の際には消失する」

問題は株式に限った話ではない。二〇〇八年に起こった金融危機の直前には、「債務担保証券〔CDO〕」の取引を始める投資家が数を増していた。この金融商品は、住宅ローンのような貸付の残高を合算して、貸し手のリスクの一部を引き受けることで、投資家が利益を得る仕組みになっている。借り手の一人ひとりはローンを滞納する可能性が高いかもしれないが、すべての債務者が一斉に債務不履行になる恐れはきわめて小さいと投資家は考えた。あいにく、この想定は間違っていたことが後に判明した。危機の最中に一軒の住宅価格が暴落すると、残る住宅の価格もそれに続いたからだ。

スポーツベッティングの擁護者は、賭け事は概して金融界の影響を受けないことを指摘する。株式市場が急落しても試合は続き、ベッティングエクスチェンジは賭け金を受け入れ続ける。そのため、スポーツベッティング専門のヘッジファンドは魅力ある投資先のはずだ。というのも、資産運用に多様性を提供するからだ。このような考えをもとに、ブレンダン・プーツは二〇一〇年、スポーツに特化したヘッジファンドの設立を決断した。[67] オーストラリアのメルボルンに本拠を置くプリオマ・キャピタルが目指すのは、これまで内密にされてきたスポーツ予測の世界へのアクセスを、一般の投資家に提供することだった。

的確な予想を立てるにはさらなる専門知識が必要になりうるので、プリオマはロイヤル・メルボルン工科大学の研究者たちと手を組んだ。この取り組みは、一九八〇年代に科学的ベッティングの先駆けとなったコンピューターグループの採った戦略の二一世紀版と言えなくもない。プリオマは特定のスポーツに関するモデルを構築し、シミュレーションを行なって各結果の可能性を予測し、その予測をベットフェアのようなベッティングエクスチェンジの現在のオッズと比較する。

コンピューターグループとの大きな違いは、投資家は試合開始前に賭けを終えなければならないわけではない点にある。これは吉報だ。というのも、プーツの見解によれば、オッズは一般に試合の直前には適正な値に落ち着くからだ。「キックオフの時点では、市場は非常に効率的です」と彼は言う。「だが、ひとたび試合が始まれば、我が社に大きなチャンスが訪れるのです」

サッカーの科学的予測の次の研究課題は、当然「インプレイ〔試合中〕」の事象の分析だとされてきた。マーク・ディクソンは一九九七年に最終得点の予測に取り組んだ後、サッカーの試合中に何が起こるかに注意を向けた。[68]ディクソンは同僚の統計学者であるマイケル・ロビンソンとともに、スチュアート・コールズと発表したモデルによく似たモデルを使って、試合のシミュレーションを行なったが、このモデルには、いくつか重要な修正を新たに施してあった。新しいモデルは各チームの攻撃力とディフェンスの弱さを考慮するだけでなく、現在の得点と残りの試合時間に基づく要因も取り込むのだ。インプレイの情報を加えたことで、基礎になったディクソンとコールズのモデルよりも正確な予測ができることが明らかになった。

このモデルのおかげで、よく知られたサッカーの「格言」の検証も可能になった。ディクソンとロビンソンは、解説者がよく、点を取った後のチームには隙が出ると言うことに着目した。二人の研究者は、使い古されたこの見解を「直後の反撃」と呼んだ。この説によると、ゴールが決まった後は攻撃側の集中力が落ち、相手チームは盛り返す機会が得られるのだという。だが、この通説は誤りであることが判明した。得点をあげたチームがその後、とくに反撃を食いやすくなりはしないことを、ディクソンとロビンソンは突き止めた。ではなぜ、解説者たちは事実に反する説を頻繁に口にするのだろうか？

めったにないことや衝撃的なことに出くわすと、そうした出来事は私たちの心に強い印象を残す。ディクソンとロビンソンによると、「人間には、驚くべき事件の頻度を過大に見積もる傾向がある」という。これはなにも、スポーツに限った話ではない。多くの人が、浴槽での事故よりもテロリストによる攻撃を恐れている。（少なくともアメリカでは）テロリストの手にかかって死ぬよりも、浴槽で死ぬ可能性のほうがはるかに高いという事実があるのにもかかわらず、だ。[69] 珍しい事象のほうが深く心に刻まれる。大金持ちになりたいなら、繰り返しルーレットをするより一ドルの宝くじを買ったほうがいいと考えられていることにも、これで説明がつく。どちらも妙案とはとても言えないが、純粋な確率の観点に立てば、何度もルーレットをするほうが、まだ運良く一〇〇万ドルの儲けを生み出す見込みが高い。[70]

サッカーの試合中に賭けて儲けるには、以上のような私たちの持つバイアスを突き止める必要がある。ギャンブラーが絶えず判断を誤るような試合の側面があるだろうか？　プーツは、予測と現実との間に際立った食い違いがいくつかあることに気づいた。その一つが得点の効果だ。ディクソンとロビンソンが指摘したように、一般的な見解が必ずしも正しいわけではない。一本のゴールがもたらす衝撃は、人々が考えているほど大きいとはかぎらない。また、ギャンブラーにはレッドカードの影響を過大評価する傾向もある。これは、レッドカードが何一つ影響を及ぼさないという意味ではない。一〇人のチームを相手に戦うチームはおそらく、通常より高い確率で得点できるだろう（二〇一四年のある研究の推計によると、得点率は平均で六割も高まるという）[71]。だが、オッズはしばしば実際の確率よりも大きく変動し、ギャンブラーが困難な状況を絶望的な状況と見誤っていることがうかがえる。

ベッティングエクスチェンジで提供されるオッズは、劇的な出来事の後、新たな状況にしだいに適応していく。事態が落ち着いたところで、プリオマは反対の立場に立って取引を行ない、両賭けによってリスクを回避できる。ホームチームの勝利に高いオッズで賭けていた場合、相手にレッドカードが出された後などに、ホームチームのオッズが下がったところで相手チームの勝利に賭ける〔相手チーム勝利のオッズは高い〕。するると、どのような試合結果になっても問題はなくなる。売り急ぐ人から商品を買って、後に高値で売り抜けるトレーダーのように、プリオマは相殺取引をして、残るリスクをすべて取り除くのだ。

試合中には、不適切なオッズにつけ込んで利益をあげる機会がいくらでもある。あいにく、そのようなときに提供される賭けは少ないので、大口の賭け金で市場を荒らさないようにプリオマは注意する必要がある。「試合中は、資金をごく少額ずつ投入しなくてはなりません」とプーツは語った。事実、市場規模が小さいことは、プリオマのようなファンドが直面する主な障害の一つだ。プリオマはスポーツベッティングの不適切なオッズを見つけ出すことで利益をあげているため、投資額を拡大する必要に迫られれば、さらに多くの不適切なオッズを探さなくてはならなくなる。

同社は現在のところ、投資家から託された資金を二〇〇〇万ドルまで運用する計画になっている。これを大きく上回る資金（たとえば一億ドル）を取り扱おうとすれば、十分な投資利益をあげるのが難しくなるだろうことをプーツは指摘した。五パーセントの年間利回りを確保する機会を見つけることはできるかもしれないが、ヘッジファンドとしては、投資家に対して二桁の利回りを提供していきたいのが本音だ。ファンドの規模を制限すれば、二桁の利回りを達成できる可能性は高まる。

プリオマのファンドはまだ制限額に達していないが、ファンドの規模が拡大するにつれて、この戦略に賛同する投資家の構成に変化が生じていることにプーツは気づいている。「当社の投資家層は従来、スポーツが好きで、賭けてみる気になった方々だったのですが」と彼は言った。「このところ、年金などの資金で投資をする方が主流になりつつあります」

近年登場したスポーツベッティングを対象にするファンドは、プリオマだけではない。ロンドンに本拠を置くシンジケートであるファイデンズは、二〇一三年に投資家にファンドを公開した。その二年後には、ファイデンズは五〇〇〇万ポンド以上の資金を運用するまでになっていた。数学科出身のウィル・ワイルドが、ファイデンズの取引戦略を主導している。賭けの対象となる世界各国のサッカーリーグは一〇を数え、同ファンドは一年におよそ三〇〇〇件の賭けを行なっている。[72]

株式市場への投資は、しばしばギャンブルにたとえられてきた。短期間しか株式を保有しない場合はとくにそうだ。となると、ギャンブルが投資家にとって有望な選択肢であるとの見方が強まっているのは、ある意味皮肉と言える。とはいえ、スポーツベッティング専門のファンドがみな成功しているわけではない。二〇一〇年には、投資会社のケンタウルスがガリレオという名のファンドを設立した。[73] このファンドの目的は、出資者がスポーツベッティングで利益をあげられるようにすることにあった。計画によると、このファンドは一億ドルの投資を呼び込み、一五～二五パーセントの年間利回りを生むはずだった。金融界も興味津々で見守っていたが、二年でファンドは閉鎖された。

プリオマのようなファンドの大望は目下のところ、ベッティング市場の規模による制約を受けているが、スポーツベッティングがアメリカに拡大するようなことがあれば、状況は大きく変わるかもしれない。「もしアメリカが門戸を開放すれば、事態は一変することになります」とプーツは語った。変化の大きな兆しが最初に現れたのは、プリオマが設立されてまもないころのことだった。ニュージャージー州知事のクリス・クリスティーは、二〇一一年に行なわれた住民投票を受けて、同州でのスポーツベッティングを合法化する法案に署名した。これにより、アトランティックシティのギャンブラーは史上初めて、スーパーボウルのような試合に賭けられるようになるはずだった。少なくとも、理論的には。だがほどなく、プロのさまざまなスポーツリーグが弁護士を雇い入れて、このような賭博の拡大を阻止するべく動き出した。この件はそれ以後、裁判で延々と争われているが、スポーツベッティング実現の最大の障害は、四州〔ネヴァダ、オレゴン、デラウェア、モンタナの各州〕を除くすべての州におけるスポーツベッティングを禁止した一九九二年の連邦法の存在だ。ニュージャージー州でのスポーツベッティングの合法化に反対する人々は、ギャンブルはラスヴェガスのような場所に限るべきだと訴える。一方ニュージャージー州は、連邦法は違憲であり、住民たちはスポーツベッティングの合法化を支持していると主張する。じつのところ、スポーツリーグの多くはすでに、自分の予測が実現することに人々がお金を賭けることを許している。特定の試合の結果に賭けるのは依然として違法だが、人々は毎年、参加料を支払って、ファンタジー・スポーツ〔自らがプロスポーツチームの最高責任者となって、実在の選手を集めて仮想チームを作るシミュレーションゲームで、選手の実際の成績をポイント化して成績を競い、成績優秀者は賞金を得られる」のリーグに参戦している。

法改正を支持する人々は、ギャンブルの合法化には大きな利点が二つあると主張する。第一の利点は税収の増加だ。アメリカ国内でなされるスポーツベッティングのうち、合法的に賭けられている額は一パーセントに満たないと推計されている。[74] 残る九九パーセントは、闇賭博のブックメーカーや国外のウェブサイトを通じて賭けられ、その総額は数千億ドルにのぼると見られる。こうした賭けが合法化されれば、巨額の税収が得られるだろう。第二の利点は、合法化すれば規制対象となり、規制対象となれば透明性が確保できることだ。ブックメーカーやベッティングエクスチェンジは顧客情報を記録しており、オンライン企業も銀行の取引明細を保有している。NBAコミッショナーのアダム・シルヴァーによれば、合法化によりギャンブル活動を政府の監視下に置くことができるようになるという。シルヴァーは二〇一四年、「スポーツベッティングを闇の世界から白日の下に引きずり出し、適切な監督や規制ができるようにすべきだと私は考える」と、『ニューヨーク・タイムズ』紙に書いている。

ベッティングシンジケートも、合法化により利益を受ける側に含まれるだろう。賭けに応じるブックメーカーが増えれば、シンジケートは賭けの規模を大幅に拡大できる。さらに、新たな法律によって、シンジケートがラスヴェガスで賭けられるようになる可能性もある。目下のところ、ラスヴェガスでスポーツベッティングをしようとすれば、ギャンブラーは従来どおり、持てるだけの現金を手にカジノに出向く必要がある。これでは、組織的に大きな額の賭けを行なうことは難しい。ところが、ネヴァダ州議会上院は二〇一五年、投資家グループが個々の資金提供者に代わって賭けることを認める法案を通過させた。これは実質的に、プリオマがアメリカ国外ですでに手掛けている事業と同じだ。この法案が下院を通過し、法律として成立すれば、スポーツ専門のヘッジファンドが続々と誕生する可能性がある〔二〇一五年に可決された〕。ギャンブル関連の新たな法律については、アメリカ以外でも議論されている。日本では現在、競馬と競艇、競輪、オートレース以外のベッティング市場でのスポーツベッティングはできない〔この他にスポーツ振興くじでサッカーが対象となっている〕。二〇一五年四月に提出され、総理大臣が推進している新たな法案では、この現状の変更が提案されている[75]〔二〇一六年にいわゆるIR推進法が、二〇一八年にはIR実施法案が可決された〕。非公式のベッティング市場に対する規制が強まるにつれて、インドや中国でも新たな機会が生じるだろう。[76]

スポーツジャーナリストのチャド・ミルマンによると、法律の改正によって利益をあげられそうな好位置につけているのは、すでに実績のあるギャンブラーばかりではないそうだ。ミルマンは二〇一三年三月にＭＩＴを訪れた際、同大のビジネススクールのMBA課程で学ぶマイク・ウォールと話をする機会があった。[77] ウォールは研究課題として、ギャンブルを「見過ごされてきたアセットクラス」と捉えていた。ウォールには金融の知識があり、彼の分析（と賭けの実体験）によると、スポーツベッティングは株式投資と同じように、リスクとリターンのバランスを図る手段になりうるという。

ミルマンは、ギャンブルの領域には両極端が存在することを指摘する。一方の端には、プロのスポーツベッター、すなわち「シャープ」と呼ばれ、日頃から儲けを出している人々がいる。そしてもう一端には、予測手段や信頼性の高い戦略を持たない平凡なギャンブル客がいる。両者の間に、賭け事で成功するために必要な技能を備えているものの、今のところそれを活用しようとは考えていないウォールのような人々がいるのだとミルマンは言う。それは、金融や研究などの職にある人々で、MBAや博士号を持っているかもしれない。スポーツベッティングがアメリカにも拡大することになれば、彼らのような小規模なベッターは、儲けの見込める状況に恵まれるだろう。計量的分析に明るい彼らは、成功に不可欠な手法にすでに精通している。それに加えて、コンピューターの性能が向上し、データが入手しやすくなったおかげで、彼らには必要とされるツールも揃っている。後は、アクセスさえ確保できればいい。

科学的ベッティングをさらに改善するには

ベッティングシンジケートとして新規参入することには、いくつかの利点がある。その一つが、柔軟性に富む点だ。だが、結成まもないシンジケートは、すでに成功しているスポーツベッティング戦略に従うべきだろうか？　それとも、その柔軟性を活かして、別の手法を試すべきだろうか？

今ならば、試合のもっとずっと細かな点にまで目を向けただろうとマイケル・ケントは振り返る。「今、一からやり直すとしたら、試合経過を逐一追う詳細なデータがほしいですね[78]」と彼は言った。そうした情報まで得られれば、個々の選手の貢献度を測ることが可能になるだろう。これは、ケントが過去に実施した分析と著しい対照を成す。ケントのモデルでは、チームは常に一つの存在として扱われていた。「私は選手について何一つ知りません。チームがどうしたのかは知っていますが、クォーターバックの名前など知りもしません」と彼は言う。

現代のベッティングシンジケートのなかには、大変な手間をかけて個人のプレイぶりを計測しているところもある。「私たちは、全チームの全選手の影響力を分析しています。出場するかどうかにかかわらず、どの選手もそれぞれ格付けしてあり、その格付けは上下します[79]」とウィル・ワイルドは語った。香港では、ビル・ベンターのシンジケートはレースのビデオを細かく調べる人員まで雇っている。彼らはレース中に馬のスピードがどのように変化しているかや、接触の後にどう立ち直るかというような点を注視している。[80] このような「ビデオ変数」は、モデル全体からすれば比較的小さな部分（およそ三パーセントに該当する）でしかないが、どれも予測を現実に一歩でも近づけるために役立つ。[81]

だが、多くのデータを集めさえすればいいというわけではない。サッカーについて言うなら、名ディフェンダーは統計学者にとって悪夢のような存在となりうる。パオロ・マルディーニはACミランとイタリア代表チームで長年プレイしていた間、平均で二試合に一度しかタックルをしなかった。[82] これはなにも、マルディーニが怠慢なプレイをしていたわけではない。タックル数が少ないのは、何度もタックルをする必要がなかったからだ。適切なポジションに入ることで、彼は敵を食い止められた。したがって、タックル数のような生の数字データは、意味を取り違えられる危険性がある。あるディフェンダーのタックル数が減ったとしても、それは必ずしも能力の低下を意味しない。むしろ技術が向上している場合もあるのだ。

同じような問題は、アメリカンフットボールのコーナーバックに関しても浮上する。コーナーバックの仕事は、フィールドの端を守り、攻撃チームのパスプレイを阻止することにある。うまいコーナーバックは、相手のパスを数多くインターセプトするが、ずば抜けたコーナーバックにはその必要がない。というのも、相手チームは彼らを回避するからだ。その結果、ナショナル・フットボール・リーグ〔ＮＦＬ〕屈指のコーナーバックであれば、一シーズンにごく限られた回数しかボールに触れないこともありうる。[83]

計測可能なプレイをほとんどしない選手の場合には、能力を測るにはどうしたらいいのだろう？　一つの手として、その選手が試合に出ているときと出ていないときのチーム全体のプレイぶりを比較するという方法がある。最も単純なところでは、特定の選手が試合に出ているときに、チームがどの程度勝っているかを調べることができるだろう。ときには、ある選手がチームにとって重要であるとはっきりわかる場合もある。たとえば、ストライカーのティエリ・アンリが一九九九年から二〇〇七年までアーセナルでプレイしていた間、アンリがピッチに姿を見せた試合のうち、六一パーセントでチームが勝利した。一方、彼が欠場した試合では、勝率は五二パーセントにまで下がった。[84]

勝利数を数えるのはとても簡単だが、このような方法で選手の力量を測ると、思いも寄らない結果が生じることもある。ときには、ファンに人気のある選手がじつはチームにとってそれほど重要ではないと思われる場合さえある。スティーヴン・ジェラードが一九九八年にリヴァプールの選手としてデビューして以来、チームは彼の出場した試合の半分で勝利した。もっとも、ジェラードがまったく出場しなかった試合の半分でも、チームは勝利している。名門クラブは強力な選手陣を抱えているので、スター選手が一人欠けても対処できる場合が多いことをブレンダン・プーツは指摘する。つまり、トップ選手が負傷退場しても、チームは対応できるのだ。「所属選手の総力に関して、彼らの（あるいは彼らの欠場の）影響は、一般に考えられているほど大きくありません」[85]とプーツは言う。

だが、ある選手が出場した場合としない場合の勝利数を集計するだけの手法の真の問題は、この計算では試合の重要度や相手チームの強さなどが反映されない点だ。たとえば、重要な試合には、各チームとも大物プレイヤーを出場させることが多い。このような問題を回避するためには、予測モデルを活用するのも一つの手だ。スポーツ統計学者が特定の選手の重要性を評価する際によく使うのは、その選手が出場した試合の得点予測と実際の結果を比較するという方法だ。その選手がピッチ上にいるときに、彼のチームが予測よりも良い成績をあげるならば、その選手はチームにとってきわめて重要な存在であると言える。

ここでも、チームで最も重要なのがいちばん有名な選手であるとはかぎらない。というのも、最も重要な選手を特定するのと、最も優秀な選手を見つけるのとは同じではないからだ。（モデルで判断した場合）最も重要な選手とは、明確な交代要員のいない選手であったり、プレイスタイルがチームにとくによく適合している選手であったりする。

スポーツ関連の予想を行なう企業は、予測モデルが導いた結果を読み解くために、各チームについて詳細な知識を持つアナリストを雇っている。これらの専門家からは、ある選手が特別重要だと思われる理由や、それが今後の試合にどのような意味合いを持ちうるのかについて助言を受けられる。そうした情報の数値化は必ずしも楽ではないが、結果に重大な影響を及ぼす可能性がある。大切なのは、モデルでは把握し切れない事柄を理解して、予測を立てるときにそうした特性を考慮に入れることだ。スポーツ統計学者のデイヴィッド・ヘイスティによると、これは多くの人が考える科学的なベッティング戦略の概念に反するという。彼は次のように語っている。「〈科学的ベッティングにとって〉賭け事はモデルがすべてだという共通認識があります。世間の人々は、魔法のような公式を期待しているのです」[86]

選手の獲得や評価にも予測モデルが使われる

ギャンブラーは、重要な情報を入手する方法をわきまえておく必要がある。その情報がモデル予測の場合のように数値化できるものであれ、人間の洞察のようなもっと質的な性質のものであれ、それは変わらない。ケントはコンピューターモデルの設計者としてよく知られているが、予測を立てる際に専門家の意見が重要であることも心得ていた。そこで彼は、特定のスポーツに関して造詣の深い人々から、絶えず最新の情報を受け取っていた。彼らの仕事は、モデルでは把握し切れない恐れのある事柄をつかむことにあった。「ニューヨーク市にいる私たちの仲間は、大学のバスケットボールリーグに所属する二〇〇チームのスターティング・ラインナップを挙げられます」[87]とケントは語る。

選手一人ひとりに関する予測の精度が向上することの恩恵を受けるのは、ギャンブラーだけではない。予測技術の改善とともに、賭ける側とスポーツチーム側はより多くの共通点を見出しつつある。両者を結びつけているのは、来シーズン、あるいは次の試合、さらに言えば次のクォーターがどうなるのかを予測したいという共通の望みだ。毎年春になると、MITスローン校スポーツ分析会議の席で、各チームの監督は統計学者やモデルの制作者たちと言葉を交わす。[88]チームが新たな契約選手をスカウトするにあたり、彼らの予測手法は非常に効果的な道具となりうる。成績は偶然性に左右されるので、選手の査定には昔から困難がつきものだった。ある選手が今シーズン素晴らしい活躍をした（あるいはツキに恵まれた）としても、翌年には精彩を欠く場合もままあるからだ。

この問題についてよく知られた例に、「『スポーツ・イラストレイテッド』ジンクス」がある。[89]『スポーツ・イラストレイテッド』誌の表紙を飾った選手は、その後調子を落とすことが多いというジンクスだ。統計学者たちは、『スポーツ・イラストレイテッド』誌の表紙に取り上げられること自体はじつのところ、ジンクスではない点を指摘する。選手たちはたいてい、並外れた好成績を残したために表紙に写真が載ることになるのであって、そうした成績は本人の実力が反映された結果というよりはむしろ、ランダムな変動によるところが大きい。翌年に見舞われる成績の低下はたんに、フランシス・ゴールトンが遺伝の研究で見出したのとまったく同じ「平均への回帰」の一例にすぎない。

クラブチームが新しい選手と契約するときには、過去の実績に基づいて決断を下さなくてはならない[90]。とはいえクラブが支払う報酬は、実際には将来の成績に対するものだ。では、スポーツチームはどうすれば選手の真の実力を予測できるだろうか？過去のプレイぶりを分析して、それがどの程度実力によるもので、どの程度運に恵まれたものなのかを解き明かせるのが理想的だ。統計学者ジェイムズ・アルバートは、野球についてこの分析を試みようと、ピッチャーに関するさまざまな統計をくまなく調査した[91]。そこには、勝敗や奪三振、失点の数などが含まれた。分析の結果、ピッチャーの真の技能を最も正確に示すのは奪三振数であることがわかった。その一方、被本塁打数のような数字は運に左右される傾向が強く、投球能力を反映する指標としては劣っていた。

その他のスポーツの分析は、さらに厄介だ。サッカーの専門家はたいてい、ストライカーの資質を数量化するために、一試合あたりの得点数のような単純な値を使う。だが、ストライカーが強豪チームに所属していて、仲間たちにシュートチャンスをお膳立てしてもらっているとしたらどうだろう？　スマートオッズ社とサルフォード大学の研究者たちは二〇一四年、さまざまなサッカー選手の得点能力を評価した。[92]彼らは、たんに各ストライカーが得点する可能性がどれだけあるのかを問うのではなく、得点シーンを二つの要素に分割した。すなわち、シュートを生み出す過程（チーム全体のプレイぶりの影響を受ける可能性がある）とそのシュートを得点に結びつけるプロセスだ。得点シーンをこのように分けて考えると、一試合あたりの得点数だけに頼った場合よりも、将来の得点数に関する予測の精度が大きく向上する結果となった。この研究では、他にも意外な発見がいくつもあった。各選手が決めたシュート数がチーム全体の攻撃力とほとんど関係がないと見られることも、その一例だ。言い換えれば優秀な選手は、名門チームでプレイしていても、弱小チームでプレイしていても、最終的にはたいてい同じようなシュート数に落ち着くのだ。チームが強ければ全体のシュート数は多くなるが、並みの選手の得点数はチーム全体の得点のうちのほんの一握りで終わりがちだ。だが低迷しているクラブチームでならば、同じ選手もチームの総得点により大きな貢献ができる。さらに、選手がどのぐらいの頻度でシュートを得点に結びつけられるのかを予測するのは困難であることもわかった。以上より、今後の契約を検討する際には、当該選手がどれだけ得点をあげているかではなく何本のシュートを放っているのかを、チームの監督が見極めることを研究者たちは推奨している。

本気で儲けるなら不人気種目に目をつけろ

科学的なスポーツベッティングに関して言えば、大きな成功を収めているギャンブラーは、他の人々が目を向けない競技を研究していることが多い。大学のアメリカンフットボールに関するマイケル・ケントの取り組みから、マーク・ディクソンとスチュアート・コールズによるサッカーの研究まで、大金は概して、誰もがやっている賭けから距離を置くことによって生み出されている。

時とともに、ブックメーカーもギャンブラーも著名な戦略についての理解を徐々に深めてきた。その結果、人気の高いスポーツリーグで儲けるのは、以前より難しくなりつつある。不適切なオッズは少なくなり、有利な条件にはライバルたちがすぐに飛びつく。[93] したがって新規のシンジケートは、知名度が低くて科学的な発想が注目されることの少なかったスポーツに焦点を絞ったほうがうまくいく。ハララボス・ブルガリスによれば、そこにこそ最高の機会が眠っているという。二〇一三年のMITスローン校スポーツ分析会議の席で彼は次のように述べた。「私ならマイナーなスポーツから始めます。大学バスケットボールやゴルフ、NASCAR〔ナスカー、アメリカの自動車レース〕、テニスのようなものから」[94]

マイナーなスポーツでは、〔モデルが導き出したものであれ、専門家がもたらしたものであれ〕新たに得られた知識は、きわめて高い価値を持ちうる。決定的な役割を担う変数についてはあまり知られていないので、頭の切れるベッターと一般のギャンブル客の腕前には、雲泥の差がつきかねない。テクノロジーの進歩は、ギャンブラーがより精度の高い予測モデルを構築するのに役立っているばかりでなく、賭けの方法に変化をもたらしてもいる。スーツケースに札束を詰め込んで持ち運ぶ日々は、まもなく終わりを告げる。今ではオンラインで賭けることが可能で、ギャンブラーは同時に何百件もの賭けを行なえる。このテクノロジーは、新しい種類の戦略への道も拓いた。スポーツベッティングではこれまでずっと、結果を正確に予想することに重きが置かれてきた。だが、科学的ベッティングはもはや、たんなる得点の予測という問題ではなくなっている。場合によっては、結果について何も知らないのに儲けることさえ可能になりつつあるのだ。

第5章　ギャンブル市場をロボットが牛耳る？

裁定取引＝アービトラージとは何か

そこには、「神が造り給いしもの！」とあった。一八四四年五月二四日、世界初の長距離電報がボルティモアに届いたのだ。[1] サミュエル・モースの新しい電信機のおかげで、その聖書の言葉は首都ワシントンから電線をはるばる伝わってきたのだった。その後数年のうちに、単線式の電信システムが世界中に広まり、あらゆる種類の産業の心臓部にじわじわと入り込んだ。鉄道会社は駅と駅の間で信号を送るためにそのシステムを使い、警察は逃走中の犯人に先回りするために電報を送った。ほどなくイギリスの金融業者も電信システムを手に入れ、それが儲けを生む新手法になりうることに気づいた。

当時、イギリスの証券取引所はそれぞれの地方で独立して営業していた。したがって、時折価格に差が出た。たとえば、株式をロンドンである価格で買い、どこか別の地方でそれより高い価格で売れる場合があった。そのような情報を素早く手に入れれば、利鞘（りざや）を稼げる。一八五〇年代には、トレーダーたちは電報を使って株価の違いを教え合い、価格が変わる前にその違いで儲けていた。[2] 一八六六年以降、アメリカとヨーロッパは大西洋横断電信ケーブルで結ばれ、そのおかげでトレーダーは不適切な価格をなおさら速く見つけられるようになった。こうして、ケーブルを伝わるメッセージは金融の世界の重要な一要素となる（今日でさえ、トレーダーは英ポンドと米ドルの為替レートを「ケーブル」と呼ぶ[3]）。

電報が発明されたおかげでトレーダーたちは、二つの場所で価格が食い違っている場合にはそれにつけ込み、安いほうの価格で買って高いほうの価格で売ることができた。経済学ではこの手法は「アービトラージ（裁定取引）」という。電報が発明される前でさえ、いわゆる「アービトラージャー（裁定取引をする人）」たちは、価格の食い違いを追い求めてきた。一七世紀には、金融業者を兼ねていたイギリスの金細工師は、銀の価格が銀貨の価値を上回ると、銀貨を鋳潰（いつぶ）した。わざわざ金（きん）を携えてロンドンからアムステルダムまで出向き、交換レートの差で儲ける人さえいた。[4]

アービトラージはギャンブルにも通用する。ブックメーカー（胴元）やベッティングエクスチェンジは、名前や形態こそ違っても、同じものを売買している市場だ。賭けの規模もさまざまなら、どんな結果になるかについての見方も違うので、オッズが横並びになるとはかぎらない。だから、どう転んでも儲けが出るような賭けの組み合わせを見つけることが可能で、それこそがコツだ。ラファエル・ナダルとノバク・ジョコビッチのテニスの試合を見ているとしよう。もし、あるブックメーカーがナダルに二・一というオッズを設定し、別のブックメーカーがジョコビッチに二・一というオッズを設定していれば、二人の選手に一〇〇ドルずつ賭けると、結果にかかわらず二一〇ドルの払戻金が手に入る。だから、どちらが勝っても、差し引き一〇ドルの儲けとなる。

スポーツの予測に取り組むシンジケート（突き詰めれば、彼らは自分たちの予想のほうがオッズを設定する側の予想よりも実際の結果に近いことに賭けている）とは違い、アービトラージャーは何が起こるかを予想する必要がない。この戦略を使うと、最初に機会を見つけておきさえすれば、どんな結果になっても確実に利益が出る。だが、アービトラージが成立することはどれほど頻繁にあるのだろう？

二〇〇八年、アテネ大学の研究者たちが、ヨーロッパで行なわれたサッカーの一万二四二〇試合でブックメーカーが設定したオッズを調べたところ、アービトラージの機会が六三回見つかった。[5] 食い違いが生じたのはほとんどの場合、欧州選手権のような大会のときだった。とくに意外なことではないだろう。同じチームが何度も対戦するリーグ戦と比べると、トーナメントの結果にはたいていむらが多いからだ。

翌年、チューリヒ大学の研究チームが、従来のブックメーカーに加えて、ベットフエアのようなベッティングエクスチェンジのオッズでもアービトラージの可能性を探った。[6]これら二種類の市場を考慮に入れると、矛盾したオッズがはるかに多く見つかった。そして、全試合の四分の一近くで、確実に儲けを出せたことがわかった。儲けは一試合あたり一、二パーセントほどで、たいして多くはなかったが、それでもオッズには十分な食い違いがあるので、アービトラージが有望な選択肢であることは明らかだった。

アービトラージに基づくベッティングは魅力的ではあっても、そこにはいくつか落とし穴が潜んでいる。賭ける人は、成功を収めるためには、非常に多くのブックメーカーの下でアカウントを設定する必要がある。そうしたブックメーカーはたいがい、入金は簡単にできるものの引き出しはしにくいようにしている。また、ベット（賭け金）はすべて同時に払う必要がある。どれかが遅れると、オッズが変わって、保証付きの利益が泡と消えかねない。たとえこうした段取りの上の問題をすべて克服できても、賭ける人はブックメーカー自体の注意を引くのを避けなければならない。ブックメーカーは一般に、自分の利益をアービトラージャーに食われるのを嫌うからだ。

アービトラージャーがつけ込めるのはブックメーカー同士の違いだけではない。経済学者のミルトン・フリードマンが指摘しているように、取引というものは矛盾を孕んでいる。[7]市場は、不適切な価格につけ込み、それによって市場をより効率的にしてくれるアービトラージャーを必要としている。ところが本来、効率的な市場にはつけ込む隙があるはずがなく、したがって、アービトラージャーが引きつけられることもないはずだ。このような矛盾した状況は、どう説明できるのだろう？　じつは、市場はしばしば短期的には非効率的であるのが実情なのだ。市場では、価格（あるいはオッズ）が現実を反映していない期間がある。その情報が白日の下にさらされているのにもかかわらず、まだ適切な対処がなされていない状況だ。

重大な出来事の後（たとえば、シュートが決まった直後）には、ベッティングエクスチェンジのギャンブラーは、オッズがどうあるべきかについて、見方を改める必要がある。この不確かな期間には、誰であれ新しい情報に真っ先に反応した人が、自分のオッズをまだ調整していない人を相手に賭けることができる。それが可能な時間は限られている。しばらくすると市場はより効率的になり、提示されるオッズは新しい情報を反映したものに変わる。ランカスター大学の研究チームが二〇〇八年に報告したところによると、ベッティングエクスチェンジのギャンブラーがサッカーの試合での劇的な出来事に対応するには、一分もかからないという[8]。

賭けられる時間が短いだけではなく、見込まれる利益がささやかな場合もある。そんなとき、ギャンブラーは、儲けるためには非常に多くの賭けを迅速に行なう必要がある。あいにく、人間はその手のことがあまり得意ではない。情報を処理するには時間がかかるし、人はためらいもする。一度に多くのことをこなせない。その結果、せわしないベッティング市場の目まぐるしさから身を引くことを選ぶギャンブラーもいる。だが、人間がてこずるこうした分野では、ロボットが台頭してきている。

全自動ベッティングで絶対負けない賭けをする

ベットフェアのベッティングエクスチェンジにアクセスする方法は二つある。たいていの人はたんにベットフェアのウェブサイトに行く。そこには最新のオッズが設定されしだい、表示される。だが、もう一つ選択肢がある。ウェブサイトを迂回し、コンピューターをベットフェアのエクスチェンジに直接つなげることもできるのだ。そうすれば、プログラムを書いておいて自動的に賭けを行なうことができる。そのような「ロボットギャンブラー」は、さまざまな点で人間に優る。速いし、脇目も振らずに作業を続けるし、一度に何十ものゲームで賭けができる。ベッティングエクスチェンジの処理スピードも、ロボットギャンブラーに有利に働く。ベットフェアは、特定のイベントで逆の賭け方をしたい人同士を素早く組み合わせる。二〇〇六年のサッカーのワールドカップで、イングランドの初戦の日に行なわれた四四〇万件の賭けのうち、一秒以内に処理されなかったものは、わずか二〇件しかなかった。[9]

ロボットギャンブラーを使うことは、ベッティングの世界でしだいに当たり前になりつつある。スポーツアナリストのデイヴィッド・ヘイスティによると、他のものからかけ離れたオッズを探したり、他のギャンブラーのミスにつけ込んだりしているボット［インターネット上で手間暇のかかるタスクを自動的に行なうプログラム］は、たくさんあるそうだ。「そういうアルゴリズムは、オッズの設定間違いを一つ残らず探し出します」と彼は言う。[10]人工アービトラージャーがいると、人間がそのようなチャンスをものにするのは難しくなる。たとえ不適切なオッズを見つけたとしても、そのときにはもう手遅れで打つ手がないことが多い。ボットがすでに賭けをして、利益を市場から持ち去っているだろう。

アービトラージのアルゴリズムは、金融の世界でも人気が高まっている。ベッティングの場合と同じで、速ければ速いほどいいのだ。企業は競争相手に先んじるために全力を挙げている。そのため、多くの企業は証券取引所のサーバーのすぐそばに自社のコンピューターを配置しているほどだ。市場が急な反応を見せているときには、通信用回線がわずかに長いだけでも、売買に致命的な遅れが出かねない。

それ以上に極端なことまでわざわざやる企業さえある。二〇一一年にはアメリカのハイバーニア・アトランティック社が、三億ドルをかけて新しい大西洋横断電信ケーブルの敷設に乗り出した。完成した暁には、これまでにないほどの高速でデータが大西洋を越えることになる。従来のケーブルとは違い、新しいケーブルはニューヨーク

＝ロンドン間の飛行経路の真下を通る。それが両都市を結ぶ最短経路だからだ。現在、大西洋をメッセージが横断するのには六五ミリ秒かかるが〔一ミリ秒は一秒の一〇〇〇分の一〕、新しいケーブルはそれを五九ミリ秒まで縮めることを目指している[11]〔二〇一五年より運用開始した〕。人間が瞬きするのにかかる時間が三〇〇ミリ秒であることを考えると、それがどれほどの短さか見当がつくだろう[12]。

企業は高速の取引アルゴリズムの助けを借りて、新たな出来事を真っ先に知り、他社に先駆けて対応している。もっとも、すべてのボットがアービトラージのチャンスを追いかけているわけではない。それどころか、逆の狙いを持ったボットさえある。アービトラージのアルゴリズムが金儲けにつながる情報を探し求めているのに対して、それを隠そうとしているボットもあるのだ。

誰にも知られず大口ベットをするためのボット

シンジケートは、香港で競馬に賭けるときには、馬券を買った後にオッズが変わることを承知している。パリミューチュエル方式の競馬では、オッズはベッティングプール（賭け金の総額）の大きさ次第だからだ。したがって、シンジケートはベッティング戦略を練るときに、オッズの変化を計算に入れなければならない。あまりに多く賭けると、オッズが変わり過ぎて、賭け金が少なかったときよりも儲けが減ってしまいかねない。

この問題はスポーツベッティングでも現れる。サッカーの試合に巨額のお金を賭けようとすると、ブックメーカー（あるいはベッティングエクスチェンジの利用者）が、その人に不利になるように賭け率を変えるためだ。あなたがある試合の結果に五〇万ドル賭けたいとしよう。あるブックメーカーは、賭け金の二倍となるオッズを提示するかもしれない。だが、そのオッズでは一度に一〇万ドルまでしか受けつけないかもしれない。あなたが一〇万ドル賭けると、そのブックメーカーはおそらくオッズを下げる。あなたはまだ四〇万ドル賭けたいのに、すでに市場を乱してしまった。だから、新たなオッズでさらに一〇万ドル賭けると、勝ってもまる二倍になって戻ってはこない。次の一〇万ドルではさらに割が悪くなりかねない。こうして、賭けるごとに条件が悪くなっていく。

トレーダーはこの問題を「スリッページ」と呼ぶ。[13] たとえ最初に提示されている額が魅力的に見えても、取引をしている間に、それほど好ましくない額に下落(スリップ)しうる。では、どうすればこの問題を避けられるだろう？　まとめて賭けさせてくれるブックメーカーを探すという手もなくはない。だが、探すのには時間がかかるだろうし、悪くすればまったく見つけられない。かわりに、最初の一〇万ドルを賭けた後、次の一〇万ドルを賭けられるように、そのブックメーカーのオッズがまた上がることを願って待つこともできる。だが明らかに、これも戦略としてはあまり当てにならない。
それより優るのが、ベッティングエクスチェンジで採用されている戦術を真似るという手法だ。ベットフェアが当初成功したのは、一つには個々の賭けの扱い方のおかげだ。ベットフェアは、完全に同じ金額の賭けに応じたがっているギャンブラーを見つけようとはせず、額を小分けにした。そのような小口の賭けなら喜んで応じるユーザーを見つけるほうが、単独で全額の賭けに応じる気のあるギャンブラーを探し出すよりも、はるかに楽で速かったのだ。

同じ発想を使えば、スリッページを抑えながら取引を市場に紛れ込ませることができる。全取引を一気に行なうかわりに、いわゆる「オーダールーティング」アルゴリズム〔最良の取引条件を自動的に選び、執行するアルゴリズム〕を使い、大きな取引を複数の「子」注文〔小口の注文〕に分割すれば、簡単に成立させられる。このプロセスを効果的に進めるためには、アルゴリズムに市場の詳しい知識を備えさせる必要がある。それぞれの取引に誰がいくらで喜んで応じるかについての情報を持っているだけではなく、取引のタイミングを入念に計り、取引が成立する前に市場が動く可能性を減らさなければならない。そのようにして行なう注文は、「アイスバーグ注文」〔「アイスバーグ」とは「氷山」の意〕と呼ばれている。[14] 競争相手は少量の取引が行なわれているのは目にしても、取引全体がどのようなものなのかは知りえないからだ。何と言おうとトレーダーは、大きな注文がまもなく入ることをライバルに知られて価格を変えられることを望まない。また、自分の取引戦略を他人に知られたくない。

注文や戦略についてのそのような情報は貴重なので、市場の競争者のなかには、アイスバーグ取引を探せるようなプログラムを使う人もいる。その手のプログラムの一例が「スニッフィングアルゴリズム」（「スニッフィング」とは「嗅ぎ取り」「探知」の意）で、小口の取引を大量に行なって、大口の注文の存在を探知しようとするものだ。[15]スニッフィングプログラムは、取引を提示するたびに、市場がどれだけの時間でそれに飛びつくかを測定する。もし大口の注文がどこかに潜んでいれば、取引がその分だけ速く成立する可能性がある。井戸にコインを投げ込んで、水音に耳を澄ませて、井戸の深さを探るようなものだ。

ギャンブラーと銀行はボットを使えば複数の取引を素早く行なえるが、ボットはいつも持ち主の利益に沿うように働いてくれるとはかぎらない。しっかり管理していないと、ボットは予想外の振る舞いを見せかねない。そして、ひどく面倒なことになる場合がある。

ベッティング市場を欠陥ボットが暴走

二〇一一年、ダブリンのレパーズタウン競馬場で行なわれたクリスマスハードルでレースが半ばまで来たときには、勝負はついたも同然だった。二時を過ぎたばかりのこの時点で、ヴォラーラヴェデッテという馬がすでに他の馬に大差をつけていた。この寒い一二月の午後、地面を踏み締める蹄の音が響くなか、正気の人間ならその馬以外に賭けようなどとは絶対しなかっただろう[16]。

ところが、賭けた人がいたのだ。ヴォラーラヴェデッテがゴールに迫っていたときにさえ、ベットフェアのオンライン市場は、このほぼ必勝の馬に極端に有利なオッズが表示されていた。誰かがこの馬の勝利に二八倍というオッズを喜んで引き受けようとしていたらしい。そのベッターは、ヴォラーラヴェデッテが勝てば、賭け金一ポンドあたり二八ポンドの支払いを申し出ていた。信じられないほど気前良く。というのも、ヴォラーラヴェデッテの勝利にはなはだ悲観的なこのギャンブラーは、二一〇〇万ポンド相当の賭けに応じようというのだから。もしヴォラーラヴェデッテが一着でゴールしたら、そのギャンブラーは六億ポンド近くの支払い義務を負うことになる。

レース終了直後に、あるユーザーがベットフェアのウェブサイトのフォーラムにメッセージを投稿した[17]。この奇妙な一部始終を目撃したそのユーザーは、誰かがベッターたちにクリスマスのボーナスを支給していたに違いないとおどけて書いた。他のユーザーたちも、この珍事の原因を推理するメッセージを投稿した。ひょっとしたら、どこかのギャンブラーがキーボードを叩いていて、うっかり数字を間違えて入力してしまったのだろうか？

ほどなく別のユーザーが、真相はこうだったかもしれないと言い出した。そのユーザーには、二一〇〇万ポンド相当の賭けに応じるという申し出の金額について、思い当たることがあったのだ。正確に言えば、ベッティングエクスチェンジに表示された金額は二一五〇万ポンドをわずかに下回るものだった。コンピュータープログラムはしばしば、「ビット」として知られる値を三二個含む単位でバイナリーデータ（二進数データ）を保存することを、そのユーザーは指摘した。だから、もし良からぬことを企んでいたそのギャンブラーが、自動的に賭ける三二ビットのプログラムを設計したとしたら、そのボットがエクスチェンジにインプットできる最大の金額は、二一億四七四八万三六四八ペンス（一〇〇ペンスが一ポンド）になる。つまり、そのボットが（一八世紀に見当違いのパリのギャンブラーたちがルーレットで賭けるときにやっていたマーティンゲールとちょうど同じように）賭け金を倍にすることを繰り返していたら、行き着ける最高額が二一五〇万ポンド弱だったのだ。

これが見事な推理だったことがやがて判明した。二日後、そのミスは欠陥のあるボットが引き起こしたことをベットフェアが認めた。「コア・エクスチェンジデータベース内の技術的不具合のために、賭けの一つが防止システムをすり抜け、サイトに表示されてしまった」とベットフェアは発表した。[18] どうやらそのボットの持ち主のアカウントには、当時一〇〇〇ポンド足らずしかなかったようで、ベットフェアは不具合を直すついでに、当該の賭けをすべて無効にした。

ベットフェアのユーザー数人がすでに指摘していたように、そのような馬鹿げたオッズはそもそも提示されるべきではなかった。したがって、そのレースに賭けた二〇〇人ほどは、弁護士に訴訟を引き受けさせようとしても、きっと苦労したことだろう。「最初からなかったものを勝ち取る――あるいは失う――ことなど不可能だ。生き馬の目を抜くような悪徳弁護士でも、この事実を一目で見て取ってクライアントにお引き取り願うだろう」[19]と、『ガーディアン』紙の競馬担当記者のグレッグ・ウッドは当時書いている。

あいにく、ボットが生み出す損害は、いつもそれほど限られているわけではない。コンピュータートレーディングのソフトウェアは金融界でも人気が高まっているが、そこでやりとりされる金額ははるかに大きい。ヴォラーラヴェデッテのレースでボットがオッズを間違えてから半年後、不具合を抱えたプログラムがどれほど高くつくかを、ある金融機関が思い知らされることになる。

金融市場にもあるボット取引の罠

二〇一二年夏、ナイト・キャピタル社は大忙しだった。[20]ニュージャージー州に本拠を置くこの証券ブローカーは、ニューヨーク証券取引所が八月一日にＲＬＰ（小口流動性プログラム）を開始させるのに合わせて、自社のコンピューターシステムの準備を進めていたのだ。このプログラムの狙いは、顧客が大口の株式取引を以前より安価に行なえるようにすることにあった。取引そのものはナイト社のようなブローカーが行なうことになっていた。ブローカーが顧客と市場の架け橋を提供するわけだ。

ナイト・キャピタル社はＳＭＡＲＳというソフトウェアを使って顧客の取引を処理した。このソフトウェアは高速のオーダールーターだった。顧客から取引の依頼があると、ＳＭＡＲＳは依頼額に達するまで小口の注文を繰り返し行なう。必要な額を超えてしまうのを避けるために、ＳＭＡＲＳは子注文を行なった回数と、元々の依頼のうち未処理になっている額とを記録していた。

ナイト・キャピタル社は二〇〇三年までは、「パワーペグ」と呼ばれるプログラムを使って、注文が完了すると取引を停止させていた。だが二〇〇五年に、このプログラムの使用は段階的にやめにした。同社はパワーペグのコードを無効にし、ＳＭＡＲＳソフトウェアの別の部分にこの計数プログラムをインストールした。ただし、その後のアメリカ政府の報告によると、パワーペグが誤って再び起動されたらどうなるかを同社は確かめなかったという。

二〇一二年七月末、ナイト・キャピタル社の技術者たちは自社の各サーバーのソフトウェアをアップデートし始めた。彼らは数日かけて、八台のサーバーのうち七台に新しいコンピューターコードをインストールした。ところが、伝えられるところによると、八台目のサーバーにはインストールし忘れたという。そのサーバーには、元のパワーペグのプログラムが依然として残っていた。

いよいよRLP開始の日が来て、顧客や他のブローカーから取引注文が舞い込み始めた。ナイト・キャピタル社のサーバーのうちアップデート済みの七台は的確に任務をこなしたが、八台目はどれだけの依頼にすでに応じたかを把握していなかった。そのため、独自の判断で厖大な数の注文を市場に出し、目にも留まらぬ速さでめったやたらに株式を売買した。誤注文が積み重なるにつれ、後から解明が必要になる取引のもつれがどんどん膨らんでいった。技術担当者たちが問題を突き止めようと躍起になっている間にも、ナイト社の所有株式は増え続けた。同社は四五分の間に、およそ三五億ドル相当の株式を購入し、三〇億ドル以上を売却した。ようやく問題のアルゴリズムを停止させ、取引を中止したときには、このミスは四億六〇〇〇万ドル超の損失を招いていた。一秒につき一七万ドルの損失という計算だ。この一件でナイト社の財政状態は著しく悪化し、同社はその年の一二月に競争相手の企業に買収された。

ナイト・キャピタル社の損失はコンピュータープログラムの想定外の振る舞いが招いたものだが、アルゴリズムを使った戦略の敵は技術的な問題ばかりではない。自動化されたプログラムが狙いどおりに作動しているときでも、企業は油断できない。プログラムが杓子定規に作動していると、その動きがあまりに予想しやすくなり、競争相手がそれにつけ込む方法を見つけかねないからだ。

二〇〇七年に、スヴェン・エギル・ラーセンというトレーダーは、あるアメリカのブローカーのアルゴリズムが特定の取引にはいつも同じ対応をすることに気づいた。[21] そのブローカーのソフトウェアは、株式が買われるたびに、買われた株式の数に関係なく、同じような形で価格を上げるように買い注文を出すのだ。ノルウェーを本拠とするラーセンは、小口で何度も購入すれば、価格を少しずつ押し上げられ、それから大量の株式をその高値で売り戻せることに気づいた。彼はパヴロフ教授の金融版となり、ベルを鳴らしてはアルゴリズムが従順に反応するのを見守った。そして、この戦術を使って、数か月のうちに五万ドル以上稼いだ。

だが、誰もが彼の巧みな戦術を高く評価したわけではない。二〇一〇年、ラーセンと、同じことをしていた同業者のペデル・ヴェイビーは、市場を操作した廉で告発された。裁判所は彼らの利益を没収し、二人に執行猶予付きの判決を与えた。判決が言い渡されると、ヴェイビーの弁護士は相手がアルゴリズムだったために裁定にバイアスがかかっていたと主張した。二人が間抜けなアルゴリズムではなく間抜けな人間のトレーダーから利益をあげていたなら、裁判所は同じ結論に至らなかったはずである、というわけだ。世論もラーセンとヴェイビーの側につき、新聞や雑誌は両人の行為をロビン・フッドの活躍になぞらえた。二年後、こうした支持に分があるという結論が出た。最高裁判所が判決を覆し、二人は晴れて無罪となった。

アルゴリズムが危険領域に迷い込む道はいくつかある。コードのエラーの影響を受けるかもしれないし、時代遅れのシステムで作動しているかもしれない。道を逸れることもあれば、競争相手によってあらぬ方向に導かれることもある。だが、これまで私たちは個別の出来事しか見てこなかった。ラーセンは特定のブローカーをターゲットにした。RLPの開始日にミスによって巨額の損失を被ったのはナイト・キャピタル社だけだった。ヴォラーラヴェデッテにとんでもないオッズを提示したギャンブラーは、たった一人だった。とはいえ、ベッティングや金融の世界のアルゴリズムは増える一方だ。個々のボットが道を誤りうるとしたら、そうしたアルゴリズムを多くの企業が使っていたときにはどうなるのだろう？

ボット同士の相互作用が市場を狂わす

予測に関するドイン・ファーマーの研究は、カジノのルーレットボールの軌道では終わらなかった〔第1章参照〕。ファーマーは一九八一年にカリフォルニア大学ロサンジェルス校で博士号を取得した後、ニューメキシコ州のサンタフェ研究所に移った。

そして、そこにいる間に金融に興味を持った。彼はほんの数年のうちに、ルーレットのスピンの予想から株式市場の動向予想へと移行した。一九九一年には、元エウダイモン仲間のノーマン・パッカードとヘッジファンドを設立した。それに「プレディクション・カンパニー」（「プレディクション」とは「予測」の意）という名前をつけ、カオス理論から導いた概念を金融の世界に応用することをもくろんだ。物理学と金融を結びつけると目覚ましい成功が得られ、ファーマーはこの会社で八年過ごし、その後学究の世界に戻ることにした。

現在ファーマーはオックスフォード大学教授で、複雑性を経済学に導入する効果に注目している。金融界ではすでに数学的思考がたっぷりなされているが、そうした思考は一般に個々の具体的な取引に狙いをつけていることをファーマーは指摘した。[22] 人々は数学を使って金融商品の値段を決めたり、特定の取引に伴うリスクを推定したりする。だが、そうした行為は全体としてどのように相互作用しているのだろうか？ もしボットが互いの決定に影響を及ぼすのなら、経済システム全般にどのような影響を与えうるのか？　そして、異常が発生したときには、どうなるのか？

危機はたった一つの文から始まることもある。二〇一三年四月二三日のお昼時、次のようなメッセージがＡＰ通信のツイッターのフィードに現れた。「速報　ホワイトハウスで二度の爆発があり、バラク・オバマ負傷」[23]。情報はツイッターでＡＰ通信をフォローしていた大勢の人に伝わり、その多くが自分のフォロワーに向けてこのニュースを再投稿した。

記者たちがたちまちこのツイートに疑問を抱いた。なにしろ当時、ホワイトハウスでは記者会見が行なわれていた（そして、爆発など見られなかった）からだ。はたして、このツイートはハッカーたちがAP通信のツイッターアカウントを乗っ取って投稿したデマであることが判明した。ツイートはまもなく削除され、AP通信のツイッターアカウントは一時的に凍結された。

だがあいにく、金融市場はこのときすでにそのニュースに反応していた。というより、過剰反応していた。偽情報が公表されてから三分のうちにS&P500種株価指数は一三六〇億ドル相当の下落を見た。市場はすぐに元の水準まで回復したが、反応の速さ（そして深刻さ）を目の当たりにした金融アナリストのなかには、それが本当に人間のトレーダーが引き起こしたものかどうか疑う人もいた。人々はその誤ったツイートを、本当にそれほど速く見つけたのだろうか？　そして、それほど簡単に鵜呑みにしたのだろうか？

株価指数が常軌を逸した急激な下降と上昇を見せたのは、このときが最初ではなかった。市場の大変動のうちでも屈指のものは、二〇一〇年五月六日に起こった。[24]その日の朝、アメリカの金融市場が営業を始めたときには、きたるべきイギリスの選挙や継続中のギリシアの財政難など、暗雲らしきものがすでに地平線にいくつも漂っていた。それでも、午後の半ばに訪れることになる嵐を予見していた人は誰もいなかった。

その日、ダウ・ジョーンズ工業株平均株価は少しばかり下がっていたが、午後二時三二分に暴落が始まった。そして二時四二分までにダウ平均は四パーセント近い価値を失った。下落はさらに加速し、その後の五分で新たに五パーセント値下がりした。二〇分にも満たないうちに、市場の価値のうち、ほぼ九〇〇〇億ドルが泡と消えた。この下落のせいで取引所の自動停止機能が働き、取引は短時間中断された。そのおかげで株価が落ち着きを取り戻し、株価指数は元の値に向かって徐々に上がり始めた。それにしても、驚くほどの下落だった。では、いったいなぜこんなことになったのか？

市場の深刻な混乱は、きっかけとなる一つの出来事にたどれることがよくある。二〇一三年の場合は、ホワイトハウスに関するでたらめのツイッターの速報が発端だった。ボットは競争相手を出し抜いて情報を利用しようとして、オンラインで配信されるニュースを漁り回っているので、おそらくこのデマを見つけて取引を開始したのだろう。この話には興味深いおまけがついている。翌年、ＡＰ通信が企業の収益に関する報道を自動化したのだ。これは、アルゴリズムに各社の報告書を詳しく調べさせ、業績をＡＰ通信の伝統的な文体で二〇〇単語程度の文章にまとめさせるというものだった。[25]この変更は、今や金融報道のプロセスから人間がさらに撤退することを意味している。報道機関のオフィスでは、アルゴリズムが報告書を普通の文章に変換するし、証券取引所の立会場ではロボットがそれらの文章を取引の意思決定に変えるのだ。

二〇一〇年のダウ平均株価の「フラッシュクラッシュ〔瞬間的暴落〕」は、異なる種類の出来事がきっかけで起こったと考えられている。すなわち、報道ではなく取引だ。午後二時三二分に、あるミューチュアルファンドが自動化されたプログラムを使って七万五〇〇〇枚の先物を売ろうとした〔先物の取引単位は「枚」で表現される〕。ところがこのプログラムは、一連のアイスバーグ取引（小口の注文）として時間をかけて分散させずに、すべてをほぼ同時に市場に出したらしい。以前にこのファンドが同じぐらい大きい取引を行なったときには、七万五〇〇〇枚の先物を売るのに五時間かかった。だが、このときは二〇分するかしないかのうちに、すべての取引を終えた。

確かに大きな注文だったが、たった一つの企業による、たった一つの注文にすぎなかった。また、ツイッターのフィードを分析するボットも、かなり特化したアプリケーションだ。大半の銀行やヘッジファンドはそうしたボットのようにツイッターのフィードを分析して取引をしたりはしない。それにもかかわらず、ツイッターをやたらに追いかけるアルゴリズムの反応のせいで暴落が起こり、株式市場で何千億ドルもの価値が消し去られた。このような、一見すると散発的な出来事がどうしてこれほどの激動につながったのか？

この問題を理解するには、経済学者のジョン・メイナード・ケインズが一九三六年に残した株式市場に関する所見が助けになる。[26] 一九三〇年代に、イギリスの新聞は頻繁に美人コンテストを行なった。若い女性たちの写真を掲載し、そのうちでとくに人気が出そうだと思われる六人を読者に選んでもらうのだ。抜け目のない読者は、たんに自分が気に入った女性ばかり選びはしないことをケインズは指摘した。彼らは他の人々が選びそうに思う女性を選ぶのだった。そして、とりわけ頭の切れる読者は、さらに一歩先を行き、他の誰もが最も人気があると見込むであろう女性を割り出そうとするのだった。

ケインズによれば、株式市場もしばしばそれと同じように機能するという。投資家は株価の動向を推測するときには実質的に、他の誰もがどうするかを予想しようとしているのに等しい。株価が値上がりするのは、必ずしも企業が根本的に健全だからではなく、その企業には価値があると他の投資家が考えるからだ。他の人がどう考えているかを知りたければ、盛んに先読みを行なうことになる。そのうえ現代の市場は、慎重に考えて選ぶ新聞のコンテストからはどんどん遠ざかっている。情報はたちまち伝わり、すぐさま行動がとられる。そこに、アルゴリズムが問題を起こす可能性が生まれる。

ボットは複雑で理解しがたいものだと思われることが多い。事実、「複雑な」というのは、取引アルゴリズムについてジャーナリストが記事を書くときに好んで使う言葉だ（いや、どんなアルゴリズムについてもそれは同じだ）。だが、高頻度取引〔コンピューターがプログラムに従ってきわめて短い時間単位で行なう自動取引〕における実情は正反対で、スピードを求めるなら、物事を単純にしておく必要がある。金融商品を取引するときには、処理しなければならない指示が多いほど時間がかかる。ボットの作成者は、精妙さや微妙な差の判別などでボットを縛らずに、戦略を数行のコンピューターコードに抑える。これでは思慮分別や合理性が入り込む余地はほとんどないと、ドイン・ファーマーは警告する。「やれることを一〇行ばかりのコードに限定した途端、非合理的になります」と彼は言う。「昆虫レベルの知性にさえ達しません」[27]

ツイッターの投稿であれ、大口の売り注文であれ、トレーダーが大きな出来事に反応すると、市場の活動を監視している高速アルゴリズムは注意を掻き立てられる。そして、他のアルゴリズムが株を売っていれば、それに加わる。価格が急落すると、アルゴリズムは互いの取引をなぞり、いっそうの下落を引き起こす。誰もが女性を選び間違えまいとし、市場は極端に進行の速い美人コンテストと化す。このゲームは猛烈なスピードで行なわれるので、深刻な問題につながりうる。なにしろ、アルゴリズムが目にも留まらぬ速さで動いているときには、誰が先に手を打つかを見極めるのは難しいからだ。「考えている暇などほとんどありません。過剰に反応したりハーディング現象〔群集心理のせいで非合理な行動をとること〕を起こしたりする大きな危険が生じます」とファーマーは言う。

一部のトレーダーの報告によれば、小規模なフラッシュクラッシュは頻繁に起こるという。[28]この手の乱高下は新聞で大きく取り上げられるほど深刻ではないものの、目を皿のようにしていれば誰にでも見つけられる。株価がほんの数分の一秒で下落したり、取引の量が突然一〇〇倍に増えたりすることもある。それどころか、そうしたクラッシュは毎日何度も起こっているかもしれない。マイアミ大学の研究者たちが二〇〇六年から二〇一一年にかけての株式市場のデータを調べると、一秒未満の間に、株式の価値が急落したり急騰したりして、また元に戻るという「超高速の極端な事象」が何千回も見つかった。[29]この研究を主導したニール・ジョンソンによると、これらの事象は従来の金融理論が扱ってきたような状況からはかけ離れているという。「人間はリアルタイムで参加できませんから、ロボットたちの超高速の『生態系』が生じ、主導権を握ります」[30]と彼は言う。

ボットたちが形成する生態系で市場は安定するか

人々は、カオス理論について語るとき、物事の物理的な側面に焦点を絞ることが多い。そして、エドワード・ローレンツと、天気予報とバタフライ効果に関する彼の研究に触れるかもしれない。天気の予測不能性や、チョウの羽ばたきが竜巻を引き起こす話だ。あるいは、エウダイモンたちとルーレットの予測の話や、ビリヤードボールの軌道が初期条件に対して鋭敏でありうることを思い出すかもしれない。とはいえ、カオス理論は物理科学以外にも及んでいる。エウダイモンたちが自らのルーレット戦略を引っ提げてラスヴェガスに乗り込む準備をしていたころ、アメリカの反対側では生態学者のロバート・メイが、生物系についての私たちの考え方を根本的に変えることになる発想に取り組んでいた。

プリンストン大学はラスヴェガスのきらびやかな高層ビル群とは大違いだ。同大学のキャンパスは、ネオゴシック様式の建物が建ち並び、日なたと日陰でまだらになった中庭とあいまって、一大迷路を成している。ツタの絡まるアーチをリスが駆け抜け、学生が身に着けたスクールカラーのオレンジと黒のスカーフがニュージャージーの風で膨らむ。[31] よく見ると、過去の著名な居住者たちの痕跡がある。近くの高等研究所の正面には「アインシュタイン・ドライブ」が輪を描いている。以前は、「フォン・ノイマン・コーナー」というものもあった。この数学者がそこで何度となく起こしたとされる自動車事故にちなんだ命名だ。噂では、衝突事故の一つについて、彼はぬけぬけと次のような言い訳をしたという。「道を走っていました。右手の木々は時速六〇マイル〔時速約一〇〇キロ〕で整然と私を過ぎていっていました。ところが突然、そのうちの一本が行く手に飛び出してきたのです[32]」

メイは一九七〇年代にプリンストン大学で動物学の教授をしていた。大半の時間は動物のコミュニティの研究に費やした。とくに興味があったのが、動物の数が時間とともにどう変化するかということだった。彼はさまざまな要因が生態系にどのような影響を及ぼすかを調べるために、個体群増加の単純な数学的モデルをいくつか構築した[33]。

数学の視点に立つと、最も単純な種類の個体群は、時折一気に繁殖するものだ。昆虫を例に取ろう。温帯地方の多くの種(しゅ)は一シーズンに一度繁殖する。生態学者は「ロジスティック写像」と呼ばれる方程式を使って架空の昆虫の個体群の振る舞いを調べられる。この概念は最初、統計学者のピエール・フェルフルストが提唱した。人口の潜在的限界を研究していたときのことだ[34]。ロジスティック写像を使って特定の年の個体群密度を計算するためには、個体群の増加率と、前年の個体群密度、依然として利用可能な空間（とそこにある資源）という三つの要因を掛け合わせる。それを数式に表すと、次のようになる。

翌年の密度＝増加率×現在の密度×（1－現在の密度）

図5.1　増加率が低い場合のロジスティック写像の結果

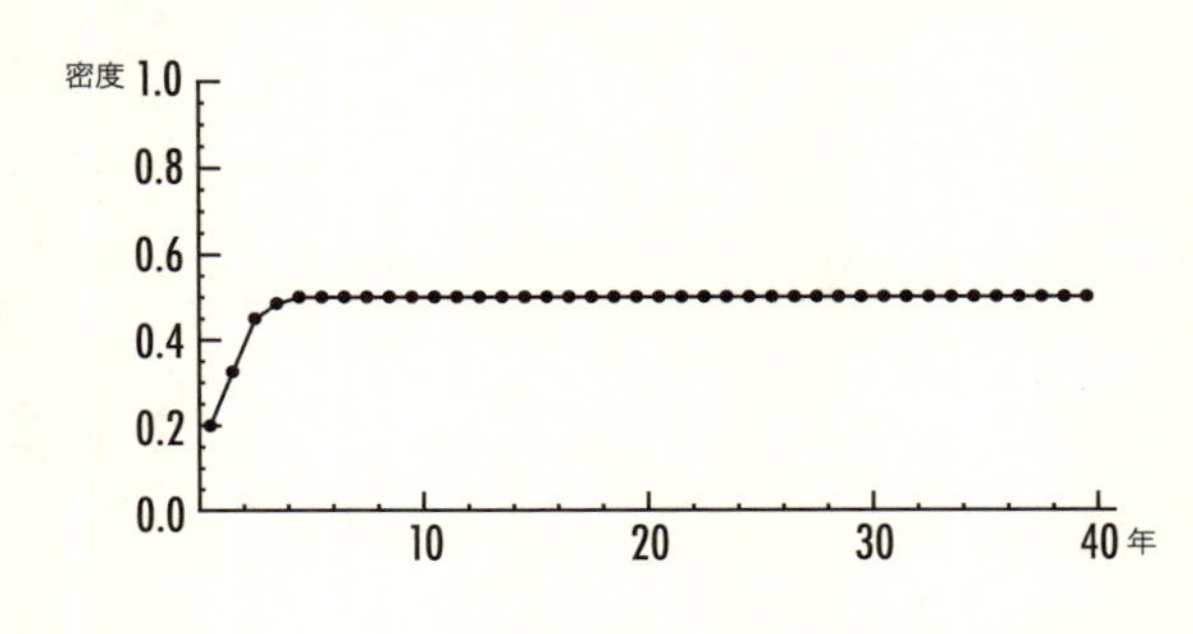

ロジスティック写像はいくつかの単純な前提に基づいて構築されており、増加率が小さいときには単純な結果が導き出される。何シーズンか後、個体群は平衡状態に落ち着き、個体群密度は年を経ても一定であり続ける〔図5・1〕。

だが、増加率が上がると状況が変わる。個体群密度はやがて増減を繰り返し始めるのだ。ある年に多くの昆虫が卵から孵（かえ）ると、利用できる資源が減り、翌年は生き延びられる昆虫の数が減り、そのおかげで次の年はより多くの昆虫が生きる余地ができて……という具合だ。年々、個体数がどう変化するかを大まかに表すと、図5・2のようなグラフが得られる。

増加率がさらに大きくなると、奇妙なことが起こる。個体群密度は一定の値に落ち着いたり、二つの値の間を予測可能な形で往復したりするかわりに、

図5.2　増加率が中ぐらいの場合、個体群密度は増減を繰り返す

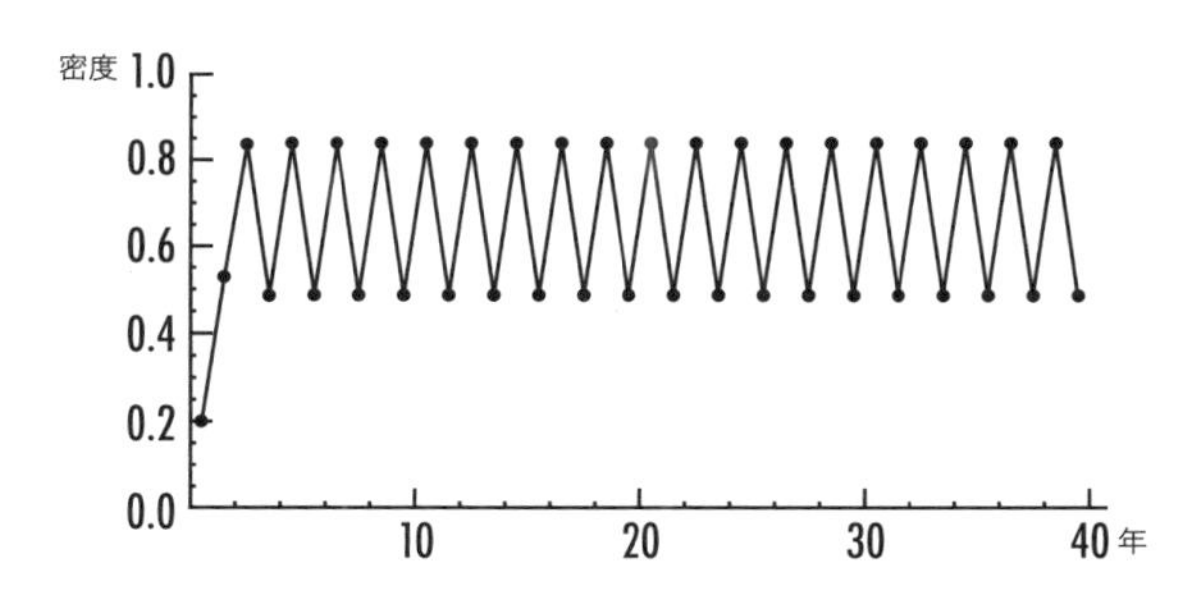

激しい変動を見せ始めるのだ〔図５・３〕。

このモデルにはランダム性もなければ偶然の事象も伴わないことを思い出してほしい。動物の個体群密度は、わずか一行の単純な方程式で決まる。それなのに、この式から得られる結果はむらだらけで落ち着きがなく、明白なパターンに則しているようには見えない。

メイはこれをカオス理論で説明できることを発見した。個体群密度が変動するのは、個体数が初期条件に対して鋭敏だからだった。ポアンカレがルーレットに関して発見したのとまさに同じように、初期の状況がわずかに変わるだけで、その後に何が起こるかに大きな影響が及んだ。個体数は単純明快な生物学的プロセスに従っていたにもかかわらず、先々にどのような振る舞いをするかを予測することは不可能だった。

私たちはルーレットが意外な結果をもたらすこと

図5.3　増加率が高いと変動が著しい個体群動態につながる

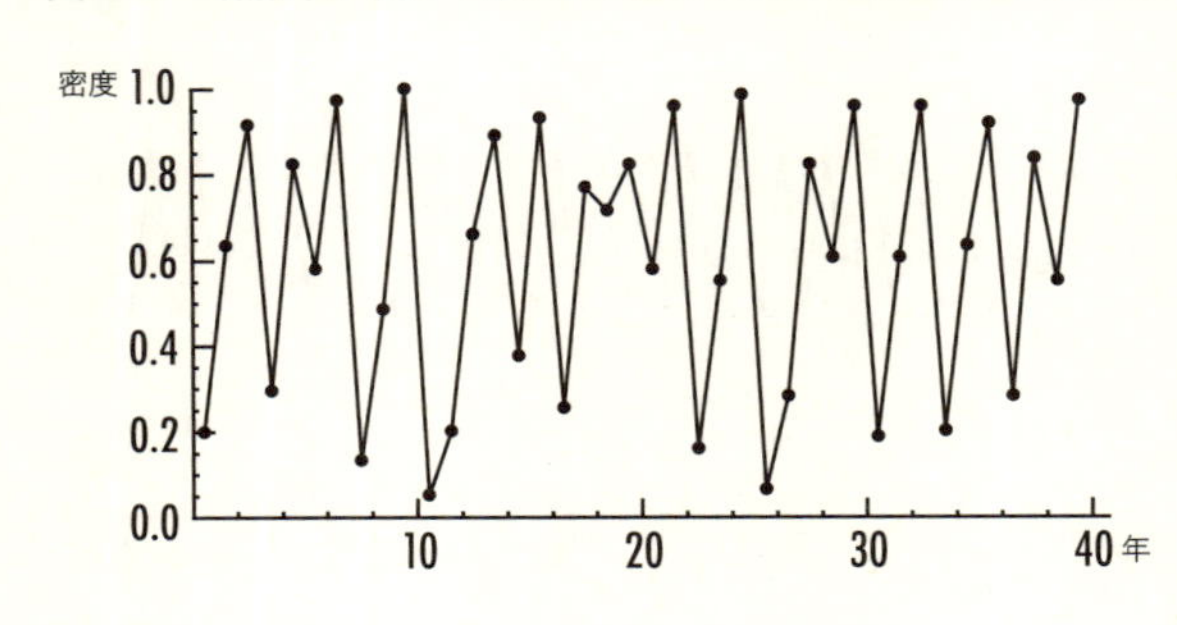

は予期しているだろうが、生態学者はロジスティック写像のように単純なものからこれほど複雑なパターンが生まれうることに茫然となった。メイは、この結果が他の分野にも不穏な結果をもたらしうると警告した。人々は政治学から経済学まで多様な分野で、単純な系が必ずしも単純な形で振る舞いはしないことを肝に銘じる必要があったのだ。

メイは個々の個体群を研究するかたわら、生態系全体についても思いを巡らせた。たとえば、ある環境に暮らす生き物が増え続け、入り組んだ相互作用の関係を築いたらどうなるだろう？　一九七〇年代初期なら、良い結果につながると多くの生態学者が答えたことだろう。自然界では複雑性はたいてい良いものだと彼らは信じていたからだ。生態系の多様性が大きいほど、その生態系は突然の衝撃に直面したときに堅牢であるというわけだ。

少なくともそれが定説だったが、メイにはそれが正しいとは思えなかった。彼は複雑な系が本当に安定を保てるかどうかを検証するために、多くの種が相互作用をしている架空の生態系を調べてみた。相互作用の種類はランダムに選んだ。特定の種に有益な相互作用もあれば、有害なものもあった。それから彼は、その生態系が乱されたときにどうなるかを調べ、安定性を測定した。生態系は元の状態に戻るだろうか？　それとも、崩壊するといった、完全に違う結果になるだろうか？　理論モデルを使った研究の利点の一つがここにあった。本物の生態系を乱すことなく、安定性を検証できたからだ。

メイは、大きい生態系ほど安定性が低くなることを発見した。[35] 実際、種の数が非常に増えると、生態系が存続する可能性はゼロにまで落ち込んだ。複雑性のレベルを上げると、やはり有害な影響が出た。生態系のつながりを増やして、任意の組み合わせで二つの種を選んだとき両者が相互作用している可能性を高めていくと、安定性はより低くなった。大きくて複雑な生態系が存在する見込みは、仮に皆無ではないにしても、あまりないことが、このモデルから明らかになった。

もちろん自然界には、複雑でありながら見たところ堅牢な生態系の例は多い。熱帯雨林や珊瑚礁（さんご）は、厖大な種を抱えていながら、これまで全部が崩壊したりしてはいない。生態学者のアンドルー・ドブソンによれば、状況はヨーロッパで通貨統合が行なわれてまもないころに聞かれたジョークの生物学版だそうだ。[36] ユーロは実際には機能しているものの、理論上はなぜ機能するのか釈然としないと、評論家は口々に言ったものだ。

メイは理論と現実の違いを説明しようとして、自然は安定性を維持するために「尋常ならざる戦略」を採っているはずだと主張した。研究者たちはその後、ありとあらゆる種類の入り組んだ戦略を打ち出し、この理論を自然界の実態に近づけようとしてきた。もっとも、ステファノ・アレシナとスー・タンというシカゴ大学の二人の生態学者によれば、そうする必要はないかもしれないという。[37] 二人は二〇一三年にメイのモデルと本物の生態系との食い違いを説明できるかもしれない説を示した。

異なる種の間には有益なものや有害なものなど、ランダムな相互作用があるとメイが仮定したのに対して、アレシナとタンは自然界でよく見られる三つの特定の関係に的を絞った。その第一は捕食者と被食者の関係で、一つの種が別の種を食べるというものだ。当然ながら、捕食者はこの関係で得をし、被食者は損をする。アレシナとタンは捕食に加えて、協力（当事者の双方が相互作用から恩恵を受ける）と、競争（双方が有害な影響を受ける）も含めた。

次にアレシナとタンは、それぞれの関係が生態系全体を安定させるかどうかに目を向けた。すると、過剰なレベルの競争関係や協力関係は安定を損ねるのに対して、捕食＝被食の関係には、生態系を安定させる作用があることがわかった。言い換えると、捕大きな生態系は、一連の捕食＝被食の相互作用がその核心にあるかぎり、混乱によって揺らぐことがないのだ。

では、こうしたことはベッティング市場や金融市場に対してどのような意味を持つのか？　市場は生態系とよく似ており、今やそこにはいくつか異なるボットの種が存在している。どの種も異なる目的と固有の長所や短所を持っている。アービトラージの機会を探し求めているボットもあり、重要な出来事であれ、不適切な価格であれ、とにかく新しい情報に真っ先に反応しようと努めている。また、両方の側での取引あるいは賭けを引き受けることを申し出て、差額を手にする「マーケットメーカー」というボットもある。この手のボットは実質的にはブックメーカーであり、どこで儲けが出そうかを予想することでお金を稼いでいる。安値で買って高値で売り、利益をあげようとする。小口の取引をこっそり市場に発注し、大きな取引を隠そうとするボットもある。さらには、そのような大規模な取引がないか目を光らせ、大口の取引を見つけてその後の市場変動を利用しようとしている、捕食者のようなボットもある。

二〇一〇年五月六日のフラッシュクラッシュの間に、この危機に関連する先物を取引したアカウントは一万五〇〇〇を超えた。後の報告書で、証券取引委員会〔ＳＥＣ〕はこれらの取引アカウントを、その役割と戦略に基づいていくつかの異なるカテゴリーに分類した。あの日の午後にいったい何があったのかはしきりに議論されてきたが、もしフラッシュクラッシュが現に（SECの報告書が示唆しているように）単一の出来事がきっかけで起こったのだとしても、後に続いた大混乱は一つのアルゴリズムのせいではない。おそらく、状況にそれぞれ独自の形で反応していたさまざまな取引プログラムの相互作用が引き起こしたのだろう。

フラッシュクラッシュの間にとりわけ有害な影響を与えた相互作用もいくつかあった。危機の最中の午後二時四五分に、先物の買い手が不足した。そのため、高頻度アルゴリズムはわずか一四秒間に、二万七〇〇〇枚を超える先物を互いの間で取引した。取引所が意図的に市場を数秒間停止させ、価格の果てしない下落に歯止めをかけた後、ようやく正常な状態に戻った。

ベッティング市場や金融市場は、静的な規則の集まりとして扱うのではなく、一種の生態系と見なすほうが理に適っている。トレーダーのなかには捕食者もいて、弱い被食者を食い物にしている。また、競争者もいて、同じ戦略で戦い、共倒れになる。したがって、生態学由来の発想や警告の多くが市場にも当てはまる。たとえば、単純さが予測可能性をもたらす保証はない。単純な規則に従うアルゴリズムでさえ、単純な振る舞いを見せるとはかぎらないのだ。市場にも、強固なものや脆いものなど、相互作用の関係が網の目のように張り巡らされているので、同じ場所に多くの異なるボットが存在しても、必ずしも状況は改善しない。メイが示したとおり、生態系を複雑にしても安定性が増すとは言い切れないからだ。

あいにく、利益のあがる戦略を多くの人が探し求めているときには、複雑性が高まることは避けられない。ベッティングの世界でも金融の世界でも、せっかく良いアイデアを思いついても、何が起こっているか他人に感づかれると、あまり儲からなくなってしまう。つけ込める状況が広く知れ渡ると、市場はより効率的になり、アイデアに伴う利点が消えてしまうからだ。したがって、戦略は既存の手法を採用する人が増えるにつれて、進化しなければならない。

ドイン・ファーマーは、進化のプロセスがいくつかの段階に分解できることを指摘している。[38] 優れた戦略を編み出すにはまず、つけ込める状況を見つけ出す必要がある。それから戦略を練り、それがうまくいくかどうかを検証するために、十分なデータを集めるべきだ。ギャンブラーが馬やスポーツチームをランク付けするために大量のデータを必要とするのと同じで、トレーダーはそれがランダムな変則的事例ではなく本当に有利な状況なのかどうか確かめるために、十分な情報を必要とする。プレディクション・カンパニーでは、このプロセスはすべてアルゴリズム主導で行なっていた。この取引戦略はファーマーが「進化する自動機械（オートマトン）」と呼んだもので、コンピューターが新しい経験を積み重ねるにつれて、意思決定のプロセスが突然変異していく。

取引戦略の有効期間はそれぞれの進化の段階を終えるのがどれほど易しいかで決ま

る。市場が効率的になり、戦略が役に立たなくなるまでには何年もかかる場合が多いとファーマーは主張している。もちろん、非効率性が高いほど簡単に見つけ出してそれにつけ込める。コンピューターに基づく戦略は、当初、非常に儲かる傾向があるので、真似をする人が出てくる可能性もその分だけ高い。したがって、アルゴリズムを使った手法は、他の種類の戦略よりも素早く進化しなければならない。「人に先んじることを目指す果てしないドラマが展開されることになります」とファーマーは言う。

市場の生態系は規制で制御可能か

近年、金融市場やベッティングエクスチェンジを漁り回るアルゴリズムが急増してきた。これは、確率論からアービトラージまで、さまざまな考え方を共有してきた歴史を持つこれら二業界の間における最新のつながりだ。だが、金融とギャンブルの間の区別は、これまでにないほど曖昧になりつつある。

今ではいくつかのベッティングウェブサイトでは、金融市場に賭けることができる。他の種類のオンラインベッティングと同じで、そのような取引はギャンブルに該当するので、ヨーロッパの多くの国では税金がかからない（少なくとも、顧客にはかからないが、ブックメーカーに納税の義務があることに変わりはない）。二〇一三年には金融関連の賭けでとくに人気が高いのは、「スプレッドベッティング」だ。[39]

その一〇万人がこの賭けをした。

昔ながらの賭けでは、賭け金と勝ったときの払戻金は決まっている。あなたが、特定のチームの勝利や特定の株価の上昇に賭けたとしよう。予想が的中すれば、払戻金を受け取る。もし外れれば、賭け金を失う。だが、スプレッドベッティングは少し違う。儲けは結果だけではなく、結果に伴う数値にもかかっている。仮に、ある株式の現在の価格が五〇ドルで、あなたは来週、その株式が値上がりすると考えているとしよう。スプレッドベッティング企業は、五一ドル以上で一ポイントあたり一ドルのスプレッドベットを提示するかもしれない（現在の株価と提示された金額との差が「スプレッド」で、ブックメーカーはそれによって稼ぐ）。株価が五一ドルを超えて一ドル上がるごとに、あなたは一ドル受け取り、逆にそれより一ドル下がるごとに一ドル失う。利益の点では、たんに株式を購入して一週間後に売るのと大差はない。この賭けをしても、金融取引をしても、ほぼ同じ額の利益（あるいは損失）が出る。

だが、一つ決定的な違いがある。イギリスでは株式取引で利益をあげると、印紙税と資本利得税を払わなければならない。[40]一方、スプレッドベッティングをすれば、税金はかからない。他の国では状況が異なる。オーストラリアでは、スプレッドベッティングで得た利益は所得に分類され、したがって、課税される。[41]

ギャンブルでも金融でも、取引をどう規制するか決めるのは大きな懸案だ。とはいえ、込み入った取引の「生態系」に対処するときには、規制がどのような影響を及ぼすかはいつも明白とはかぎらない。二〇〇六年、アメリカのニューヨーク連邦準備銀行と科学アカデミーは、金融業者と科学者を集めて、金融における「システミックリスク〔一つの金融機関の機能不全や破綻などが金融システム全体に連鎖的に波及するリスク〕」を討議してもらった。[42] 個々の要素の振る舞いだけではなく、金融システム全体の安定性を考えるという発想だった。

この会議の間に、連邦準備銀行の経済学者ヴィンセント・ラインハートは、場合によってはある一つの行為が引き起こしうる結果が複数あることを指摘した。当然、問題はそのうちのどれが起こるか、だ。結果は規制者のすることだけで決まるわけではない。その規制がどのように伝えられ、市場がニュースにどう反応するかにもかかっている。それこそ、物理科学から借りてきた経済的手法だけでは不足となりかねない部分だ。物理学者は既知の規則に従う相互作用を研究するのであって、たいてい、人間の行動に取り組む必要はない。「一〇〇分の一の確率で起こる暴風が起こる可能性は、人々が暴風は前よりも起こりやすくなっていると考えたからといって、変わりはしない」とラインハートは言う。

やはりその会議に出席していた生態学者のサイモン・レヴィンは、人間の行動の予測不能性について詳しく論じた。連邦準備銀行が実施できるような経済的介入は、システム全体の改善を期待して、個人の行動を変化させることを目指していると、レヴィンは述べた。特定の措置を採れば、確かに個人のすることを変えられるものの、市場全体にパニックが広がるのを止めるのは非常に難しい。

それなのに、情報の伝わり方は速まるばかりだ。ニュースはもう、人間が読んで処理しなくても済むようになった。ボットがニュースを自動的に吸収し、取引の決定を下すプログラムにそれを回している。個々のアルゴリズムは他のアルゴリズムがしていることに反応し、人間がけっして完全には監督できない類の時間の尺度で決定を下している。これは、劇的で予想外の振る舞いにつながりうる。そのような問題は、高頻度アルゴリズムは単純かつ迅速であるよう設計されているという事実に由来することが多い。ボットはほとんどの場合、複雑でもなく賢くもない。ボットの目的は、有利な点を他の誰よりも速く活かすことだからだ。ところが、勝ちを収める人工ギャンブラーを生み出すには、ただ一番乗りできるようにすればいいというものではない。この後わかるように、利口であることが報われる場合もあるのだ。

第6章 ゲーム理論でポーカー大会を制覇

人間を打ち負かすポーカーボットの登場

二〇一〇年の夏、さまざまなポーカーのウェブサイトがロボットプレイヤーの厳しい取り締まりに乗り出した。[1] これらのボットは人間のふりをして何万ドルも稼いでいた。当然ながら、ボットを相手に戦っていた人間のプレイヤーは面白くなかった。ウェブサイトのオーナーたちは報復として、明らかにソフトウェアが運用しているアカウントを凍結した。ある企業は、自社のウェブサイトのポーカーテーブルでボットが稼いでいたのを発見した後、プレイヤーたちに六万ドル近くを返金した。

だが、ほどなくしてコンピュータープログラムが再びオンラインのポーカーゲームに登場した。二〇一三年二月、スウェーデンの警察は、国営のポーカーウェブサイトでプレイしていたポーカーボットの捜査を開始した。[2] すると、それらのボットは五〇万ドル以上に相当する金額を稼いでいたことが判明した。[3] ポーカー企業が気を揉んだのは、額の多さについてだけではない。ボットがどうやってお金を稼いでいたかも、悩みの種となった。ボットは賭け金の少ないゲームで弱いプレイヤーからお金を巻き上げるかわりに、賭け金の高いテーブルで勝っていたのだ。これらの高性能のコンピュータープレイヤーが発見されるまでは、ボットがそれほどプレイが上手であることに気づいている業界人はほとんどいなかった。[4]

もっともポーカーのアルゴリズムは、前々からこれほどの成功を収めてきたわけではない。ボットは最初、二〇〇〇年代初期に人気が出てきたころには、簡単に人間に打ち負かされていた。では、近年になって何が変わったのだろう? ボットがポーカーの腕を上げている理由を理解するためには、まず人間がどのようにプレイするかを見てみる必要がある。

「やめたくてもやめられない」ナッシュ均衡とは何か

一九六九年、アメリカの連邦議会がタバコのテレビ広告を禁止する法案を提出したとき、人々は国内のタバコ会社が激怒するだろうと予想した。[5] なにしろこれは、前年に自らの製品の販売促進のために三億ドル以上を注ぎ込んだ業界だ。これほどの金額が絡んでいるのだから、そのような断固たる法案を成立させようとすれば、タバコ業界が強烈な圧力をかけてくることは確実に思えた。企業は弁護士を雇い、議員たちに異議を申し立て、禁煙運動の活動家と戦うだろう。投票は一九七〇年一二月に予定されていたので、タバコ業界には手を打つ時間が一年半あった。[6] では、彼らはどうすることにしただろう？　なんと、おおむね手をこまぬいていたのだ。

じつはテレビ広告の禁止措置は、タバコ会社の利益を損ねるどころか、彼らに有利に働いた。[7] 各社は長年、馬鹿げた駆け引きから抜け出せずにいた。テレビ広告は、人々が喫煙するかどうかにはほとんど影響がなかったから、理論上はお金の無駄遣いだった。全社が申し合わせて一斉に広告をやめれば、利益が増すことはほぼ間違いなかった。ところが、人々がどのブランドを吸うかには、広告は確かに影響を及ぼす。だから、各社が広告をやめた後、一社が再開すれば、その企業は他のすべての企業の顧客を奪い取れる。

競争相手が何をしようと、企業にとっては、広告をするのが最善だった。そうすることで、製品を広告しない企業から市場占有率を奪ったり、広告する企業に顧客を持っていかれるのを避けたりできた。全企業が協力すれば資金を節約できるにもかかわらず、個々の企業は常に広告から恩恵が得られた。つまり、全企業がどうしても同じ立場に立たされ、広告を出して互いに足を引っ張り合う羽目になったわけだ。経済学者はそのような状況（誰もが、他のプレイヤーが戦略を変えないと仮定し、可能なかぎりで最善の決定を下している状況）を「ナッシュ均衡」と呼ぶ。出費がかさむこのゲームが中断するまで、あるいは誰かが無理やりそれを止めるまで、費用はどんどん増え続ける。

一九七一年、連邦議会はついにテレビでのタバコ広告を禁止した。一年後には、タバコの広告に費やされる金額の合計は二五パーセント以上減っていた。それにもかかわらず、タバコ会社の収益は安定していた。[8] 政府のおかげで、ナッシュ均衡を打破することができたのだ。

「はったり」の重要さをゲーム理論で証明

ジョン・ナッシュはゲーム理論に関する初期の論文をみな、プリンストン大学の博士課程に在籍していたときに発表している。彼は学部生時代の指導教官が書いてくれた、二文から成る以下のような推薦状のおかげで奨学金を与えられ、一九四八年に同大学の大学院に入学した。「ミスター・ナッシュは一九歳で、六月にカーネギー工科大学を卒業します。彼は数学の天才であります」[9]

ナッシュはその後の二年間、いわゆる「囚人のジレンマ」の一バージョンに取り組んだ。この仮想の問題には、犯罪現場で捕まった二人の容疑者が登場する。二人は別々の独房に入れられ、黙秘を続けるか、もう一人に不利になる証言をするかの二者択一を迫られる。二人とも黙秘を続ければ、どちらも一年の刑を宣告される。一方が黙秘し、もう一方が証言をすれば、黙秘した容疑者は三年の刑を言い渡され、相手に罪を負わせた容疑者は釈放される。両者が証言した場合には、二人仲良く二年の刑となる。

全体としては、容疑者はどちらも黙秘を続け、一年の刑を受けるのが最善だ。ところが、もしあなたが独房に入れられ、共犯者がどうするかわからなければ、証言するのが常に得策となる。もし相棒が黙秘を続ければ、あなたは釈放されるし、相棒が証言をしても、三年ではなく二年の刑で済む。したがって、囚人のジレンマゲームのナッシュ均衡では、両方のプレイヤーが証言することになる。彼らは一年でなく二年を監獄で過ごす羽目になるが、どちらか一方だけが戦略を変えても、変えた本人が得るものはない。証言を広告に、黙秘を販売促進活動の停止にそれぞれ読み換えれば、広告を行なっている企業が直面した問題に行き着く。

ナッシュは、見たところ有益な結果を得るのをこの均衡が妨げる場合がありうることを説明した二七ページの論文で、一九五〇年に博士号を取得した。だが、競争を伴うゲームに数学で取り組んだのは、ナッシュが最初ではない。歴史を振り返ると、その栄誉はジョン・フォン・ノイマンに与えられている。ノイマンは後にロスアラモスやプリンストンでの活躍で知られるようになったが、一九二六年にはベルリン大学で若き講師をしていた。実際、同大学の歴史で最年少の講師だった。とはいえ彼は、驚異的な学業成績を収めたにもかかわらず、あまり得意でないことがいくつかあった。[10]

その一つがポーカーだった。

ポーカーは数学者にとって理想的なゲームのように見えるかもしれない。一見すると、たんなる確率の問題に思える。良いハンド〔手役〕をもらえる確率と、相手がそれ以上に良いハンドを手にする確率だ。だが、確率だけを頼りにポーカーをしたことのある人なら誰もが知っているように、事はそれほど単純ではない。「現実はブラフ〔はったり〕から成る」とノイマンは述べている。「ちょっとした欺き戦術や、自分がどうするつもりだと相手が考えるだろうと自問することに尽きる」[11]。彼がポーカーを理解したければ、相手の戦略を説明する方法を見つける必要があった。

ノイマンは手始めに、ポーカーを最も基本的な状況、すなわち二人のプレイヤーが対戦するゲームとして眺めてみた[12]。彼は話をさらに単純にするために、どちらのプレイヤーも、0と1の間の数が記されたカードを一枚だけ配られると仮定した。両プレイヤーとも最初に一ドル出す。プレイヤーの一人（「アリス」と呼ぶことにする）には三つの選択肢がある。フォールドして（勝負を下りて）、最初に払った一ドルを失う。あるいは、チェックする（賭け金を上乗せせずにそのまま続ける）。または、一ドル賭け金を上乗せする。次に、相手がフォールドして一ドルを放棄するか、あるいは掛け金が同額になるように賭ける（コールする）。後者の場合には、どちらのプレイヤーのカードのほうが大きいかで勝者が決まる。

当然ながらアリスは、最初にフォールドしても無意味だが、チェックするべきなのか、それともさらに一ドルを賭けるべきなのか？　ノイマンは起こりうる結果をすべて調べ、それぞれの戦略の期待利益を計算した。すると、カードが非常に小さい数か非常に大きい数だったときには賭け、そうでない場合にはチェックするべきであることがわかった。言い換えると、最悪のハンドのときだけブラフをかけるべきなのだ。これは直感に反するように思えるかもしれないが、腕利きのポーカープレイヤーなら誰にもお馴染みのロジックに従っている。手持ちのカードが平均かそれより低い数なら、アリスにはブラフをかけるかチェックするかの二つの選択肢がある。ひどい手のときには、相手がフォールドしないかぎり勝利は期待できない。したがって、彼女はブラフをかけるべきだ。中ぐらいのカードは難しい。ブラフをかけても、相手はそれなりのカードを持っているときにはフォールドしないし、月並みなカードではショーダウン〔決着をつけるためにハンドをすべて場にさらすこと〕で相手に優る可能性は低いので、それに賭ける価値はない。だから、最善の選択肢はチェックして良い結果になるのを願うことだ。

一九四四年、ノイマンと経済学者のオスカー・モルゲンシュテルンは、『ゲーム理論と経済行動』という題の本で自らの発見を公表した。[13]二人の想定したポーカーは本物よりもはるかに単純だったが、彼らはプレイヤーたちを長年悩ませてきた問題、すなわち、ブラフはポーカーに本当に必要なのかという疑問を解明してくれた。ノイマンとモルゲンシュテルンのおかげで、ブラフが必要であるという数学的な証拠が今や得られたのだ。

ノイマンはベルリンの夜の生活が好きだったにもかかわらず、カジノを訪れたときにはゲーム理論を使わなかった。[14] 彼はポーカーを主に、挑み甲斐のある知的難問と見なしており、やがて他の問題へと移っていった。プレイヤーたちが実際にゲームで勝つためにノイマンの考え方を活用するようになるのは、何十年も先のことだった。

ワールドシリーズオブポーカーのチャンピオン

ビニオンズ・ギャンブリングホールは、古いラスヴェガス市街の一部だ。ストリップ地区のショーや噴水からは離れて、賑やかな街の中心部のダウンタウンにある。ほとんどのホテルにはカジノに加えて劇場やコンサートホールが併設されているのに対して、ビニオンズは最初からギャンブルのために設計された。一九五一年にオープンしたときには、賭け金の上限は他のカジノよりもはるかに高く設定されており、入口には蹄鉄をかたどった巨大な枠の内側のケースの中に、これ見よがしに一〇〇万ドルの現金が展示されていた。また、ビニオンズは客（と彼らのお金）をテーブルに引き留めておくために、誰にでも無料で飲み物を提供するサービスを他に先駆けて始めたカジノでもある。だから、一九七〇年に最初のワールドシリーズオブポーカーが開催されたとき、ビニオンズで行なわれたのはごく自然の成り行きだった。[15]

それから数十年にわたって、毎年プレイヤーがビニオンズに集まり、腕（と運）を競い合ってきた。飛び抜けて白熱した年もあった。一九八二年のシリーズの開幕早々、ジャック・ストラウスは負けが込み、手持ちのチップが残り一枚になるまで追い詰められた。[16]だが、そこから反撃に転じて踏みとどまり、ついにはこのトーナメントで優勝を飾った。噂では、後日、ポーカープレイヤーが勝つには何が必要かと訊かれたストラウスは、「チップ一枚と椅子一つ」と答えたという。

二〇〇〇年五月一八日、第三一回ワールドシリーズはフィナーレを迎えた。[17]二人の男性が最後まで残った。テーブルの片側には、テキサス州からやってきたポーカーのベテラン、T・J・クルーティィエが陣取った。その向かいには、カウボーイハットとサングラスが大好きなカリフォルニア州出身の長髪のクリス・ファーガソンが座った。勝負が始まったときにはファーガソンのほうがクルーティィエよりもはるかに多くのチップを持っていたが、新たにハンドを配られるたびにその差が縮んでいった。

両者がほぼ互角になったときに、ディーラーがまたしてもカードを配った。二人はテキサスホールデムという種類のポーカーをしていたので、まず「ポケットカード」という、自分だけが見られるカードを二枚ずつ受け取った。この日九三回目にあたるこの勝負で、クルーティエは自分のハンドを見てから、二〇万ドル近い金額で賭けを始めた。ファーガソンは優位を取り戻すチャンスだと感じて、五〇万ドルにレイズ〔賭け金を吊り上げること〕した。だが、クルーティエも自信があった。実際、自信満々だったので、手持ちのチップをすべてテーブルの中央に押し出した。ファーガソンは再度自分のカードを見た。クルーティエは本当にもっと良いハンドを持っているのか？　ファーガソンはしばらく自分の選択肢を考えてから、二五〇万ドル近いクルーティエの賭け金と張り合うことにした。

テキサスホールデムでは、最初の二枚のポケットカードが配られた後、最多でさらに三回のベッティングラウンドがある。ポケットカードの次に、「フロップ」と呼ばれるコミュニティカード（どのプレイヤーも使えるカード）が三枚、今度は表を上にしてテーブルに置かれる。ベッティングが続けば、「ターン」と呼ばれる次のカードが表向きに置かれる。ここでまたベッティングが行なわれれば、「リバー」という五枚目のカードが表向きに置かれ、ベッティングの機会がもう一度ある。表向きのコミュニティカードの五枚とポケットカード二枚のうち五枚を組み合わせて最強のハンドを作ったプレイヤーが勝者となる。

クルーティエとファーガソンは最初に全額を賭けたので、それ以上のベッティングはなかった。かわりに二人はルールに従ってポケットカードを場にさらし、ディーラーが五枚のカードを次々に表向きに置くのを見守ることになった。両者がポケットカードを表向きにしたとき、テーブルを取り巻いていた観客は、ファーガソンが窮地に立たされていることを見て取った。クルーティエがエースとクイーンを持っていたのに対して、ファーガソンはエースと9にすぎなかったからだ。ディーラーはまずフロップを並べた。キングと2と4だった。クルーティエの優位は動かない。次のターンではまたしてもキングが出た。したがって、勝負はリバーで決着がつくことになった。最後のカードが置かれた瞬間、ファーガソンが椅子から跳び上がった。9だったのだ。彼はこの勝負を制するとともに、トーナメントに優勝した。ファーガソンが賞金の一五〇万ドルを手にした後、「私を負かすのがこれほど大変だとは思わなかっただろう？」とクルーティエが尋ねた。するとファーガソンは答えた。「いや、覚悟はしていた」[18]

ポーカーの最適戦略を研究し勝利した男

クリス・ファーガソンがラスヴェガスで鮮やかな勝利を収めるまで、トーナメントの賞金として一〇〇万ドル以上を勝ち取ったポーカープレイヤーはいなかった。[19]だが多くの競争者とは違い、ファーガソンはたんに直感や本能だけに頼って並外れた成功を収めたのではない。彼はワールドシリーズでプレイしたとき、ゲーム理論を使っていた。

ファーガソンはクルーティエを破った前年、カリフォルニア大学ロサンジェルス校〔UCLA〕でコンピューターサイエンスの博士号を取得している。彼は博士課程に在籍中、カリフォルニア州営宝くじのコンサルタントを務め、既存のゲームを廃止して、新しいゲームを企画していた。[20] 家族も数学とは縁が深かった。両親がともに数学の博士号を持っており、父親のトマスはUCLAの数学の教授だった。

クリス・ファーガソンは博士号の取得を目指して学んでいる間、黎明期にあったインターネットのチャットルームのいくつかで、おもちゃのお金を賭けるポーカーゲームでよく勝負した。彼はポーカーを取り組み甲斐のある課題と見なしていた。また、ポーカーはとても得意でもあった。チャットルームのゲームからはまったく儲けが出なかったが、ファーガソンは大量のデータへのアクセスが得られた。コンピューターの性能も上がっていたので、彼はそのおかげで厖大な数のハンドを調べ、いくら賭けるべきかや、いつブラフをかけるべきかを割り出すことができた。[21]

ファーガソンもノイマン同様、ポーカーはあまりに複雑なので、多少単純化しないかぎり満足に研究できないことにまもなく気づいた。ファーガソンはノイマンの考え方を発展させ、二人のプレイヤーにもっと多くの選択肢を持たせたらどうなるかを調べることにした。[22] もちろん、本当のポーカーゲームでは最初は複数の相手と対戦することになるのだが、それでも単純な一対一の筋書きは分析するだけの価値があった。プレイヤーはベッティングラウンドが進むうちにフォールドするかもしれないので、勝負の大詰めには二人のプレイヤーだけの対戦になることが多かったからだ。

とはいえ、この段階でも二人のプレイヤーがやる可能性のあることは依然としてたくさんある。ノイマンのゲームでは一人目のプレイヤーのアリスには、一ドル賭けるか、チェックするか、フォールドするかの三つの単純な選択肢があったが、実際のゲームではベット〔賭け金〕を変えるなど、他にもできることがある。そして、第二のプレイヤーも同額を賭けたり、フォールドしたりしないかもしれない。クルーティエのように自信があって、レイズする可能性もある。

ゲームに多くの選択肢が入り込んでくればくるほど、最善の選択肢を選ぶ作業は複雑になる。ノイマンは、単純な設定ではプレイヤーは「純粋戦略」を採用し、「こうなったときには必ずAをする」、「ああなったときには必ずBをする」といった、決まった規則に従うべきであることを示した。だが純粋戦略は、常に的確な手法というわけではない。じゃんけんを例に取ろう。毎回同じ選択肢を選ぶのは、感心なまでに首尾一貫しているが、相手にその戦略を見破られたら、簡単に打ち負かされてしまう。したがって、「混合戦略」を使うほうが優る。いつも同じ手法を採るのではなく、特定の確率で、グー、チョキ、パーという三つの純粋戦略を交替で使うのだ。理想的には、自分がどうするつもりかを相手が推測するのが不可能になるように、三つの選択肢をむらなく選ぶといい。じゃんけんでは、新しい相手と対戦するときの最適戦略は、三つの選択肢からランダムに選び、それぞれ三回に一回の割合で使うことだ。

混合戦略はポーカーでも登場する。終盤戦を分析すると、正直にプレイするときとブラフをかけるときを均等に混ぜ合わせ、コールする〔同額を賭ける〕べきか、フォールドするべきかの手掛かりを相手に与えないようにするといいことがわかる。じゃんけんと同じで、自分がどうしそうかを相手に見抜かれたくはない。「いつでも、相手が決断するのをできるだけ難しくしたいものです」[23]とファーガソンは言う。

ファーガソンはチャットルームのゲームから得たデータを詳しく調べているうちに、他にも改善の余地のある領域を見つけた。熟練のプレイヤーは、良いハンドのときは大幅にレイズして相手がフォールドするように促すのだった。そうすれば、コミュニティカードが並べられたときに、相手の弱いハンドが自分のものを上回るハンドに変わるリスクを排除できる。だが、ファーガソンが調べてみると、そうしたレイズが大き過ぎることがわかった。ベットを少なめにし、他のプレイヤーがゲームにとどまるのを許したほうが得な場合もあるのだ。その場合、強いハンドでより多くのお金を勝ち取れるだけでなく、仮に負けたときには失う額が少なくて済む。[24]

ポーカーで成功を収めるには、どんな犠牲を払ってでも利益を追い求めさえすればいいわけではないことを、ファーガソンは自分の研究を通して発見した。かつて彼が『ニューヨーカー』誌に語ったように、最適の戦略は、「どうすれば最も多く勝ち取れるか？」ではなく、「どうすれば損失を最小限に抑えられるか？」という観点に立つものなのだ。[25] 初心者はたいてい両者の区別がつかないので、結果的にフォールドすることが少な過ぎる。フォールドすれば何も勝ち取れないのは確かだが、勝負を下りれば、ベッティングラウンドを重ねて大損するのを避けられる。ファーガソンは研究結果を詳しい表にまとめ、いつブラフをかけ、いつ賭け、どれだけレイズするかなどを含めた戦略を頭に叩き込み、本物のお金を勝ち取るためにプレイをし始めた。そして、一九九五年に初めてワールドシリーズに出場し、その五年後に優勝した。

ファーガソンは昔から新しいスキルを身につけるのが好きだった。かつて、高速でトランプのカードを投げ、三メートル先のニンジンを真っ二つに切り裂くという芸当を独習したこともあった。[26] 二〇〇六年、彼は新たな挑戦をすることに決めた。無一文から始めて一万ドルを手に入れることにしたのだ。[27] ポーカーにおけるバンクロール（手持ち資金）管理の重要性を示すのが目的だった。ケリー基準〔第3章参照〕のおかげでギャンブラーがブラックジャックやスポーツベッティングでベットの額を調整しやすくなったわけだが、ファーガソンも、利益とリスクのバランスを取るにはプレイスタイルを調節するのが不可欠であることを知っていた。

ファーガソンはバンクロールがゼロドルから始めたので、現金をいくらか手に入れるのが最初の仕事だった。幸い、ポーカーのウェブサイトのなかには、参加無料の「フリーロールトーナメント」を毎日開催しているところがあった。何百人ものプレイヤーが料金を払わずに出場でき、上位一〇人ほどが現金で賞金をもらえた。大物プレイヤーがフリーロールトーナメントに参加することは珍しく、ましてやそれを真剣な勝負と見ることなどまずなかった。だから、他のオンラインプレイヤーは、対戦相手が誰か知ったときには、そのほとんどがジョークだと思った。クリス・ファーガソンのような世界チャンピオンが、なぜ無料のテーブルで商売に励んでいるのか？

ファーガソンは何度か試みた後、なくてはならない現金をようやく少しばかり手に入れた。「挑戦を始めてから二週間ほどして、最初の二ドルを勝ち取ったことを覚えている。それから、それを元手にどのゲームでプレイするかを検討し、三日かけて作戦を練った[28]」と彼は書いている。けっきょく彼は賭け金ができるかぎり低いゲームを選んだが、わずか一ラウンドで全額を失ってしまった。バンクロールがまたしてもゼロになった彼は、フリーロールトーナメントに戻って一からやり直した。目標を達成するには極端なまでの自制が必要であることは明らかだった。

ファーガソンは毎週一〇時間ほどプレイし、九か月後にようやく一〇〇ドル貯めた（本人の予想は半年だった）。それでも彼は自分の規則に厳密に従ってプレイを続けた。

たとえば、どんなことがあっても一つのゲームではバンクロールの五パーセントまでしか危険にさらさなかった。これは、数ラウンド負けたら賭け金の低いテーブルに戻らなければならないことを意味した。レベルを落とすのを認めるのは、気持ちの面で難しかった。ファーガソンは賭け金の高いゲームの興奮と、それがもたらす利益に慣れていたからだ。だから、レベルを落とした後には気が散り、規則を守り続けるのに苦労した。そんなときには、むやみにリスクを冒さずに、いったん引き下がった。集中力を取り戻すまで、ゲームをやっても意味がない。こうした自制は、やがて報われた。慎重なプレイをさらに九か月続けたファーガソンは、ついに目標の一万ドルに到達した。

すでにワールドシリーズで勝利を収めたことに加えて、一万ドル獲得という目標を達成したファーガソンは、ポーカー理論の大家という評判を揺るぎないものにした。彼の成功の大半は、最適戦略に基づいてプレイしたおかげだが、そうした戦略は、ポーカーのようなゲームには常に存在するのだろうか？　じつはこの疑問は、ノイマンがベルリン大学で二人のプレイヤーが対戦するゲームを研究し始めたときに、真っ先に投げかけたものの一つだった。その答えは、このゲーム理論の分野全体の基盤になったばかりでなく、この理論の真の発明者は誰かを巡る苦々しい論争の種も蒔くことになった。

最適戦略を求めるミニマックス問題

ポーカーのようなゲームは「ゼロサム」で、勝者の利益は敗者の損失に等しい。二人のプレイヤーが対戦しているとき、これは一方が常に相手の利益を最小化しようとすることを意味する。そしてもちろん、相手はその利益を最大化しようとする。ノイマンはこれを「ミニマックス」問題と呼び、プレイヤーは二人とも、この綱引きのような争いで最適戦略を見つけ出せることを証明しようとした。そのためには、どちらのプレイヤーも、相手が何をしようと、失う可能性のある最大の額を最小限に抑える方法を見つけ出せることを証明する必要があった。

二人のプレイヤーの間で行なわれるゼロサムゲームのうちでも、じつにはっきりしている例が、サッカーのペナルティーキックだ。ペナルティーキックでは、シュートが決まり、キッカーが勝ってゴールキーパーが負けるか、シュートが決まらずに先ほどとは勝敗が逆転するかのどちらかだ。ゴールキーパーはシュートが放たれた後に反応する時間はほとんどないので、たいていキッカーがボールを蹴る前にどちら側に飛び込むかを決めておく。

選手は右か左かどちらか利き足があるため、ゴールの右側と左側のどちらを狙うかによって、得点できる可能性が変わりうる。ブラウン大学の経済学者イグナチオ・パラシオス゠ウエルタが、ヨーロッパの各リーグで一九九五年から二〇〇〇年にかけて

表6.1

ペナルティーキックで得点できる確率は、キッカーとゴールキーパーがどちら側を選ぶかで決まる

		キーパー	
		自然な側	自然でない側
キッカー	自然な側	70%	90%
	自然でない側	95%	60%

行なわれたペナルティーキックをすべて調べると、キッカーがゴールの「自然な」側を選ぶかどうかで、得点する確率が変わることがわかった[29]（右が利き足の選手にとってはゴールの左側、左が利き足の選手にとってはゴールの右側が、それぞれ「自然な」側になる）。

ペナルティーキックのデータは、以下のような結果を示していた。キッカーが自然な側を選び、キーパーが正しい方向を選べば、約七〇パーセントの確率で点が入った。キーパーが逆の方向を選べば、シュートのおよそ九〇パーセントが決まった。それとは対照的に、自然でない側を狙ったキッカーは、キーパーが正しい方向を選ぶと、シュートの約六〇パーセントが決まり、キーパーが判断を誤ると、約九五パーセントの確率で得点できた。これらの確率は表６・１にまとめてある。

したがって、もしキッカーが最大の損失を最小限に抑えようと望むなら、自然な側を選ぶべきだ。たとえゴールキーパーが正しい方向を選んでも、キッカーは

少なくとも七〇パーセントの確率で得点できる。逆に、キーパーはキッカーの自然ではない側に飛び込むべきだ。そうすれば、悪くてもキッカーが得点する確率は九〇パーセントで、これは九五パーセントよりもましだ。

もしこれらの戦略が最適ならば、最悪の場合の確率はキッカーにとってもキーパーにとっても同じになる。これは、ペナルティーキックがゼロサムゲームだからだ。どちらのプレイヤーも考えうる損失を最小限に抑えようとしており、それは、それぞれが完璧な戦略を実行したなら、敵への最大限の利益を最小限に抑えられることを意味する。ところが、先ほどの場合、明らかにそうなっていない。なぜなら、キッカーにとって最悪の結果は、シュートのうち七〇パーセントしか成功しないことであるのに対して、ゴールキーパーにとって最悪の結果は、シュートの九〇パーセントで得点されてしまうことだからだ。

このように数値に食い違いがあるのだから、どちらの選手も戦術を変えて、成功の可能性を高められるはずだ。じゃんけんの場合と同じで、複数の選択肢をかわるがわる使うほうが、単純な純粋戦略に頼るよりも良い結果につながるかもしれない。たとえば、キッカーがいつも自然な側を選ぶのなら、ゴールキーパーもときどきそちらの側を選ぶべきで、そうすれば、九〇パーセントという最悪のシナリオを七〇パーセント近くまで落とせるだろう。すると今度はキッカーも混合戦略を採用してこの戦術に対抗することができる。

　パラシオス＝ウエルタがキッカーとゴールキーパーにとっての最善の手法を計算すると、どちらも、ゴールの自然な側を六〇パーセントの確率で、反対側を四〇パーセントの確率で選ぶべきであることがわかった。ポーカーでの効果的なブラフと同じで、この戦略を採ると相手がどうしようと関係なくなる。相手は戦略を変えることで自分の可能性を高めることができなくなるのだ。したがってゴールキーパーとキッカーの両方が、首尾良く自分の損失を抑え込むと同時に相手の利益を最小限にとどめることができる。意外にも、推奨されるこの六〇パーセントという割合は、選手が自然な側を選ぶ実際の割合と、ほんの数パーセント違いでしかない。どうやらキッカーもゴールキーパーも、自覚しているかどうかはさておき、ペナルティーキックに関する最適戦略をすでに突き止めているようだ。

ゲーム理論の発明と拡張と実践

　ノイマンはミニマックス問題の彼なりの解決法を一九二八年に完成させ、その研究を「パーラーゲームの理論」と題する論文として発表した。最適戦略が常に存在することが立証できたのは重大な進展だった。ノイマンは、この結果が得られていなかったら、ゲーム理論の研究を続ける意味はなかっただろうと後に述べている。

ノイマンがミニマックス問題に挑むのに使った手法は、およそ単純とは言いがたかった。それは長く手が込んでおり、数学的離れ業と評されてきた。だが、誰もが感心したわけではない。フランスの数学者モーリス・フレシェは、ノイマンのミニマックス研究の背後にある数学的手法は、すでにでき上がっていたと主張した（ただし、ノイマンはどうやらそれを知らなかったようだが）。ノイマンはこの手法をゲーム理論に応用することで、「開かれていたドアから中に入っただけ」だとフレシェは言った。

フレシェが言っていた手法は、彼の同僚であるエミール・ボレルの創案で、ボレルはそれをノイマンより数年前に考え出したのだった。一九五〇年代初期にボレルの論文がようやく英語で刊行されたとき、フレシェは序言を書き、ゲーム理論の発明をボレルの功績とした。ノイマンは激怒し、二人は経済誌『エコノメトリカ』で辛辣な言葉を交わした。[30]

この論争から、数学を実社会の課題に応用することにまつわる二つの重要な問題点が浮かび上がった。第一に、ある理論の創始者を特定するのは困難になりうること。功績は、レンガ（数学的構成要素）を巧みに造り出した研究者のものとするべきか、それとも、そうしたレンガを積み上げて役に立つ建物を構築した人に帰するべきなのか？　明らかにフレシェは、レンガ製造者のボレルが栄誉を受けて当然と考えていたが、歴史を振り返ると、数学を使ってゲームに関する理論を構築したノイマンの手柄ということになっている。

第二に、この論争は、重要な結果は元々のフォーマットでは真価が理解されるとはかぎらないことも明らかにしてくれた。フレシェはボレルの業績を擁護したとはいえ、ミニマックス研究はそれほど特別のものだとは思っていなかった。数学者たちは、違う形ではあったものの、その考え方についてすでに知っていたからだ。だがその価値がようやく明らかになったのは、ノイマンがミニマックスの概念をゲームに応用したときだった。ファーガソンがゲーム理論をポーカーに応用したときに発見したように、学者には平凡に思える考え方も、別の文脈で使うときわめて有用になりうるのだ。

ノイマンとフレシェが議論の火花を散らしていたころ、ジョン・ナッシュはプリンストン大学で博士号取得を目指してせっせと研究していた。彼はナッシュ均衡という概念を確立することによってノイマンの研究を拡張してのけ、より多くの状況に応用できるようにした。ノイマンが二人のプレイヤーによるゼロサムゲームに着目したのに対して、ナッシュは複数のプレイヤーがいて報酬が一様でなくても最適戦略が存在することを示した。だが、完璧な攻略法が存在するのを知ることは、ポーカープレイヤーにとってほんの手始めにすぎない。次の問題は、そのような戦略を見つける方法を解明することだ。

ポーカーボットに内在する意思決定規則の矛盾

ポーカーボット作りに挑戦する人の大半は、ゲーム理論を引っ掻き回して最適戦略を見つけようなどとはしない。そのかわりに、作り手は、規則(ルールベース)に基づく手法から始めることが多い。ゲームの中で現れうる一つひとつの状況に対して、「もしこうなれば、こうしろ」という命令を考え、それらをまとめ上げる。したがって、規則に基づくボットの振る舞いには、作成者のベッティングスタイルと、上手なプレイヤーはどう行動するべきだと作成者が考えているかが反映される。

コンピューター科学者のロバート・フォレクは、修士課程に在籍していた二〇〇三年に、規則に基づいた「ソアーボット」というポーカープログラムを作った[31]。彼はミシガン大学の研究者たちが開発した「ソアー」という一連の人工意思決定手法を使って、このプログラムを構築した。ソアーボットはポーカーゲームの最中に、三つの段階を踏んで作動した。第一段階では、自分に配られたポケットカード、コミュニティカード、フォールドしたプレイヤーの数など、現在の状況を把握する。続いて、次の段階ではこの情報をもとに、あらかじめプログラムされた規則にすべてあたり、現在の状況に関連する規則を残らず特定する。

ソアーボットは使用可能な選択肢を集めてから意思決定の段階に入り、フォレクがこのプログラムに与えた優先順位に従ってどうするべきかを選ぶ。この意思決定プロセスでは問題が生じることがあった。時折、優先順位が不完全なために、適切な選択肢が見つからなかったり、二つの選択肢の一方を選ぶことができなかったりする。あらかじめ定められた優先順位が矛盾している場合もありえた。フォレクは優先順位を一つひとつ別個に入力したので、このプログラムには両立しえない優先順位が含まれることになってしまった。たとえば、ある特定の状況でソアーボットに賭けるように指示する規則がありながら、同時に別の規則はフォールドするように命令するといった具合だ。

たとえ手入力でさらに規則を加えたとしても、依然としてこのプログラムは矛盾した状態や不完全な状態に陥ることがあっただろう。数学者にはこの種の問題はお馴染みだ。クルト・ゲーデルは一九三〇年に博士号を取得してから一年後に、数学を支配する規則は完全でなおかつ一貫していることはありえないとする定理を発表した。彼の発見は、研究者の世界を震撼させた。当時、一流の数学者たちはこのテーマのために、規則と仮定の確固たる体系を構築しようとしていた。それに成功すれば、少し前に見つかったいくつかの論理的に不合理な問題を解決できるだろうと期待していたのだ。ドイツでノイマンを指導したダーフィト・ヒルベルトが率いるこれらの研究者たちは、完全で（つまり、数学的命題のいっさいが、そうした規則だけを使って証明できるようになる）、なおかつ互いにまったく矛盾しない、一貫した一連の規則を発見することを望んでいた。[32] だがゲーデルの不完全性定理はそれが不可能であることを証明した。どのような規則の組み合わせを選んだとしても、さらなる規則が必要となる状況が必ず存在するというのだ。

ゲーデルの論理的厳密さは、学究の世界の外でも問題を起こした。ゲーデルは一九四八年にアメリカの市民権審査を受けるために勉強していたとき、アメリカ合衆国憲法に矛盾がいくつかあるのに気づいたことを、保証人のオスカー・モルゲンシュテルンに告げた。[33] ゲーデルによれば、その矛盾のせいで誰かが独裁者になる法的道筋ができてしまっているという。審査の面接のときにそれを持ち出すのは賢明ではないとモルゲンシュテルンはゲーデルに言い含めた。

矛盾を回避できてもボットは強くなれない

フォレクにとっては幸いにも、最初にソアーのテクノロジーを開発したチームは、ゲーデルの問題を回避する方法を発見していた。ボットは厄介な事態に陥ると、さらなる規則を独習するのだ。だから、フォレクのソアーボットは、どうしたらいいか決められないと、任意の選択肢を選び、その選択を自分の規則集に加える。次に同じ状況が生じたときには、メモリーを検索し、前回どうしたかを見つけるだけで済む。作動しながら新しい規則を追加していくこの種の「機械学習」のおかげで、ボットはゲーデルが記述した落とし穴を避けることができた。

フォレクがソアーボットに人間やコンピューターと競わせると、自分のプログラムにはチャンピオンになる資質がないことが明らかになった。「最低の人間のプレイヤーよりははるかにうまくプレイしましたが、最高級の人間のプレイヤーやソフトウェアプレイヤーにははるかに劣りました」と彼は言う。じつは、ソアーボットの実力はフォレクと同レベルだった。彼はポーカー戦略を研究してはいたが、プレイヤーとしては弱かったので、それが彼のボットにとっても成功の限界となっていた。

二〇〇四年以降、安価なソフトウェアが登場してプレイヤーたちが独自のボットを作れるようになったおかげで、ポーカーボットの人気が高まった[34]。プレイヤーたちは、設定を微調整すれば、プログラムにどの規則を守らせるか決めることができた。うまく規則を選んでおけば、これらのボットは一部の敵を打ち負かせた。だが、フォレクが気づいたように、規則に基づくという構成のせいで、ボットはたいてい、作り手と同じレベルにしか到達しない。そして、オンラインでボットが収めている成功の程度から判断するなら、たいていの作り手はポーカーがあまりうまくない。

ボット自身に戦略を学習させる「後悔最小化」

規則に基づいた的確な戦術を構築するのは難しい場合があるから、ゲーム理論に目を向けて自分のコンピュータープレイヤーを改良しようとする人も出てきた。だが、テキサスホールデムのような複雑なゲームのための最適戦略は、そう簡単には見つからない。起こりうる状況が厖大な数にのぼるので、理想的なナッシュ均衡戦略を計算するのは困難を極める。この問題を迂回する方法の一つとして、物事を単純化して、ゲームの抽象的バージョンを作り出すという手がある。ノイマンとファーガソンがポーカーを簡素化して理解を深めたのと同じように、物事を単純化すると、本当の最適戦略に近い戦法を見つけるのにも役立ちうる。[35]

似たハンドを一まとめにするというのが、よくある手法だ。たとえば、特定のポケットトカードの組み合わせが、他の任意のハンドとのショーダウンで勝つ確率を突き止め、それに匹敵する程度の勝ち目のあるハンドをみな、同じ「バケット（カテゴリー）」にまとめることが考えられる。このように大まかな手法を採れば、調べなければならない筋書きの数を劇的に減らせる。

「バケッティング（カテゴリー分け）」は、他のカジノゲームでも登場する。ブラックジャックの目的は、合計をなるべく二一に近づけることなので、次のカードが大きいか小さいかがわかれば有利になる。カードカウンターはすでに配られたカード（と、それから判断して、どのカードが残っているか）を把握することでこの情報を手に入れる。だが、カジノでは多ければ六つのデッキが一度に使われるので、カードが配られるたびに一枚一枚覚えていくのは現実的ではない。そこでカウンターたちは、カードをいくつかのカテゴリーに分類する。たとえば、大きいカード、小さいカード、中ぐらいのカードという三つのバケットに分けることができる。ゲームが進んでいくなかで、彼らはすでに目にしたカードの種類を利用して、数を計算する。大きなカードが配られたら、プラス一とし、小さなカードが出たらマイナス一とするのだ。

ブラックジャックではバケッティングをしても、推定にしかならない。プレイヤーが使うバケットが少ないほど、推定が不正確になる。同様に、ポーカープレイヤーはバケッティングをしても完璧な攻略法が得られるわけではない。この手法で行き着くのは、「近似均衡戦略」という名で知られている戦略で、そのなかには、真の最適戦略に近いものもあれば、それほどでもないものもある。ペナルティーキックのときにも単純な純粋戦略から逸脱することで、自分に有利な結果を出す可能性を高められたが、それとちょうど同じで、これらの完璧とは言えない一連のポーカー戦略も、プレイヤーが戦術を変えることで有利になりうる。

バケッティングを組み込んだときでさえ、ポーカー用の近似均衡戦略を編み出す手法が必要なことに変わりはない。その方法の一つが、「後悔最小化」というテクニックを使うことだ。[36] 最初に、バーチャルプレイヤーを作り出し、ランダムな初期戦略を与える。たとえば、初めは特定の状況では二回に一回の割合でフォールドし、それ以外は賭けて、けっしてチェックしないという設定で始めてもいい。それから何度もゲームのシミュレーションを行ない、そのプレイヤーが自分の選択をどれだけ後悔したかに基づいて戦略をアップデートさせる。たとえば、相手が早まってフォールドしたら、プレイヤーはベットが大き過ぎたことを後悔するかもしれない。プレイヤーは後悔の量を最小限に抑えるよう修正を繰り返し、そうするうちにやがて最適戦略に近づく。

　後悔を最小限に抑えるというのは、「もし違うことをしていたら、どう感じていただろう？」と自問することを意味する。偶然性が支配するゲームでは、この疑問に答える能力が決定的に重要になりうることがわかった。眼窩前頭皮質といった、後悔にかかわる脳の領域を損傷した人々は、脳損傷を負っていない人とはベッティングゲームのやり方が非常に異なることを、アイオワ大学の研究者たちが二〇〇〇年に報告した。[37] 脳を損傷した人々が、以前に下したお粗末な判断を覚えていられなかったからというわけではない。多くの場合、眼窩前頭皮質に損傷を負った患者のワーキングメモリー（作動記憶）は、依然として良好に機能していた。彼らは一連のカードを分類するように言われたり、さまざまなシンボルのうち同じもの同士を組み合わせるように指示されたりすると、ほとんど問題なくこなせた。ところが、不確かな状況に対処し、過去の経験を使って目の前の複数のリスクを比較しなければならなくなると、うまくいかないことが調査からわかった。患者の意思決定プロセスから後悔の感情が抜け落ちていると、リスクの要素が絡むゲームを習得するのに苦労する。利益を最大化しようとひたすら前を見ているだけでは駄目で、ときには後ろを振り返ってどんなことが起こりえたかを眺め、それを踏まえて戦略に磨きをかける必要があるのだ。これは経済理論の多くと好対照を成す。経済理論は、期待される利益にしばしば焦点を絞るからで、人々が将来の利益を最大化しようと行動することを前提としている。[38]

後悔最小化は人工プレイヤーのための強力なツールになりつつある。ボットは繰り返しゲームをプレイし、過去の決定を再評価することで、ポーカーのための近似均衡戦略を構築できる。でき上がった戦略は、規則に基づく単純な手法よりもはるかに大きな成功を収める。とはいえ、そのような手法はあいかわらず推定に頼っている。これはつまり、近似均衡戦略は完璧なポーカーボットを敵に回せば苦戦することを意味する。だが、複雑なゲームのための完璧なボットは簡単に作れるのだろうか？

予測に基づくボットが常勝できない理由

ゲーム理論が最もうまくいくのは、あらゆる情報が知られている単純なゲームだ。○×ゲームがその好例で、たいていの人は何回かやれば、ナッシュ均衡に持ち込めるようになる。それは、このゲームの進行の仕方がごく限られているからだ。プレイヤーが○か×を三つ一直線に並べられれば、ゲームは終了する。プレイヤーは必ず交互にプレイする。ボードの向きは関係ない。縦横三マスずつのボードに○と×を配置する方法は三の九乗通りあるものの、これら一万九六八三通りの組み合わせのうち、実際に問題となるのは一〇〇通りほどにすぎない。

○×ゲームはじつに単純なので、相手の手に対応する完璧な方法を見つけ出すのはかなり易しい。そして、二人のプレイヤーがともに理想の戦略を知ったなら、結果は常に引き分けになる。ところが、チェッカーは単純にはほど遠い。一流のプレイヤーたちでさえ、完璧な攻略法を見つけ出せていない。だが、それを発見できる人がいたとしたら、それはマリオン・ティンズリーだっただろう。

フロリダ州出身の数学教授ティンズリーは、無敵という評判を取った。一九五五年に初めて世界選手権で優勝し、四年にわたってタイトルを防衛し、まともな競争相手がいないことを理由に引退した。一九七五年に選手権に復帰すると、対戦相手を全員なぎ倒し、ただちにタイトルを奪還した。ところが一四年後、チェッカーに対するティンズリーの熱意が再び失せ始めた。カナダのアルバータ大学で開発中のあるソフトウェアについて、彼が耳にしたのはそのころだった[39]。

ジョナサン・シェイファーは現在、同大学の科学部門を統括しているが、一九八九年当時はコンピューターサイエンス学科の若手教授だった。彼は時間をかけてチェスのプログラムについて考察した後、チェッカーに興味を持つようになった。チェッカーはチェスと同じように、縦横八マスの盤でプレイする。駒は斜め前に一つずつ進み、斜め前に相手の駒があればそれを飛び越えて取る。盤の向こう側まで行き着くとキングに変わり、斜め後ろにも下がれるようになる。チェッカーはルールの単純さのおかげで、ゲーム理論家の関心を引く。理解するのが比較的簡単だからだ。また、プレイヤーはある手の結果を詳細に予測できる。ひょっとしたら、コンピューターを訓練すれば、勝てるようにできるのではないか？

シェイファーは始まったばかりのこのチェッカー・プロジェクトを、カナダの大草原地帯を時折吹き抜ける暖かい風にちなんで「チヌーク」と名づけた。この名前は言葉遊びでもあった。イギリスではチェッカーのことを「ドラフツ」とも呼ぶからだ[40]（「ドラフツ」には「隙間風」という意味もある）。シェイファーは同僚のコンピューター科学者やチェッカー愛好家のチームの助けを借りながら、このゲームの複雑さにどう対処するかという、第一の課題にさっそく取りかかった。チェッカーの駒の考えうる配置は一〇の二〇乗ほどある。それは一の後にゼロが二〇個並ぶ数だ。世界中の浜辺の砂粒を集めたとしたら、ほぼそれぐらいの数になる[41]。

チームはこの厖大な数の可能性を処理するために、チヌークにミニマックスの手法を採らせ、最もコストの小さい戦略を探させた。ゲームの各段階で、チヌークは何通りかの手を選ぶことができた。手の一つひとつが、相手の次の手次第で新たな選択肢につながる。チヌークはゲームが進むなかで、この選択肢の樹系図を刈り込み、負けにつながりそうな弱い枝は切り捨て、強くて勝ちにつながりそうな枝を詳しく調べた。[42]

チヌークは人間を相手にしたときのために、特別の計略も備えていた。完璧なコンピューターを敵に回していたなら最終的に引き分けにつながるだろう戦略を見つけたときでも、必ずしもそれを無視しないのだ。長く込み入った選択肢の枝の先に引き分けが待っている場合には、人間は途中でミスを犯す可能性があったからだ。チヌークは多くのゲームプログラムとは違い、ゲーム理論によれば実際はもっと優れているとされる選択肢ではなく、そうした対人間用の選択肢を選ぶことがしばしばあった。

チヌークは一九九〇年に初めてトーナメントに参加し、全米チェッカー選手権で準優勝した。これで世界選手権の出場資格を得られるはずだったが、アメリカ・チェッカー連盟とイギリス・ドラフツ協会は、コンピューターの参加を認めたがらなかった。幸い、ティンズリーの見方は違った。彼は一九九〇年に何度か非公式に対戦した後、チヌークの攻撃的なプレイスタイルが気に入った。人間のプレイヤーはティンズリーを相手に引き分けに持ち込もうとするのに対して、チヌークはあえて危険を冒したからだ。ティンズリーはこのコンピューターとトーナメントで対戦しようと決心し、チャンピオンのタイトルを返上した。各協会はコンピューターの出場をしぶしぶ認め、一九九二年に「人間対マシン世界選手権」でチヌークはティンズリーと対戦した。三九試合中、ティンズリーが四勝、チヌークが二勝を挙げ、残る三三試合は引き分けに終わった。

チヌークがティンズリーとほぼ互角に渡り合えたにもかかわらず、シェイファーのチームはさらに上を目指した。チヌークを無敵にしたかったのだ。チヌークは詳細な予測に頼っていた。そのおかげで、非常に優秀だったわけだが、依然として偶然性には弱かった。この、運次第の要素を取り除ければ、完璧なチェッカープレイヤーができ上がる。

チェッカーに運が絡んでいるというのは、奇妙に思えるかもしれない。このゲームは、同一の手順が繰り返されるかぎり、必ず同じ結果に行き着く。数学の用語を使えば、このゲームは「決定性の」ものだ。ポーカーのように、ランダム性に左右されることはない。それにもかかわらず、チヌークがチェッカーをするときには、純粋に自分の手だけでは結果をコントロールできなかった。したがって、チヌークを打ち負かすことは可能だった。理論上、チヌークは完全に無能な相手に敗れる可能性さえあった。

その理由を理解するには、エミール・ボレル〔第3章参照〕の別の研究を見てみる必要がある。ボレルはゲーム理論を研究しただけではなく、まったく起こりそうにない事象にも関心があった。長い時間待ちさえすれば、見たところ稀なこともほぼ確実に起こるという事実を示すために、ボレルは「無限の猿定理」を考え出した。[43] この定理の前提は単純だ。一匹のサルがタイプライターをランダムに叩いていたとしよう（ただし、叩き壊すことのないように。二〇〇三年にプリマス大学のチームが本物のサルを使って実験したときには、叩き壊されてしまった）。しかも、果てしなく長い時間にわたってそうするとしよう。そのサルがキーを叩き続ければ、シェイクスピアの全作品をタイプしおおせることはほぼ確実だ。この定理によれば、まったくの偶然によって、そのサルはいつか、シェイクスピアの三七の戯曲をそっくり再現するのに必要な順序で、キーを適切に叩くはずだという。

永遠の寿命を持ったサルはいないし、ましてサルがそこまで長い間タイプライターの前に座り続けるはずもない。だから、そのサルはランダムに文字を生み出す機械の比喩と考えればいいだろう。でき上がる文字列はランダムなので、最初のものが『ハムレット』の冒頭を飾る「Who's there」となる可能性が、ごくわずかであるとはいえ存在する。その後もサルが幸運に恵まれ、正しい文字を選び続け、シェイクスピアの全戯曲を再現するかもしれない。これは起こりそうにないことははなはだしいが、それでも起こりうる。逆に、完全にでたらめな文字列を延々と打ち連ねた後、ついに幸運が巡ってきて、適切な文字の組み合わせを生み出すかもしれない。わけのわからない文章を何十億年もタイプしたあげく、適切な文字を適切な順序で打つことさえありうる。

これらの事象のそれぞれは、起こる可能性が信じがたいほど小さい。だが、サルが結果的にシェイクスピアの作品をすべてタイプする機会はたっぷりある（いや、じつは無限にある）ので、いずれそれが実現する可能性はすこぶる高い。実際、ほぼ確実に実現する。

さて、ここでタイプライターをチェッカー盤に替え、仮想上のサルにチェッカーの基本ルールを教えたとしよう。するとそのサルは、完全にランダムな（それでいて、ルールに沿った）形で次々に駒を動かす。そして、チヌークが予測に頼っている以上、サルはいずれ、勝ちにつながる組み合わせの手に行き着くことが、無限の猿定理からわかる。コンピューターは〇×ゲームでは常に引き分けに持ち込めるが、チェッカーでのチヌークの勝利は、相手のプレイ次第だった。したがって、ゲームの一部はチヌークの力ではどうしようもなかった。言い換えれば、勝つには運が必要だったのだ。

最適戦略の探究とその実践での強さ

チヌークは一九九六年を最後に競技から引退した。だがシェイファーとその仲間たちは、このチャンピオンソフトウェアを完全に引退させたわけではなかった。彼らはチヌークを使い、対戦相手がどういう動きをしようと絶対負けないチェッカー戦略を見つけにかかった。その結果は二〇〇七年に、シェイファーらのアルバータ大学の研究者が「チェッカーは解明された」ことを告げる論文を発表したときに、ついに公表された。[44]

チェッカーのようなゲームに関しては、三つの解決レベルがある。最も詳細な「強解」は、すでに悪手を放っていた場合も含めて、ゲームのどの段階でも完璧なプレイヤーが引き継いだときの最終結果を記述する。これはつまり、どの時点から始めても、それ以降の展開にとっての最適戦略を必ず知りうることを意味する。この種の解決法には膨大な計算が必要だが、○×ゲームやコネクト4〔四目並べゲームの一種〕のような比較的単純なゲームに関しては、「強解」がすでに見つかっている。

次の種類の解決レベルは、最適の結果はわかっているものの、ゲームの最初からプレイしたときにだけ、それに行き着く方法を知っている場合だ。この「弱解」は複雑なゲームにとりわけよく見られる。この場合、対戦者の双方が一貫して完璧なプレイをしたときにどうなるかしか、見ることができない。

最も基本的なのが「超弱解」で、対戦者の双方が完璧なプレイをしたときの最終結果を明らかにするが、それがどんなプレイかは示すことができない。たとえば、コネクト4と○×ゲームについては「強解」が見つかってはいるものの、一般にこの種の何マスか一列に並べるゲームを完璧にプレイしたときには、後手は絶対勝てないことを、ジョン・ナッシュは一九四九年に証明した[45]。たとえ最適戦略が見つからなくても、ナッシュの主張が正しいことを立証できる。この主張が誤っていると仮定したらどうなるかを調べ、この誤った仮定が論理的破綻につながることを示せばいいのだ。数学者はこのような手法を「背理法」と呼ぶ。

証明に取りかかるにあたって、後手には勝てる手順が**ある**と仮定しよう。その場合、先手は初手を完全にランダムにし、後手の応手を待ち、それからそれ以降、後手の必勝法を「盗用」することで、状況を自分に有利にできる。先手が事実上、後手になったわけだ。この「戦略泥棒」の手法がうまくいくのは、この種の何マスか一列に並べるゲームでは、最初に盤上でランダムに一マス埋めると、先手が勝つ可能性だけが増すからだ。

先手は後手の必勝法を採用することで勝利を得る。ところが、最初に後手には必勝法があると仮定した。したがってこれでは、両方のプレイヤーが勝利することになってしまうが、これは明らかに矛盾する。だから、後手はけっして勝てないというのが唯一の論理的結論となる。

あるゲームに超弱解があることがわかるのは興味深いが、プレイヤーが現実に勝利をするためにはろくに役に立たない。それとは対照的に、強解は最適戦略の存在を保証するとはいえ、そのゲームに可能な手の組み合わせが多くあるときには見つけるのが難しい。チェッカーはコネクト4のおよそ一〇〇万倍も複雑なので、シェイファーらは弱解を見つけることに専念した。

チヌークはマリオン・ティンズリーと対局したとき、次の二つの方法のどちらかで手を決めた。序盤には、可能な手をみな調べ、それぞれどういう結果につながるかを予測した。終盤には、盤上の駒が残り少なくなり、分析するべき可能性の数が減るので、チヌークは今度は自分の完璧な攻略法の「終盤データベース」を参照した。ティンズリーも終盤に恐ろしく明るかった。それもあって、彼はあれほど打ち負かしにくかったのだ。それが明らかになったのは、一九九〇年にチヌークと対戦し始めたころの勝負の一つだ。チヌークがまだ一〇回駒を動かしただけだったのに、「後で悔やむぞ」とティンズリーは言った。その二六手後に、チヌークは投了した。[46]

アルバータ大学の研究チームの課題は、二つの手法を折衷することだった。一九九二年には、チヌークは一七手先までしか読めなかったし、終盤データベースには、盤上の駒が六個未満の状況での情報しかなかった。それ以外の場合は、当て推量にならざるをえなかった。

だが、コンピューターの性能が向上したおかげで、二〇〇七年にはチヌークはずっと先まで読めるようになっており、終盤データも充実してきたので、最初から最後まで完璧な攻略法を描き出すことができた。その結果は『サイエンス』誌に発表された。これはまさに偉業だった。ただし、ティンズリーとの対戦が実現していなければ、この戦略は発見されずじまいになっていたかもしれない。チヌーク・プロジェクトは、「人間との対局が不足して、一九九〇年に終わっていたかもしれない」[47]とアルバータ大学の研究チームは後に語っている。

チヌークの手法は完璧な攻略法だったにもかかわらず、シェイファーはあまり腕の良くない相手との試合でこの戦略を使うことは勧めようとしなかった。チヌークと人間の初期の対戦から明らかになったのだが、相手がミスを犯す可能性が高まるのなら、最適戦略から外れるのが有益なことが多かった。それは、たいていのプレイヤーがチヌークのようには何十手も先まで読めないからだ。ミスを犯す可能性は、チェスやポーカーのような、誰も最適戦略を知らないゲームではなおさら大きかった。ここから重要な疑問が浮かび上がってくる。あまりに込み入っていて完全には理解し切れないゲームにゲーム理論を応用したらどうなるのだろう?

複雑なゲームではゲーム理論は通用しない?

ドイン・ファーマーは、マンチェスター大学の物理学者トバイアス・ギャラとともに、ゲームが単純でないときにゲーム理論がどこまで通用するか調べ始めた。[48]ゲーム理論はプレイヤー全員が理性に従っていることを前提としている。言い換えれば、彼らは自分が下しうるさまざまな決定に伴う結果を自覚しており、自分に最も大きな利益をもたらす決定を選ぶということだ。〇×ゲームや囚人のジレンマのような単純なゲームでは、選択肢の候補を理解するのは簡単なので、プレイヤーの戦略はほぼ間違いなくナッシュ均衡に落ち着く。だが、ゲームがあまりに込み入っていて、完全には把握できないときにはどうなるだろう?

チェスや多くの種類のポーカーは複雑なので、人間であれ機械であれ、プレイヤーはまだ最適戦略を発見していない。金融市場でも似たような問題が生じる。株価から債券利回りまで、決定的な情報を誰もが手に入れられるのに、市場を変動させる銀行やブローカーの間の相互作用があまりに錯綜しているので、完全には理解し切れない。

ポーカーボットは実際にゲームをする前にいくつか戦略を「学習する」ことによって、この複雑性の問題を回避しようとする。だが現実の世界では、プレイヤーはゲームの最中に戦略を学習することが多い。経済学者によれば、人々は「経験加重魅力(experience-weighted attraction)」を使って戦略を選ぶ傾向があるという。つまり、過去にうまくいかなかった行動よりも、うまくいった行動を好むということだ。ギャラとファーマーは、ゲームが難しいとき、プレイヤーがナッシュ均衡を見つける上で、この学習のプロセスが役立つかどうか考えた。また、そのゲームが最適の結果に落ち着かなかったらどうなるかにも興味を持った。最適の結果に向かうかわりに、どんな種類の振る舞いを予想するべきなのか？

ギャラとファーマーは、二つのコンピュータープレイヤーがそれぞれ五〇通りの手から好きなものを選べるゲームを開発した。両者は選んだ手の組み合わせに従って、それぞれ特定の賞金を受け取った。賞金の額は、ゲームが始まる前にランダムに決められていた。事前に定められたこれらの賞金の額によって、ゲームがどれほど競争的になるかが決まった。賞金は、一方の損失分がもう一方の利益になるゼロサムの場合から、両者が同額を受け取る場合まで、さまざまだった。また、コンピュータープレイヤーの記憶力にも変化をつけた。学習のプロセスの間、それまでの手をすべて考慮に入れるようにゲームをさせる場合もあれば、ある時点より前の事象をそれほど重視しないようにゲームをさせる場合もあった。

ギャラとファーマーは競争性と記憶力の度合いごとに、プレイヤーがより良い結果につながる手を選ぶにつれて彼らの選択がどう変化するかを見守った。プレイヤーの記憶力が乏しいときには、同じ決定がすぐに繰り返し現れ、たんに相手の直前の手に反応するだけの状態に陥ることが多かった。だが、プレイヤーの記憶力が良く、ゲームが競争的だと、不思議なことが起こった。彼らの決定はナッシュ均衡に落ち着くかわりに、激しく揺れ動いた。プレイヤーの選択は、ファーマーが学生時代に軌道を突き止めようとしたルーレットボールのように、予測不能の変化を見せた。そして、プレイヤーの数が増えるにつれ、この無秩序な意思決定はしだいに頻繁になっていくことがわかった。ゲームが込み入っている場合、プレイヤーの選択を予想するのは不可能かもしれないように見えた。

実社会のゲームで以前確認されていたものも含め、それ以外のパターンも浮かび上がってきた。数学者のブノワ・マンデルブロは、一九六〇年代初期に金融市場に目を向けたときに、株式市場では変動の激しい時期が集中する傾向があることに気づいた。「大きな変化の後に大きな変化が、小さな変化の後に小さな変化が続く傾向がある」[49]と彼は記している。それ以来、経済学者は「クラスター化した変動（clustered volatility）」に強い興味を抱いてきた。ギャラとファーマーは、自分たちのゲームにもその現象を見つけ、このパターンは多くの人が金融市場の複雑さを学ぼうと試みている結果にすぎないかもしれないと述べた。

もちろんギャラとファーマーは、私たちの学び方とゲームの構成について、いくつか仮定をしていた。だが、たとえ現実はそれと違っていたとしても、この結果は無視するべきではない。「仮に私たちが間違っていることが判明したとしても、なぜ私たちが間違っているかを説明することによって、ゲーム理論家たちが現実のゲームの一般的特性についてより入念に考えるようになってもらえれば幸いです」と彼らは言う。

ゲームする機械の次の進化

ゲーム理論は私たちが最適戦略を見極める助けになるものの、プレイヤーがミスを犯しやすかったり、学習しなければならなかったりするときには最善の手法であるとはかぎらない。チヌークを開発したチームはそれを承知しており、だからこそ彼らは自らのプログラムに相手のミスを引き出すような戦略を必ず選ばせるようにしたのだ。クリス・ファーガソンもその点は心得ていた。彼はゲーム理論を採用しただけでなく、ボディーランゲージの変化にも目を光らせ、対戦相手がそわそわしたり、自信過剰になったりしたら、賭け方を調整した。プレイヤーは完璧な対戦相手がどう振る舞うかを予想するだけではなく、相手が完璧でないプレイヤーであっても、どう振る舞うかを予測する必要があるのだ。

次の章で見るように、研究者たちは現在、人工学習と人工知能をさらに掘り下げている。長年それに取り組んでいる研究者もいる。二〇〇三年には人間の熟練プレイヤーが最先端のポーカーボットの一つと対決した。そのボットはゲーム理論の戦略を使って意思決定をしたが、変化を続ける対戦相手の振る舞いは予測できなかった。勝負の後で人間のプレイヤーはボットの作り手たちに、こう語った。「みなさんのプログラムは非常に強力です。対戦相手を数理的にモデル化する機能を加えたら、無敵になるでしょう」[50]

第7章　ボットで人間に挑む

クイズに答えるコンピューター、ワトソン

クイズ番組「ジェパディ！」と言えば、ケン・ジェニングズとブラッド・ラターが最強だった。これは二〇一一年のことで、ラターは獲得賞金総額が第一位、一方のジェニングズは七四連勝という記録の持ち主だった。ともにこの番組でお馴染みの一般知識問題のヒントを分析するのに長けていたおかげで、二人合わせて五〇〇万ドルを超える賞金を勝ち取っていた。[1]

ジェニングズとラターは同年のバレンタインデーに、「ジェパディ！」の特別番組に再び登場した。二人は、ワトソンという名の新たな相手と対戦することになっていた。そのワトソンには「ジェパディ！」への出演経験はなかった。三回にわたって放映される対戦で、ジェニングズとラターとワトソンは、文学、歴史、音楽、スポーツに関する問題に解答した。初登場のワトソンがほどなく首位に躍り出た。ワトソンは、「どの一〇年？」の部門では苦戦したが、ビートルズとオリンピック史に関する部門

では優位に立った。ジェニングズが土壇場になって猛追したものの、元チャンピオンの二人はワトソンに振り切られた。番組終了までにワトソンが獲得した賞金は七万七〇〇〇ドルを超え、ジェニングズとラターの獲得した賞金の合計を上回った。ラターにとってはこれが初めての敗北だった。

　ワトソンはこの勝利を祝わなかったが、ワトソンの開発者たちは大喜びだった。ＩＢＭの創業者トーマス・ワトソンにちなんで名づけられたこのコンピューターは、七年に及ぶ研究の成果だった。ワトソン開発の着想が生まれたのは、二〇〇四年に研究チームがディナーに出かけたときだった。食事中、レストランは気味が悪いほど静まり返っていた。ＩＢＭのリサーチ上級管理者チャールズ・リッケルは、まったく会話が交わされていないのは店内のテレビ画面に映し出されている番組のせいなのに気づいた。「ジェパディ！」で、ケン・ジェニングズが驚異的な連勝を続けているところを誰もが見守っていたのだ。リッケルはテレビ画面を見ながら、ＩＢＭの技術力を試すのにこのゲームが向いているかもしれないことに思い当たった。ＩＢＭは以前から人間がプレイするゲームに取り組んできた。一九九七年には同社製の「ディープ・ブルー」というコンピューターが、チェスのグランドマスター、ガルリ・カスパロフを打ち負かしている。だが、「ジェパディ！」のようなゲームに挑んだ経験はなかった。「ジェパディ！」で勝利を収めるには、知識があり、機知に富み、言葉遊びの才能を持っている必要がある。この番組は基本的に、逆方向のクイズだ。出場者は答えについてのヒントをもらい、それがどんな問題であるかを司会役に伝えなくてはならない。だから仮にヒントが「五二八〇」ならば、解答はたとえば「一マイルは何フィートか?」だ。

ワトソンの完成版は、多種多様なテクニックを使ってヒントを解釈し、正しい答えを探す。ウィキペディアのすべての内容と三〇〇万ドル相当のコンピュータープロセッサーを駆使して、情報を処理することができた。

人間の言語を解析したり、データを巧みに処理したりすることは、クイズ番組のような華々しい場面以外でも役に立ちうる。「ジェパディ!」でワトソンが勝利を収めて以来、IBMは、さまざまな医学データベースをくまなく調べ、病院での意思決定を助けられるように、ソフトウェアの改良を重ねてきた。銀行もワトソンを利用して顧客の問い合わせに答えることを計画しているし、大学はワトソンを採用して学生からの質問に対応したり授業中に学生を導いたりできるようになることを願っている。またワトソンは料理本を覚え込み、シェフがこれまでにない味の組み合わせを見つける手助けさえしている。二〇一五年に、IBMはそうした結果の一部を集め、「コグニティブ・コンピューティング・クックブック」にまとめた。この本では、たとえばチョコレートとシナモンと枝豆入りのブリトーなど、数々のレシピを紹介している。[2]

「ジェパディ！」でワトソンは偉業を成し遂げたものの、この番組は思考機械の究極的な試金石にはならない。人工知能にとって、これよりも難しい課題、おそらくはるかに大きな難題が世の中には存在する。それは、ワトソンばかりかディープ・ブルーさえ開発されていないころからある課題だ。ディープ・ブルーの先行機種である「ディープ・ソート」が一九九〇年代初期に、チェスの世界ランキングを徐々に上げているころ、ダース・ビリングズという名の若手研究者がアルバータ大学に着任した。ビリングズが所属したコンピューター科学科では、ジョナサン・シェイファーの率いる研究チームが、チェッカープログラムのチヌークの開発に成功したばかりだった。だとすれば、チェスが次の恰好の目標にならないだろうか？　ビリングズはそうは考えなかった。「チェスは簡単です。ポーカーをやってみましょう」[3]と彼は言った。

ポーカーボットとチェスボットの課題の違い

毎年夏になると、世界中からトップレベルのポーカーボットが集まり、トーナメントを行なう。近年では、三つの勢力が圧倒的な強さを誇っている。まずはアルバータ大学のチームで、現在一〇人余りの研究者がポーカーのプログラムに取り組んでいる。次がペンシルヴェニア州ピッツバーグにあるカーネギーメロン大学のチームだ。カーネギーメロン大学と言えば、かつてマイケル・ケントが研究に取り組むかたわら、スポーツ結果を予測する方法の開発を手掛けていた場所から目と鼻の先にある。同大学のチームは、コンピューターサイエンスの教授トゥオマス・サンドホルムが率い、優秀なボット「タルタニアン」の研究を主導している。そして最後は、独立した研究者であるエリック・ジャクソンで、彼は「スラムボット」という名のプログラムを作り上げた。[4]

トーナメントでは数種類のポーカー競技が行なわれるので、開発チームは自分たちのボットの性格をそれぞれの競技に合わせている。一部の競技は勝ち抜き戦として行なわれる。各ラウンドでは二つのボットが一対一で勝負し、最後にチップの数が少なかったほうが敗退する。こうした競技で勝ち抜くためには、ボットは強い自己保存本能を必要とする。勝って次のラウンドに進めさえすればそれだけでいい。言うなれば、強欲は善ではないのだ。一方、合計で最も多くの現金を獲得したボットが勝者となる競技もある。したがってコンピュータープレイヤーは、対戦相手からできるだけ多く搾（しぼ）り取らなければならない。ボットは攻勢に出て、相手につけ込む方法を見つける必要があるのだ。

競技に参加するボットの大半は、何年もかけて開発され、何十億回とは言わないまでも何百万回ものゲームを繰り返して訓練を積んできている。それなのに、高額の賞金が勝者を待ち受けているわけではない。開発者たちは自慢する権利が手に入るかもしれないが、ラスヴェガス級の賞金を持ち帰ることはない。では、これらのプログラムはどうして有益なのだろうか？

コンピューターがポーカーをしているときはいつでも、誰にとってもお馴染みの問題を解決している。それは、自分が持っていない情報にどのように対処するかという問題だ。チェスのようなゲームの場合、情報の獲得には不自由しない。プレイヤーにはすべてが見えているからだ。駒がどこにあって相手がどのような動きをしたのかもわかっている。運によってゲームが左右されるとすれば、何が起こっているのかがプレイヤーに見えないからではなく、利用可能な情報が処理し切れないからだ。だからグランドマスターがランダムな動きに出るサルに負けてしまう可能性も（ごくわずかながら）あるのだ。

ゲームを行なう優れたアルゴリズム（と厖大なコンピューターの処理能力）があれば、情報処理の問題は解決できる。このおかげでシェイファーらはチェッカーの完璧な攻略法を見つけたのであり、いつの日かコンピューターはチェスを解明する可能性があるのだ。そのようなコンピューターは、考えうるありとあらゆる手の組み合わせを確認するという、シラミ潰し戦略で相手を打ち負かすことができる。ところがポーカーの場合はそうはいかない。どれほど腕の立つプレイヤーであろうと、相手のカードが何かは見えないという事実にうまく対処しなくてはならない。ポーカーにはルールや制限があるものの、知りえない要因が必ずある。似たような問題は人生の多くの局面でも生じる。交渉、オークション、取引などはすべて「不完全情報ゲーム」だ。「ポーカーは私たちが現実世界で出会う多くの状況の申し分ない縮図です」[5]とシェイファーは述べている。

チューリングの模倣ゲームと学習するコンピューター

スタニスワフ・ウラム、ニコラス・メトロポリス、ジョン・フォン・ノイマンらは、第二次世界大戦中にロスアラモスで働いていたころ、深夜までポーカーに興じることがよくあった。むきになって争っていたわけではなく、わずかなお金を賭けて、気軽なおしゃべりをしながらの勝負だった。ウラムはそれを、「ロスアラモスの存在理由（レゾン・デートル）であるきわめて真剣かつ重大な任務の合間の気分転換に、たわいもない遊びに浸る場」[6]と評した。あるゲームの最中、メトロポリスはノイマンから一〇ドルを勝ち取った。ゲーム理論に関する本をまる一冊書いた相手を負かしたことにメトロポリスは大喜びだった。勝ったお金の半分でノイマンの著書『ゲーム理論と経済行動』を買い、残りの五ドルを勝利の記念としてその表紙の裏側に貼りつけた。

ノイマンによるポーカーの研究は、ゲーム理論に関する本をまだ発表しないうちから、すでによく知られていた。一九三七年に、ノイマンは自分の研究成果をプリンストン大学で行なった講義で披露した。聴講者のなかに、アラン・チューリングという名の若いイギリスの数学者がいたのはほぼ間違いない。[7]当時、チューリングはケンブリッジ大学から留学中の大学院生だった。アメリカにやってきて、数理論理学を研究していたのだ。チューリングは、クルト・ゲーデルがもうプリンストン大学にいなかったことに落胆したが、そこでの日々をおおむね楽しんでいた。とはいえ、アメリカ人の慣習に戸惑うこともあった。チューリングは母への手紙に次のように綴っている。

「アメリカ人に何かの礼を言うたびに、『どういたしまして（ユー・アー・ウエルカム）』と答えが返ってきます。初めは嬉しく思いました。自分が歓迎（ウエルカム）されている気がしたからです。でも今は、壁にボールを投げつけたときのように、必ず同じ言葉が返ってくるのだとわかったので、気に障ってしかたがありません」[8]

　チューリングはプリンストン大学で一年を過ごした後、イギリスに戻った。主にケンブリッジ大学を本拠としながら、近くのブレッチリー・パークにある政府暗号学校で、非常勤の仕事にも就いた。一九三九年の秋に第二次世界大戦が勃発したとき、チューリングは敵の暗号を解読するイギリスの取り組みの先頭に立つことになった。戦時中ドイツ軍は無線のメッセージを、「エニグマ」と呼ばれる機械によって暗号化していた。タイプライターのようなその機械にはローターが並んでいて、キーから打ち込んだ文章はそのローターによって暗号文に変換された。この暗号化の手順は非常に複雑で、ブレッチリー・パークの暗号解読者の前に立ちはだかる大きな壁だった。チューリングたちがメッセージの手掛かり（たとえば、特定の「クリブ」、つまり文章に現れる可能性の高い語句〔「報告事項ナシ」のような定型文や、ドイツ語で一を表すeinsなど〕）を見つけても、くまなく調べなければならないローターの設定の可能性はなおも何千とあった。チューリングは問題の解決に向け、「ボンブ」という名のコンピューターのような機械を設計し、その困難な作業にあたらせた。暗号解読者はクリブを見つけたらすぐに、ボンブを利用して、その暗号化のためのエニグマの設定を突き止め、メッセージの残りの部分を解読することができた。

エニグマ暗号の解読は、チューリングの功績のうちでおそらく最も有名だろうが、チューリングはノイマンと同じように、ゲームにも関心を持っていた。ノイマンによるポーカー研究は間違いなくチューリングの関心を引きつけた。チューリングは一九五四年に亡くなったとき、友人のロビン・ギャンディにさまざまな論文を残した。その一つに「ポーカーのゲーム（The Game of Poker）」[9]というタイトルの書きかけの原稿があった。その中でチューリングは、ノイマンによるゲームの単純な分析を発展させようとしていた。

チューリングが考察していたのはゲームに関する数学的理論だけではなかった。彼はどうすればゲームを利用して人工知能を研究できるのかについても思いを巡らせていた。チューリングによると、「機械は思考ができるか？」と問うのは意味がないそうだ。その問いはあまりに漠然としていて、答えの範囲も曖昧だというのだ。それよりも問うべきは、機械は（思考する）人間と見分けがつかないように振る舞えるかどうか、だった。コンピューターは誰かを騙して人間だと思い込ませることができるだろうか？

人工的な存在が本物の人間のふりをしてのけられるかどうかを検証するために、チューリングはあるゲームを提示した。そのゲームは公平な競争、つまり人間にも機械にもうまくこなせる活動でなくてはならなかった。「美人コンテストで勝ち目がないせいで機械が不利になるのも、飛行機と競争しても勝てないせいで人間が不利になるのも望ましくない」とチューリングは言った。

チューリングは次のような手順を提案した。一人の人間が、姿の見えない二人の相手にインタビューする。相手のうち一方は人間で、もう一方は機械だ。それからインタビュアーは、どちらがどちらなのかを当てようとする。チューリングはこれを「模倣ゲーム」と呼んだ（現在では普通、チューリングテストと呼ばれている）。相手の声や筆跡が影響しないように、彼はメッセージをすべてタイプするように提案した。人間は正直に答えてインタビュアーを手助けしようとするが、機械はインタビュアーを騙そうとするだろう。このゲームをこなすには、機械にも人間にもさまざまなスキルが必要だ。インタビューを受けるときには、情報を処理して適切に答えることが求められる。インタビュアーについて学習し、すでに交わした言葉を覚えておかなければならない。計算をしたり、事実を思い出したり、パズルに挑戦したりするように言われる可能性もある。

一見すると、ワトソンはこの任務にうってつけのように思える。「ジェパディ！」での対戦中、ワトソンはヒントを読み解き、知識をかき集め、問題を解かなくてはならなかったからだ。だが、一つ重要な違いがある。「ジェパディ！」ではワトソンは勝つために人間らしくプレイする必要はなかった。スーパーコンピューター然として振る舞い、人間よりはるかに短い反応時間で巨大なデータベースを駆使し、相手を負かせば良かった。苛立ちも焦りも見せなかったし、そうする必要もなかった。ワトソンの目的は人々に人間だと思わせることではなく、勝つことだった。

ディープ・ブルーについても同じことが言えた。このスーパーコンピューターはガルリ・カスパロフとチェスの対局をした際、いかにも機械らしい指し方をした。[11]コンピューターの莫大な処理能力を駆使して先の先まで調べ、指されうる手を検討し、可能な戦略を評価したのだ。カスパロフによれば、その「シラミ潰し」の手法には、知能の持つ性質があまり見られなかったという。「ディープ・ブルーは、人間のような創意と洞察力で人間のように思考してチェスをするコンピューターではなく、いかにも機械らしいプレイをするコンピューターだった」とカスパロフは後に語っている。ポーカーなら話は別かもしれないと、カスパロフは述べた。ポーカーは確率と心理的駆け引きとリスクが混ざり合ったゲームであるため、シラミ潰しの手法で攻めるのはそこまで簡単ではないはずだというのだ。ひょっとしたら、チェスやチェッカーとは異次元の、解明ではなく学習が必要なゲームとさえ言えるのではないか？

チューリングは、学習こそ人工知能の核となる部分だと見ていた。模倣ゲームに勝つためには、機械は人間の大人として十分に通用するほど高度でなくてはいけない。とはいえ、洗練された完成品のことばかりを研究しても意味がなかった。機能する知能を作り出すには、知能がどのようにでき上がるかを理解することが重要だった。「大人の知能を模倣するプログラムを作ろうとするより、子供の知能を模倣するプログラムを作ってみるほうがいいのではないか？」とチューリングは言った。そして、後者のプロセスをノートへの記入にたとえた。すべてを人の手で書き込んでおこうとするより、まっさらのノートから始めて、コンピューターにどのように書き込むかを考えさせるほうが簡単だろうというのだ。

人工知能ポーカーマシンの原点

二〇一一年に、ラスヴェガスのカジノのスロットマシンとルーレットテーブルに交じって、新種のゲームがお目見えし始めた。それはテキサスホールデム・ポーカーの人工知能版で、チップは実物ではなく二次元で表示され、カードは画面上で配られる。プレイヤーは一台のコンピューターのみを対戦相手とし、一般に「ヘッズアップポーカー」と呼ばれる一対一のゲームをする。

ノイマンがポーカーを単純化し、二人で対戦するゲームとして検討して以来、ヘッズアップポーカーは研究者たちのお気に入りの研究対象となっている。プレイヤーが二人のゲームのほうが、数人でやるゲームよりもはるかに簡単に分析できるというのがその主な理由だ。ゲームの「サイズ」（一人のプレイヤーがとりうる連続したアクション〔プレイヤーの行動〕の回数の総計で測られる）は、プレイヤーが二人だけなら、だいぶ小さくなる。そのおかげで、有能なボットの開発が格段に容易になる。実際、賭け金の上限が定められた「リミット」型のヘッズアップポーカーに関しては、ラスヴェガスの機械のほうが人間のプレイヤーの大半よりも上手だ。

二〇一三年、ジャーナリストのマイケル・カプランは『ニューヨーク・タイムズ』紙に書いた記事でこれらの機械の原点を探った。[12] すると、ポーカーボットはノルウェーのコンピューター科学者フレドリク・ダールが作り出したソフトウェアに多くを負うことがわかった。ダールはオスロ大学でコンピューターサイエンスを学んでいたころ、バックギャモンに興味を抱くようになった。そして、腕を磨くために、有効な戦略を探すことのできるコンピュータープログラムを作成した。そのプログラムはとても優れていたので、ついにはフロッピーディスクにコピーして一枚二五〇ドルで販売した。

高性能のバックギャモンボットを作り上げたダールは次に、人工ポーカープレイヤーの構築という、はるかに野心的なプロジェクトに目を向けた。ポーカーには不完全な情報がつきものなので、コンピューターが有効な戦術を見つけるのはずっと難しいはずだ。勝つためには、コンピューターは不確実性への対処法を学習しなくてはいけない。対戦相手の考えを読み取り、多数の選択肢を検討しなくてはならない。[13] ようするに、「頭脳」が必要とされる。

ニューラルネットワークに学習させるということ

ポーカーのようなゲームでは、一つのアクションに至るのに数段階の意思決定を要することもある。したがって、人工頭脳はつながり合うニューロンを多数必要とうる。あるニューロンは、表になっているカードの強さを評価する。別のニューロンがテーブル上のお金の額を検討し、三番目のニューロンが他のプレイヤーのベット〔賭け金〕を調べる。それらのニューロンから直接、最終決定が引き出されるとはかぎらない。検討の結果が二層目のニューロンに流され、そこで第一ラウンドの意思決定が

図7.1 単純なニューラルネットワークの図

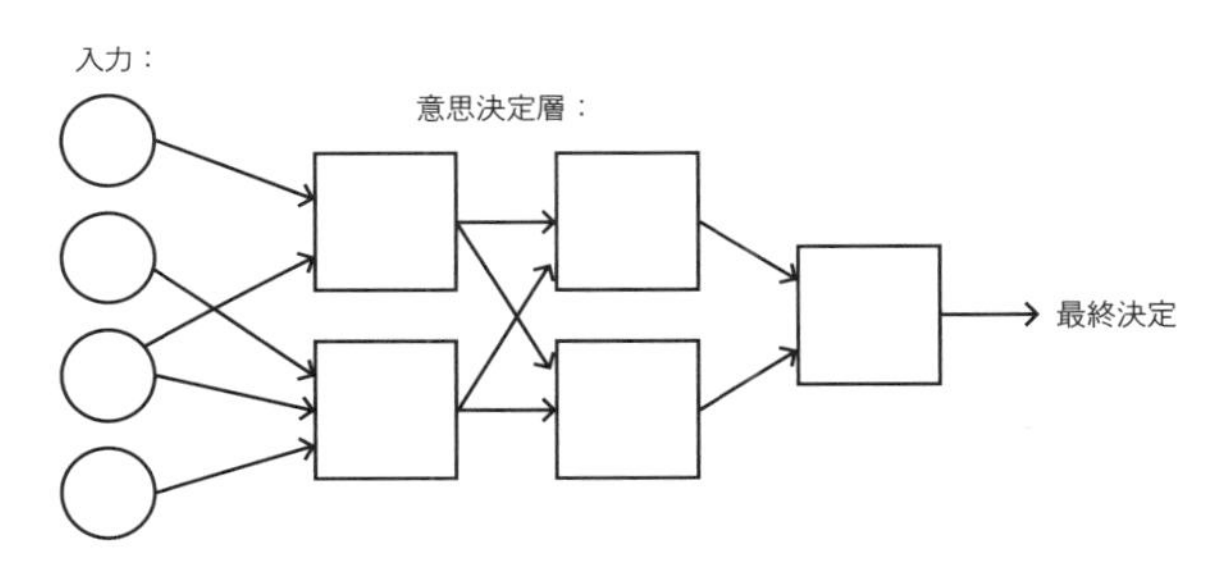

より詳細に検討されて組み合わされることもありうる。中間のニューロンは「隠れ層」とも呼ばれる。目に見える情報の二つの塊、すなわちニューラルネットワークに入るものとそこから出てくるものの間に挟まれているからだ〔図7・1〕。

ニューラルネットワークは新しい思いつきではない。人工ニューロンの基本理論は一九四〇年代に概要ができ上がっている。[14] とはいえ、データが入手しやすくなり、コンピューターの処理能力も向上したおかげで、今ではニューラルネットワークは目を見張るような芸当をやってのけるまでになった。ボットにゲームのやり方を学習させるだけでなく、コンピューターのパターン認識を驚くべき精度にするのに一役買っている。

二〇一三年秋、フェイスブックは知的アルゴリズムの開発に特化したAIチームの発足を発表した。[15] 当時、フェイスブックの利用者は毎日三億五〇〇〇万枚を超える写真を新たにアップロードしていた。[16] 怒濤のように押し寄せる大量の情報をさばくため、同社はそれまでにもさまざまな機能を導入してきた。そのうちの一つが顔認識で、写真に写った顔を自動的に認識し、そして識別するというオプションサービスを利用者に提供するのが目的だった。二〇一四年春、フェイスブックのAIチームは同社の「ディープフェイス」と呼ばれる顔認識ソフトウェアを大幅に改良したと発表した。

ディープフェイスを支える人工頭脳は九つのニューロン層から成る。最初の数層の仕事は下準備で、写真のどこに顔があるかを識別し、その部分に的を絞る。それから、続く数層が目と眉の間の部分など、顔を識別する多くの手掛かりを与える特徴を選び出す。最後のニューロン層が目の形や口の位置といった個々の測定値をすべて取りまとめ、それらを利用して誰の顔か判定する。フェイスブックのチームは四〇〇〇人のさまざまな写真を使い、ニューラルネットワークを訓練した。それは顔のデータ・セットとしては、それまでに集められたうちで最大で、一つの顔につき平均一〇〇〇枚以上の写真が含まれていた。

訓練が終わり、プログラムをテストする時が来た。新しい顔に接したときのディープフェイスの処理能力を知るため、チームは日常的な状況で撮影された多数の顔写真のデータベースである「レイベルド・フェイスィズ・イン・ザ・ワイルド（Labeled Faces in the Wild）」から抜き出した写真を識別するよう、このプログラムに命じた。

データベースの写真は顔認識能力を検証する恰好の材料だった。光線の具合はいつも同じではないし、カメラの焦点の合い方には幅があり、顔の位置も同じとはかぎらない。それでも、人間は二つの顔が同じかどうかをじつによく見分けられるようだ。インターネット上の実験では、参加者は九九パーセントの確率で正しく顔を組み合わせた。

だが、ディープフェイスもさほど水をあけられたわけではない。じつに長い間訓練を積み、人工ニューロンの配線を何度となく修正したおかげで、二枚の写真が同一人物のものかどうかを九七パーセント以上の精度で正しく判断できた。ユーチューブの動画から取ってきた小さくぼやけがちな静止画像を分析しなくてはいけないときでも、九〇パーセント以上の精度で正しい判断を下した。

ダールのポーカープログラムも、長い時間をかけて経験を蓄積した。ダールは自分のソフトウェアを訓練するため、多くのボットを作成し、ボット同士を繰り返し対戦させた。これらのコンピュータープログラムは何十億ものハンド〔手役〕、ベッティング〔賭け〕、ブラフ〔はったり〕を経験し、プレイしながら人工頭脳を発達させていった。ボットは性能が上がるにつれ、驚くようなことをあれこれし始めたのにダールは気づいた。

勝手に強くなって人間を驚かせるボットたち

チューリングは一九五二年の画期的な論文「計算する機械と知性」で、人工知能の実現の可能性を信じない人が多いことを指摘した。人工知能に対する批判の一つとして、一九世紀に数学者エイダ・ラヴレイスは、機械は新しいものを何一つ作り出すことができないと述べた。機械は命じられたことしかできない。だから、人間を驚かせるようなことはありえないだろうというのだ。

チューリングはラヴレイスの見方に同意せず、「機械にはごく頻繁に驚かされている」と述べた。チューリングは驚かされる場合の大半は見落としのせいだとした。自分がプログラム構築中に慌てて雑な計算をしたか、うかつな思い込みをしたせいだろうというわけだ。この問題は初歩的なコンピューターから高頻度取引の金融アルゴリズムにまで通じる。すでに見たように、誤りを含むアルゴリズムはしばしば予想外の悪い結果を招く恐れがある。

ところが、ときには誤りがコンピューターに有利に働くこともある。ディープ・ブルーとカスパロフが対戦したチェスの試合の序盤で、ディープ・ブルーはあまりにも謎めいた、あまりにも巧妙な、あまりにも——どう言えばいいだろう——知的な手を生み出して、カスパロフを当惑させた。無防備のポーンを取らずに、ルークを守備位置へ動かしたのだ[17]（「ポーン」も「ルーク」もチェスの駒で、将棋で言えば、それぞれ「歩」

と「飛車」に相当する)。このコンピューターがなぜそんなことをするのか、カスパロフにはまったく見当がつかなかった。どう見ても、その一手が試合のその後の展開に影響したのは間違いない。ロシアのグランドマスターは、それまで対戦したどんな相手もはるかに凌ぐ敵と渡り合っているのだと思い込んでしまった。

じつは、ディープ・ブルーがその一手を選んだのには何の理由もなかった。ゲーデルの不完全性定理が予測したような、対応できる規則のない状況にいつのまにか追い込まれたため、コンピューターはランダムに動いたのだ。ディープ・ブルーはゲームを一変させる戦略を披露したものの、巧みな手を工夫したわけではなく、たんに運が良かっただけだった。[18]

そうした意外な指し手もまた人間の行為の結果であり、人間が定めた(あるいは定めそこなった)規則に起因することをチューリングは認めた。だが、ダールのポーカーボットが驚くべきアクションを生み出したのは、人間の見落としの結果ではない。むしろ、意外な行動はプログラムの学習プロセスから生まれた。訓練のための試合の最中、ダールはボットのうちの一つが「フローティング」という戦術を使っていることに気づいた。この戦術では、三枚のフロップカードが表向きに並べられた後、プレイヤーは対戦者と同額のベットをコールするが、レイズはしない。これといった動きを見せず、他のプレイヤーのステークス(賭け金)には影響を与えずにそのラウンドをやり過ごす。続いて四枚目であるターンカードがさらされると、行動を起こし、攻撃的にレイズする。相手を怖じ気づかせてフォールドさせせようという魂胆だ。ダールはそれまでそんなテクニックは見たことがなかったが、この戦術はポーカー上級者の大半にはお馴染みだ。これを首尾良くやり遂げるには、かなりの腕も必要となる。プレイヤーは表になっているカードから判断するだけでなく、対戦相手についても正しく読み取る必要がある。怖がらせて降りさせやすい相手と、そうでない相手がいる。フローティング戦略を採るプレイヤーがどうしても避けたいのは、攻撃的にレイズしたあげく、ショーダウンに持ち込まれることだ。[19]

一見、そうした技は人間ならではのものに見える。ボットはそのような戦術をどうやって独習しうるのだろうか？　ゲームはときに私たちが思っている以上に冷徹な論理に左右されるから、そうした戦術を覚えざるをえない、というのがその答えだ。ノイマンがブラフに関して発見したのとちょうど同じで、この戦術もたんに人間心理の特異な表れではなく、ポーカーの最適戦略に従う際に欠かせない戦術だった。

『ニューヨーク・タイムズ』紙のカプランの記事によれば、人はダールのボットが人間であるかのように語ることが多いそうだ。たとえば、そのボットにあだ名をつける。そのボットを「彼」と呼ぶ。金属製の箱が本物のプレイヤーであるかのように、あるいはガラスの向こうに人間が座っているかのように、話しかけさえするという。テキサスホールデムに関しては、ボットはコンピュータープログラムであることを人々にまんまと忘れさせたように見える。もしチューリングテストで一連の質問の代わりにポーカーの試合が使われていたら、ダールのボットはきっと合格するに違いない。

ポーカーボットが、プログラムした人々の所有物というより、独立した人格として扱われがちなのは、さほど奇妙なことではないかもしれない。なにしろ、最強のコンピュータープレイヤーは一般にその開発者よりもはるかに強いからだ。コンピューターがせっせと学習してくれるので、ボットには当初から多くの情報を与える必要はない。そのため、開発した人間がゲーム戦略にあまり精通していなくても、強いボットができ上がることがある。「知識がほとんどなくても、びっくりするような結果が出せます」とジョナサン・シェイファーは表現する。実際、アルバータ大学のポーカー研究チームは世界最高峰のポーカーボットを複数所有するにもかかわらず、ポーカーの才に恵まれた人材が豊富なわけではない。「グループの大半はまったくポーカーをやりません」[20]と、研究者のマイケル・ジョハンソンは言っている。

ダールはベットの上限が定められたポーカーで大方のプレイヤーを負かす術（すべ）を学習できるボットを作り出したものの、そこには落とし穴が一つあった。ラスヴェガスのギャンブルのルールでは、ゲーム機はどんなプレイヤーにも同じように対応しなくてはいけないのだ。相手が腕利きか初心者かに応じてプレイスタイルを変えることはできない。このルールのせいで、ダールのボットがカジノでの使用を許されるためには、持てる技の一部を封印しなければならなかった。ボットの側から見れば、決められた戦略に従うことを強いられると、かえってやりにくくなりうる。柔軟な子供の頭脳ではなく大人の硬い頭脳を持つと、機械は相手の弱みにつけ込む方法を学習できなくなる。それでは大きな利点が失われてしまう。なぜなら、人間にはつけ込むべき弱点が山ほどあることがわかっているからだ。

相手の弱みにつけ込むか、ゲーム理論に従うか

二〇一〇年、『ニューヨーク・タイムズ』紙のウェブサイトに、オンライン版じゃんけんが登場した。[21] もし挑戦したかったら、まだアップされているので、そのウェブサイトにアクセスしてほしい〔二〇一九年現在は消滅〕。凄腕のコンピュータープログラム相手に勝負できる。ほとんどの人は、二、三回勝負しただけでも、コンピューターはかなりの強敵だと感じる。何度も勝負すれば、たいていコンピューターの勝ち越しに終わるだろう。

ゲーム理論によると、もしじゃんけんの最適戦略に従って、三つの選択肢のなかから一つをランダムに選んでいれば、引き分けに終わるはずだ。ところが、ことじゃんけんに関しては、人間は最適の行動を採るのはあまり得意ではないらしい。二〇一四

年、中国の浙江大学のジージャン・ワンらは、人はじゃんけんをするとき、ある行動パターンに従う傾向にあることを発表した。[22] ワンらは三六〇人の学生を集めてグループに分け、それぞれのグループ内で一対一で一人三〇〇回のじゃんけんをさせた。勝負の間、ワンらは多くの学生が採用する戦略があることに気づき、それを「ウィン＝ステイ・ルーズ＝シフト〔勝った人は変えない、負けた人は変える〕」戦略と名づけた。一回勝った人はしばしば、次の勝負でも同じものを出したが、負けた人は、自分が負けた相手が出していた手に替えて出す傾向があった。たとえば、グーで負けた後でパーを出したり、チョキで負けた後でグーを出したりといった具合だ。回数を多く重ねると、学生たちはたいてい、グー、チョキ、パーの三つの選択肢をそれぞれ同じぐらい出していたが、ランダムに出しているのではないことは明らかだった。

逆に、本当にランダムな配列であっても、非ランダムに見えるパターンが現れうるから面白い。ルーレットで出た数字をでっち上げた、モンテカルロの怠惰な記者たちを覚えているだろうか？　ランダムに見える結果を捏造するには、ずいぶんと多くの壁を乗り越えなければならなかったはずだ。まず、赤と黒が似たような頻度で出たことにしなければならなかっただろう。彼らは現にこれはやってのけた。データは、カール・ピアソンの「ランダムかどうか？」というテストの第一段階をパスした。ところが、出た色の並び方のところでつまずいた。彼らは本当にランダムな配列よりも頻繁に赤と黒を入れ替えたからだ。

たとえあなたがランダム性はどのように現れるか知っていて、色（あるいは、グー、チョキ、パー）を適度に入れ替えようとしても、記憶力に限界があるので完全にランダムなパターンは生み出せないはずだ。もしあなたが数字のリストを読んですぐに復唱しなければならないとしたら、いくつぐらい思い出せるだろう？　六個だろうか？　一〇個か？　二〇個か？

認知心理学者のジョージ・ミラーは一九五〇年代に、若い成人のほとんどは一度に七個程度の数字を暗記して復唱できることを示した。[23]　市外局番なしで電話番号を一つ暗記してみよう。きっとうまくいくだろう。二つだと、そうはいかない。これは、ゲームでランダムな手を生み出そうとしている場合に問題となりうる。もし直前の数手しか記憶できないとしたら、すべての選択肢を確実に同じ頻度で使うことなどどうしてできるだろう？　一九七二年、オランダの心理学者ヴィレム・ヴァーヘナールは、人間の脳は、直前の約六個から七個の反応から成る、刻々と移り変わる「窓」に集中する傾向があることに気づいた。[24]　この時間枠内では、そこそこ「ランダムに」選択肢を切り替えることができた。ところが、もっと長い時間枠になると、ランダムな切り替えがあまりうまくできなかった。窓のサイズ、つまり約六個から七個の事象という時間の幅は、一九五〇年代にミラーが観察した限界のせいで決まっているのだろう。

ミラーが研究を発表して以来長年にわたって、人間の記憶能力はさらに詳しく調べられてきた。ミラーが冗談めかして「魔法の数字７（マジカルナンバー）」と呼んだ七という値は、結局それほど「マジカル」ではなかった。[25] ミラー自身も、人間は０と１だけで表す二進数を記憶する場合、およそ八桁まで暗記できると言っている。じつは、人間が暗記できるデータの「チャンク〔塊〕」のサイズは、情報の複雑さによって変わる。数字の場合は七個を思い出せるかもしれないけれど、文字では六個程度、一音節語では五個しか暗記できないという証拠がある。

自分が思い出せる情報量を増やす方法を習得する人もいる。記憶力選手権では、最強の出場者たちは、一時間で一〇〇〇枚を超えるトランプのカードを暗記できる。[26] 彼らは、暗記するデータのチャンクのフォーマットを変換することでそれを行なう。生の数値データとして考えるのではなく、旅物語の一部としてイメージを記憶しようとするのだ。カードは、有名人や事物になる。連続したカードは、カードのキャラクターが登場する一連の出来事になる。そのおかげで、選手たちの脳は情報をより効率的に保存したり検索したりできる。前章で述べたように、カードを覚えればブラックジャックでも有利になるので、カードカウンターは情報を「バケッティング（カテゴリー分け）」し、保存しなければならない量を減らす。[27] そのような情報保存の問題には、人工の頭脳に注目している研究者も人間の頭脳に取り組んでいる研究者も引きつけられてきた。ニコラス・メトロポリスによると、スタニスワフ・ウラムは「記憶の性質についてや、記憶は脳のどのような働きによるものかについて、しばしば熟考した」[28]という。

じゃんけんに関して言えば、ゲーム理論の最適戦略を採るには予測不能の手を考えつく必要があるが、機械は人間よりもずっとこれが得意だ。もちろん、そのような戦略は本来防御的だ。なぜなら、最適戦略は完璧な相手に対する潜在的損失を最小限に抑えることを目的としているからだ。だが、『ニューヨーク・タイムズ』紙のウェブサイト上のじゃんけんボットは、完璧な相手と対戦していたわけではない。エラーを起こしやすい人間と対戦していたのだ。人間は、記憶力に問題があり、ランダムな数を生み出せない。そのため、そのじゃんけんボットはランダム戦略から外れて、弱点を探し始めた。

このボットには、相手の人間に対して大きな利点が二つあった。第一に、ボットは対戦相手の人間がそれまでのラウンドで行なったことを正確に記憶できた。たとえば、その人がどんな順番で何を出してきたかや、その人がどんなパターンを好むかを思い出すことができた。そして、その時点で第二の利点が効力を発揮した。

じゃんけんボットは、目の前の対戦相手に関する情報だけを活用していたわけではなかった。人間相手の二〇万回のじゃんけんで得られた知識にも頼っていたのだ。そのデータベースは、法律学の教授で以前はコンピューター科学者だったショーン・ベイアーンに由来する。彼のウェブサイトでは、大規模なオンラインじゃんけんのトーナメントが行なわれている。[29] そのトーナメントはまだ継続しており、これまで五〇万回を超える対戦が行なわれてきた（対戦の過半数はコンピューターが勝っている）。つまり、じゃんけんボットは現在の対戦相手を過去にプレイした他の対戦相手と比較できることになる。何回か対戦して出される手を見れば、人間が次に何を出す傾向にあるか割り出すことができる。じゃんけんボットは、ランダム性にのみ関心を持つのではなく、対戦相手の人物像を構築していたのだ。

そのような手法はポーカーのような、三人以上でプレイする可能性もあるゲームでとりわけ重要になりうる。思い出してほしいのだが、ゲーム理論では、最適戦略はナッシュ均衡を達成することだと言われている。自分だけ別の戦略を選んで何か利益を得られるプレイヤーなどいないという均衡状態だ。アルバータ大学のポーカー研究チームの一員であるニール・バーチは、対戦相手が一人の場合は、そのような戦略を探すのは理に適っているとしている。自分が失うものがすべて対戦相手のものになり、相手が失うものがすべて自分のものになるというゼロサムゲームの場合は、ナッシュ均衡を達成する戦略によって自分の損失を最小限に抑えられるだろう。さらには、もし対戦相手が均衡戦略から外れたら、その相手は負けるだろう。「一対一のゼロサムゲームでは、ナッシュ均衡を目指すべきだというじつにまっとうな理由があります」とバーチは言った。ところが、もっと多くのプレイヤーがゲームに参加するときは、ナッシュ均衡を目指すのが必ずしも最善の戦略であるとはかぎらない。「三人で行なうゲームでは、その戦略は破綻する可能性があります」

ナッシュの定理によれば、もしプレイヤーのうち一人だけが戦略を変えると、その人は敗れ去るという。だが、もし二人のプレイヤーがいっしょに戦術を変えたらどうなるのかについては、この定理は何も語っていない。たとえば、プレイヤーのうち二人が手を組んで三人目を攻撃しようとすることもありうる。ノイマンとモルゲンシュテルンはゲーム理論に関する著書に、そのような提携は少なくとも三人のプレイヤーがいるときにだけうまくいくと記している。「一対一のゲームではプレイヤーが足りない。提携には少なくとも二人のプレイヤーを必要とするため、対抗する相手がいなくなる」と彼らは述べた。チューリングも、ポーカーで提携が果たしうる役割を認識していた。[30]「エチケットやフェアプレイの精神などがあるから、実際のゲームでこれがかろうじて起こらないで済んでいる」と彼は言っている。

ポーカーで提携をするには二つの主な方法がある。最もあからさまな提携の方法は、二人以上のプレイヤーが互いにカードを見せ合うというものだ。彼らのうちの一人が強いハンドを受け取ったら、彼らは徐々にベットを吊り上げていって、対戦相手からより多くのお金を搾り取れる。当然ながらこの手法は、オンラインでプレイしているときのほうが採りやすい。アルバータ大学のパリサ・マズルーイらは、そのような共謀は、実際には「不正行為」と見なされるべきだと主張する。なぜなら、プレイヤーは、カードは隠しておかなければならないというゲームのルールから外れた戦略を使っているからだ。[31]

もう一つの方法は、共謀するプレイヤーはカードは見せ合わないが、強いハンドを持っていれば、他のプレイヤーに合図を送るというものだ。厳密に言えば、彼らは（フェアプレイとは言えないまでも）ルールの範囲内でプレイしているのだろう。共謀しているプレイヤーはしばしば、特定のベッティングパターンに従い、勝つ可能性を高めようとする。たとえば、もし一人のプレイヤーが高額を賭けたら、共謀者たちもそれに倣って他のプレイヤーをゲームから脱落させる。人間のプレイヤーはそのような合図を記憶しなければならないが、ボットにとってはもっと簡単だ。共謀する仲間が使っているのとまったく同じ、一連の規則が組み込まれたプログラムにアクセスできるからだ。

オンラインのポーカールームでは、悪徳プレイヤーたちが両方の手法を使っていることが報告されている。[32]とはいえ、共謀を見破るのは難しいこともある。もし一人のプレイヤーが対戦相手のベットと張り合い、だんだんとポット〔全プレイヤーの賭け金の総額〕を大きくしているなら、そのプレイヤーは仲間を助けるためにゲームを操作しているのかもしれない。あるいは、その人は考えの甘いただの初心者で、ブラフで勝とうとしているのかもしれない。フレドリク・ダールは次のように述べている。「どんな種類のポーカーでも、採用するプレイヤーたちに相互に利益をもたらすような、多種多様な組み合わせの戦略が存在する。もし彼らがそのような戦略を故意に実行するとしたら、協力してイカサマをしていると言えるだろうが、もしたまたま実行した場合は、イカサマとは言えないだろう」[33]

ポーカーにゲーム理論を取り入れる場合は、そこが問題だ。提携は、必ずしも意図的である必要はない。提携は、個々のプレイヤーが選ぶ戦略のたんなる結果として生じうる。多くの状況で、ナッシュ均衡は複数ある。自動車の運転を考えてみよう。均衡戦略は二つある。すべての車が左側通行をする場合、もしあなたが自分一人だけ、反対の右側通行をするという決定をすれば損をするだろう。もし右側通行が流行していれば、左側通行はもはや最善の選択ではない。

運転席の位置によっては、二つの均衡のうちのどちらかがもう一つの均衡より望ましくなる。たとえば、もしあなたの車が左ハンドルだったら、みんなが右側通行をしてくれるほうが望ましいだろう。運転席が「誤った」側にあって不便だとしても、通行する側を変えるほどではないことは明らかだ。だがその状況はやはり、（もしあなたがとりわけ機嫌が悪かったら）他の誰もがあなたに敵対して提携しているようなものだ。それでも左側通行をすると、あなたは明らかに損をするだろうから、その状況に耐えるしかない。

ポーカーでも同じ問題が生じる。そのせいで、プレイヤーは不便な思いをするだけでなく、出費も強いられうる。三人のポーカープレイヤーがそれぞれ、複数あるナッシュ均衡を生み出す戦略のどれか一つを選択して、これらの戦略が合わさると、二人のプレイヤーが選んだ作戦がたまたま三人目のプレイヤーに不利に働くことになるかもしれない。このため、三人で行なうポーカーは、ゲーム理論の観点から研究に取り組むのが非常に難しい。ゲームがはるかに複雑で、分析するべき手の可能性が多いだけでなく、ナッシュ均衡を目指すことが常に最善策かどうかさえはっきりしない。「たとえナッシュ均衡を算出できたとしても、必ずしもそれが役に立つわけではありません」とマイケル・ジョハンソンは言っている。

他にも短所はある。ゲーム理論が示すことができるのは、完璧な相手を敵に回して損失を最小限に抑える方法だ。だが、もし相手に欠点があるとしたら、あるいは三人以上でプレイをするとしたら、ナッシュ均衡の「最適」戦略から外れて、相手の弱みにつけ込むべきかもしれない。そのためには、初めは均衡戦略を採り、相手を知るにつれて徐々に戦術を微調整していくという方法がある。[34]とはいえ、そうした手法には危険がつきものだ。カーネギーメロン大学のトゥオマス・サンドホルムは、プレイヤーは弱みにつけ込む可能性と、つけ込まれやすくなる可能性との折り合いをつけなければならないことを指摘する。理想的には、弱点につけ込んで、弱い相手からできるだけ多くを取りたいが、つけ込まれやすくなって、強いプレイヤーに良いようにあしらわれたくはない。ナッシュ均衡を達成する作戦や、ダールのポーカーボットの戦術のような防御的な戦略を採れば、つけ込まれにくい。強いプレイヤーはそのような戦略を使う相手を打ち負かすのに手を焼く。だが、そうすると弱い相手につけ込みにくくなってしまい、下手なプレイヤーはあまり損をせずに済む。したがって、対戦相手によって戦略を変えるのが得策だ。昔から言われているように、「カードとプレイするな、相手とプレイしろ」だ。

残念なことに、相手の弱点につけ込むことを学んだプレイヤーは、今度はつけ込まれやすくなりうる。サンドホルムが言う「つけ込むことを覚えて、つけ込まれるという問題」だ。たとえば、対戦者が最初は攻撃的にプレイするように見えるとしよう。これに気づいたあなたは、この攻撃的なスタイルを利用しようとして戦術を調整するかもしれない。ところがこの時点で突然相手が慎重になって、攻撃的なプレイヤーと対戦しているとあなたが（誤って）信じているという事実につけ込むかもしれない。

研究者はそうした問題の影響を、ボットの「つけ込まれやすさ」を測定して判断できる（つけ込まれやすさとは、ボットが対戦者について完全に誤った仮定をした場合に失うと予測できる最高額）。サンドホルムは博士課程の学生であるサム・ガンズフライドとともに、防御的なナッシュ均衡戦略と対戦者のモデル化とを組み合わせた「ハイブリッド」ボットを開発中だ[35]。「私たちが目指しているのは、強い相手とは均衡戦略でプレイをしながら、弱い相手にだけつけ込むことなのです」と彼らは述べた。

ポーカーでもコンピューターが人間を超えた？

ポーカープログラムがどんどん進歩しているのは明らかだ。コンピューターポーカー年次競技大会に出場するボットは年々賢くなっており、ラスヴェガスはたいていのカジノの客を負かすことのできるポーカーマシンだらけになっている。だが、コンピューターは本当に人間を追い抜いたのだろうか？　最強のボットはすべての人よりも現に優れているのだろうか？

サンドホルムによると、ポーカーボットが人間を超えたとは明言しにくいそうで、それにはいくつかの理由がある。まず、誰が最強の人間なのかを決めなければならないのだが、あいにくプレイヤーを明確にランク付けするのは難しい。ポーカーには、チェスのガルリ・カスパロフ、チェッカーのマリオン・ティンズリーといった明確な世界王者がいないのだ。「最強の人間が誰なのか、よくわからないのです」とサンドホルムは述べた。また、人間相手のゲームは手筈を整えるのも大変だ。コンピューター同士のポーカー大会は毎年あるものの、サンドホルムによると、人間とコンピューターとの対戦はずっと少ないそうだ。「こうした人間対マシンの勝負を、プロのプレイヤーにしてもらうのは難しいのです」

その特別な対戦がついに行なわれた。二〇〇七年、プロプレイヤーのフィル・ラークとアリ・イスラミが、アルバータ大学の研究チームが開発したボットのポラリスと、ヘッズアップポーカーで対決したのだ。[36] ポラリスは打ち負かしにくいように設計されていた。対戦者の弱点につけ込もうとするのではなく、ナッシュ均衡を達成するのに近い戦略を採用したのだ。

当時ポーカー界には、ラークとイスラミが対戦者に選ばれたことに疑問を呈する人々もいた。ラークはポーカーテーブルに着いたときにじっとしていられず、跳ね回ったり、床を転がったり、腕立て伏せをしたりするという評判があった。それにひきかえイスラミは無名に近く、テレビ中継されるトーナメントに出場したことは比較的少なかった。だが、ラークとイスラミは研究者が必要とするスキルを持っていた。腕が良いばかりでなく、ゲーム中に考えている内容を言葉にすることができたし、人間対マシンの勝負につきものの普通でない段取りにも動じなかった。

対戦の舞台はカナダのバンクーバーで開催された人工知能学会で、勝負はリミットテキサスホールデムで行なわれた。後にダールのボットがラスヴェガスでプレイすることになるのと同じゲームだ。ラークとイスラミは別々にポラリスと対決したが、二人のスコアは一試合が終わるごとに合算された。ラークとイスラミがチームとしてポラリスとプレイする、人間対マシンの戦いだった。運の影響を最小にするために、配られるカードは同じになるように設定されていた。一つのゲームでポラリスに配られたのと同じカードを、もう一つのゲームでは人間のプレイヤーが受け取り、逆に一つのゲームで人間に配られたのと同じカードを、もう一つのゲームではポラリスが受け取ったのだ。また、主催者は勝利と判定するための明確なチップの差額を設定した。勝利するためには、試合が終わった時点で相手よりチップが少なくとも二五〇ドル分は多くなければならなかった。

一日目には五〇〇ゲームから成るプレイが二試合行なわれた。第一試合は引き分けに終わった（終了時にはポラリスのほうが七〇ドル多かったのだが、これは勝利とは認められなかった）。第二試合では、ラークは運良くポラリスよりも強いハンドを配られた。これはつまり、コンピューターはイスラミとのゲームでは同じ強いハンドを受け取ることになったということだ。ポラリスはラーク以上にその優位を活かし、ボットはその日を人間チームに対する明らかな勝利で終えた。

その晩ラークとイスラミは顔を合わせ、プレイしたばかりの一〇〇〇ゲームを検討した。アルバータ大学の研究チームからは、配られたすべてのハンドを含む、その日のプレイの記録簿が手渡されていた。その助けを借りながら、二人はプレイしたゲームを詳細に分析した。翌日、再びテーブルに着いたときには、人間チームはポラリスの攻略法がずっとよくわかっており、残る二試合で勝利した。それでも彼らは、自らの勝利について謙虚だった。「勝ったとは言えませんね」とイスラミは対戦後に述べた。「なんとか生き残っただけです。私はヘッズアップポーカーとしては今までで最高のプレイをしました。それでも、かろうじて勝てただけですから」

翌年には二回目の人間対マシンの対戦が、新たな人間チームを迎えて行なわれた。[37] このときアルバータ大学のボットとラスヴェガスで対戦したのは、七人の人間プレイヤーだった。間違いなくトッププロたちで、それまでの獲得賞金総額が一〇〇万ドルを超えている人も何人かいた。だが、彼らが対戦したのは前年に敗れたのと同じポラリスではなかった。相手はさらに高性能でよく訓練された、ポラリス２・０だ。ラークとイスラミとの対戦以来、ポラリスは自分を相手に八〇億回以上も勝負をしてきた。そして、可能な手の厖大な組み合わせを調べることが前より得意になっていた。つまり、対戦相手にとっては、ポラリスの戦略にはつけ入る隙が少なくなったということだ。

また、ポラリス２・０は学習能力をより重視していた。このボットは競技中に対戦相手のモデルを作成し、相手がどの戦略を使っているのかを突き止めると、弱点に狙いを定めるゲームをしていった。人間のプレイヤーは、ラークとイスラミがしたように試合と試合の間に戦術を話し合ってポラリスを負かすことはできなかった。ポラリスは相手によって異なるプレイをしたからだ。また、人間は自分のプレイスタイルを変えて優位を取り戻すこともできなかった。ポラリスは対戦相手が戦略を変えたことに気づくと、その新たな戦法に合わせるからだ。アルバータ大学の研究チームを率いるマイケル・ボウリングは、人間チームの多くはポラリスのそうした巧妙な新戦術に苦戦したと述べた。対戦者がそのように戦略を切り替えるのを見たことがなかったのだ。

前回と同じように、プレイヤーは二人ずつ組になってリミットテキサスホールデムでポラリスと戦った。全部で四試合が、四日間にわたって行なわれた。最初の二試合ではポラリスが劣勢で、一試合は引き分け、もう一試合は人間が勝った。だが、今回は最終的に人間の勝利にはならなかった。ポラリスは残りの二試合に勝ち、この対決を制した。

ポラリス2・0は最適戦略から離れて、対戦相手の弱点につけ込むことができるようになったので、アルバータ大学の研究チームが次に挑んだのは、絶対に打ち負かせないボットを作成することだった。チームのこれまでのボットは、近似的なナッシュ均衡を計算することしかできなかった。ということは、そのボットを負かしうる戦略があったかもしれないわけだ。そこでボウリングらは、長期的に見ればどんな相手に対してもお金を失うことのない完全無欠の一連の戦術を見つけることにした。

アルバータ大学の研究者たちは、前章で紹介した後悔最小化の手法を使ってボットを改良し、ボット同士で毎秒およそ二〇〇〇ゲームの割合で繰り返しプレイさせた。[38]最終的にはボットは、相手が完璧なプレイヤーであっても弱点につけ込まれないようにすることを学んだ。二〇一五年、チームは「ケフェウス（Cepheus）」という名の攻略不能なポーカープログラムを『サイエンス』誌で発表した。チームのチェッカーの研究に倣って、論文のタイトルは「ヘッズアップ・リミットホールデム・ポーカーは解明された」[39]だった。

研究結果には通説と合致するものもあった。ヘッズアップポーカーではディーラーは対戦相手より先にアクションすることになるので、カードばかりではなく優位も手にしていることが立証されたのだ。他にも発見があった。ケフェウスはめったに「リンプ」をしない。つまり、最初のアクションでレイズかフォールドを選択し、相手のベットをそのままコールすることはない。ジョハンソンによると、ボットは最適戦略へと絞り込むにつれて、予想外の戦術をいくつか思いつくようにもなったという。「ときどき気づくのですが、プログラムの選択と人間の知恵による選択に違いが出てくるんですよね」。たとえばケフェウス完成版は、異なるスーツ〔スペード、ハート、ダイヤ、クラブというトランプのカードの種類〕の4と6といった、多くの人間ならフォールドするだろうハンドでプレイすることを選択する。二〇一三年には、時折ボットが大きく賭けようとせずに最小限の額の賭けをすることにもチームは気づいた。ボットのトレーニングの程度を考えると、これが最適な振る舞いなのだろう。だが、人間だったらそうはしないとバーチは言う。このボットはそれが賢い戦術だと判断したものの、たいていの人間の対戦相手はじれったく思うだろう。「はた迷惑な賭けと言ってもいいでしょう」とバーチは述べた。改良版のケフェウスは、最初から大きく賭けることも嫌う。最強のハンド（エースのペア）を持っているときでさえ、定められた上限の額を賭ける頻度は〇・〇一パーセントしかないのだ。

ケフェウスは、複雑な状況下でも最適戦略を見つけられることを実証した。バーチらは、沿岸警備隊のパトロール計画から医療にいたるまで、ケフェウスのようなアルゴリズムが役に立ちうるシナリオを挙げている。だが、そうしたもののためだけに彼らの研究がなされてきたわけではない。アルバータ大学の研究チームは『サイエンス』誌の論文をアラン・チューリングの言葉の引用で締めくくっている。「研究を促した第一の動機は、それが単純に楽しいからというものだった事実を隠したとしたら、それは不誠実ということになるだろう」

ケフェウスの成功は確かに画期的ではあったが、これが人工知能の人間に対する究極の勝利だと、誰もが納得したわけではなかった。マイケル・ジョハンソンが言っているように、多くのプレイヤーはリミットポーカーは易しい選択肢だと思っている。プレイヤーがどれだけベットを吊り上げられるかに上限があるからだ。つまり、限度が明確に定められていて、勝負の展開に制約があるのだ。

それに比べると、ノーリミットポーカーのほうが大きな課題だと思われている。プレイヤーは好きなだけレイズすることができるし、望むときにいつでもオールイン〔すべての持ちチップを一つのハンドに賭けること〕できる。これによって選択肢が増えて、より複雑になる。そのため、ノーリミットポーカーは科学よりも芸術に近いと評されている。だからこそジョハンソンは、コンピューターが勝つのをどうしても見たいと思うのだろう。「そうなれば、ポーカーはつまるところ心理戦であり、コンピューターには心理戦はできまいという神話を打破することになるでしょう」と彼は述べた。[40]

サンドホルムは、ヘッズアップのノーリミットポーカーでも遠くない将来、マシンが勝利することになるだろうと言う。「現在、懸命に取り組んでいるところです。すでに開発したボットは、最強のプロよりも強いかもしれません」と彼は述べた。事実、カーネギーメロン大学のボット、「タルタニアン」は、二〇一四年のコンピューターポーカー競技会で大活躍をした。ノーリミットポーカーには二種類のコンテストがあり、タルタニアンはその両方で優勝した。トーナメントで勝ち抜き、バンクロール（手持ち資金）の総額でも一位になったのだ。タルタニアンは勝ち残らなければならないときにそうできただけでなく、自分よりも弱い対戦者から多くのチップを勝ち取ることもできた。〔二〇一七年、カーネギーメロン大学のボット、リブラトゥスは、トッププロ四人を相手にヘッズアップのノーリミット・テキサスホールデムの対戦を計一二万回行ない、四人すべてに勝利した。二〇一九年には、同大学のボット、プルリブスが六人制ノーリミットテキサスホールデムでも人間のトッププロたちを上回った〕

ボットの性能が上がり、より多くの人間を負かすようになると、最後にはプレイヤーはマシンからポーカーを教わることができるようになるだろう。チェスのグランドマスターは、すでにトレーニングの際にコンピューターで腕を磨いている。とりわけ難しい駒の配置のときにどうプレイするかを知りたければ、採るべき最善の方法をマシンが教えてくれる。チェスのコンピューターは、私たち人間にはとうてい望めないほど先まで見越した戦略を見つけることができるのだ。

コンピュータープログラムがチェスやチェッカーや、そして今やポーカーでも勝利を収めたので、人間はそうしたゲームではもう太刀打ちできないのではないかと思いたくもなるかもしれない。コンピューターのほうが多くのデータを分析し、多くの戦略を記憶し、多くの可能性を検討できる。そして学習にもプレイにも、長時間を費やらば、コンピューターがあまり得意ではないものが何かあるだろうか？まだかつて考えつかなかった「超人的」な戦略さえも、ボットは独習できる。それなすことができる。ブラフのように「人間ならでは」の戦術と思えるものや、人間がい

ゲームにおける「心理戦」の正体を探る

アラン・チューリングはかつて、もし誰かが機械のふりをしようとしても、「間違いなく非常にお粗末な結果しか残せない」と述べた。その人に計算をさせてみるとい。コンピューターよりもミスをしやすいのはもちろん、答えを出すにもずっと多くの時間がかかるだろう。それでも、ボットが悪戦苦闘する状況は依然として存在する。「ジェパディ！」に参戦したワトソンが最も苦手としたのは、短いヒントだった。[41] 司会者がヒントとして一つのカテゴリーと名前を読み上げた場合（たとえば「ファーストレディ」というカテゴリーとロナルド・レーガンという名前）、ワトソンが自分のデータベースをくまなく探して正しい答え（「ナンシー・レーガンとは誰？」）を見つけるまでにかなりの時間がかかる。長くて複雑なヒントから答えを導くのであればワトソンのほうが人間の解答者に勝つだろうが、手掛かりにする語が少ししかない場合は人間のほうが勝つ。クイズ番組では、どうやら簡潔さが機械の敵となるようだ。

ポーカーについても同じことが言える。ボットは対戦相手を研究するのに時間がか

かる。相手につけ込むために、まずその賭け方を学ぶからだ。それにひきかえ、人間のプロのプレイヤーは他のプレイヤーのことをもっと短時間で見極められる。「人間はごくわずかなデータから、対戦相手について推測するのがうまいです」とシェイファーは言う。

二〇一二年にロンドン大学の研究者たちは、一部の人は相手を判断することにかけてきわめて優れているらしいと主張した。[42] 彼らは「欺瞞的対話タスク（Deceptive Interaction Task）」と呼ばれるゲームを考案し、参加者が嘘をついたり嘘を見破ったりする能力についてテストした。ゲームの参加者はグループに分けられ、グループのなかの一人に指示カードが渡された。カードには、「私はリアリティテレビ番組が好きだ」などといった意見と、それに関して嘘をつくように、あるいは真実を話すようにという指示が書かれていた。その参加者はまずカードに書かれた意見を述べた後、なぜそう思うのか理由を説明しなくてはならない。グループの残りのメンバーは、その人が嘘を言っているか真実を言っているか、どちらだと思うのかを決めることになっていた。

研究者たちは、嘘を言っている人のほうが指示カードを受け取ってから話し始めるまでの時間が概して長いことを発見した。正直に話している人は四・六秒で話し始めたのに対して、嘘を言っている人は話し始めるまでに平均六・五秒かかった。また、嘘の上手な人は嘘を見破るのも上手であることも判明した。まさに「蛇の道は蛇」のことわざどおりだ。どうやらこのゲームでは嘘つきのほうが嘘を見抜くのがうまいようだったが、なぜそうなのかは不明だった。研究者たちによれば、意識的にせよ、無意識的にせよ、彼らは自分が話し始めを早めるのにも、相手の反応が遅いことに気づくのにも、人より長けているからかもしれないということだった。

残念ながら、人は、相手が嘘をついているときに特有の徴候を特定するのがあまり得意ではない。二〇〇六年に五八に及ぶ国々で調査が行なわれ、参加者は、「あなたは人が嘘をついているときに、どうしてそれがわかりますか?」と質問された。[43]すると、ある回答が圧倒的に多かった。どの国の人もその回答をし、大半の国でそれが回答リストの一位を占めた。嘘をついている人は目を合わせようとしない、というものだった。これは嘘を見抜く一般的な方法ではあるが、とりたてて良い方法でもなさそうだ。[44]嘘をついている人のほうが正直者よりも目を逸らしやすいことを裏づける証拠はない。これ以外に嘘をついている証拠だと思われているものにも、怪しげな根拠しかない。嘘をついている人のほうが見るからに活発だとか、話しながら姿勢を変えやすいなどというのも確かなことではない。

嘘は必ずしも振る舞いによってわかってしまうわけではないが、ゲームでは振る舞いが別の面で影響を与えることがある。ハーヴァード大学とカリフォルニア工科大学の心理学者たちは、対戦相手にある特定の表情を見せることによって、誤った賭け方をするよう仕向けられることを示した。彼らは二〇一〇年に発表した研究で、実験の参加者にコンピュータープレイヤーを相手に単純化したポーカーゲームをさせた。[45]画面上にはコンピュータープレイヤーの顔が表示されていた。研究者たちはコンピューターがさまざまなプレイスタイルを使ってくるだろうと参加者に告げたが、画面上に示された顔については何も言わなかった。じつは、これは参加者を欺く策略だった。本当はコンピューターはただランダムにプレイしており、意図的に変えていたのは顔だけだったのだ。この人工のプレイヤーは、誠実さに関する既成概念に従った三種類の表情を見せた。一つは信頼できそうな表情、もう一つは感情が表に出ないニュートラルな表情、後の一つは信頼できそうにない表情だった。実験の結果、コンピュータープレイヤーが信頼できそうにない表情かニュートラルな表情を見せた場合は、参加者には比較的適切な選択をすることがわかった。ところが、「信頼できそうな」表情をしたコンピューターを相手にゲームをした場合、参加者は判断の精度が著しく落ち、自分のほうが強いハンドを持っているのにフォールドしてしまうことが多かった。

研究者たちは、この研究の対象がポーカーの初心者で、画面上のキャラクターを相手にゲームを行なったことを断っている。プロがプレイするポーカーゲームはかなり違ったものになる可能性が高い。とはいえこの研究から、顔の表情は、私たちが思っているような形でポーカーゲームに影響するのではないらしいことがわかる。「最良のポーカーフェイスとはニュートラルに見える表情だという通説に反して、実験参加者に賭け方を誤らせることが最も多いのは、信頼性を感じさせる顔だ」と論文の執筆者たちは述べている。

感情もまた、プレイスタイル全体に影響を与える可能性がある。アルバータ大学のポーカー研究チームは、人間は強引な戦術にとりわけ影響を受けやすいことを発見した。「一般に他の人間をどうやって倒すかに関して人間のプロのポーカープレイヤーが持っている知識の多くは、攻撃を軸としています」とマイケル・ジョハンソンは言う。「対戦相手に大きなプレッシャーをかけ、難しい判断を強いる攻撃的な戦術は非常に効果的なことが多いです」。ボットは人間とプレイするときに、こうした攻撃的な振る舞いを真似して、対戦相手のミスを誘う。人間の振る舞いを真似ることで、ボットには得るものが多いようだ。ときには、人間の弱点を真似ると得をすることさえある。

人間のふりをしてポーカー・ウェブサイトに挑む

二〇〇六年、ポーカーボットを作ろうと決心した[46]マット・メイザーには、ボットだということが露見してはいけないのがわかっていた。ポーカーのウェブサイトは、誰であろうとコンピュータープレイヤーを使っているのではないかと疑われる人にはアクセスを禁じる。だから人間を倒せるボットを作るだけでは不十分で、メイザーが必要としたのは、相手を攻略中にまるで人間であるかのように見えるボットだったのだ。

コロラド州を拠点とするコンピューター科学者メイザーは、空き時間にさまざまなソフトウェアプロジェクトに取り組んできた。そして、二〇〇六年に手掛けた新たなプロジェクトがポーカーだった。その秋にメイザーが最初に試作したボットは、「ショートスタック」戦略を実行するプログラムだった。これはごく少ない手持ち資金でゲームに参加し、他のプレイヤーが恐れをなして降りるよう非常に攻撃的にゲームを進めてポットを奪うというプログラムだった。これは相手を苛立たせる戦法と見なされることが多く、とりたててうまくいく戦法ではないこともわかった。メイザーのボットは半年間におよそ五万回ゲームをして、一〇〇〇ドル以上を失った。メイザーは欠点のあるこの最初の試作品に見切りをつけて、新たなボットを設計した。今度はヘッズアップポーカーを適切にこなすボットだった。完成したボットは打つ手を注意深く絞り、隙のない勝負をし、攻撃的に賭けた。このボットは賭け金の少ないゲームでは人間を相手にそこそこの勝負ができるとメイザーは言う。

次の課題は、ボットだと見破られないようにすることだった。あいにく、メイザーの助けになるような情報はあまり出回っていなかった。「オンラインポーカーのサイトは、ボットを見破るために注目しているポイントについては、当然のことながら沈黙しています」と彼は語った。「だからボットの開発者は、経験を踏まえて推測せざるをえません」。そこでメイザーはポーカーのプログラムを設計しながら、ボットを摘発する側の立場に身を置いて考えてみた。「もし自分がボットを見破ろうとしているなら、数多くのさまざまな要因に目を向け、それを検討し、証拠を手作業で調べて、プレイヤーがボットなのかそうでないのかを判断しようとするでしょう」

明らかな危険信号の一つは奇妙な賭けパターンだろう。もしボットがあまりに多くの賭けをしたり、あまりに素早く賭けをしたりすれば、怪しく見えるかもしれない。あいにく、メイザーは自分が設計したボットがときとして偶然に奇妙な振る舞いをしうることに気づいた。彼のボットは、ポーカーのウェブサイトで競う際に二つのプログラムがペアになって作業をしていた。一方のプログラムが新しいゲームに登録し、もう一方がゲームをする。あるときメイザーがコンピューターから離れている間に、ゲームをするほうのプログラムがクラッシュ（異常停止）した。もう一方のボットは何が起こったのかまったくわからなかったので、新しいゲームに登録し続けた。ゲームをするほうのボットが戦う準備ができていない状態のまま、メイザーのアカウントはゲームを二〇回連続してすっぽかしてしまった。その後彼は、自分が設計したボットが他にも思いがけない振る舞いをすることに気づいた。たとえば、賭け金の限度額が同じゲームを何百回もすることがよくあった。メイザーによれば、人間はまずそんなことはしないという。人間なら普通は時間とともに自信を深める（あるいは飽きてくる）もので、しばらくは、もっと賭け金の高いゲームをするようになる。

メイザーのボットは、理に適ったゲームの進め方をするだけでなく、ポーカーのウェブサイトにうまく対処しなくてはならなかった。ボットが自動的に対応するのが難しいウェブサイト（偶然そうなっているのであれ、意図的にそうなっているのであれ）があることにメイザーは気づいた。そうしたサイトでは、ウィンドウの形や大きさが変わったり、ボタンの位置が動いたりといった具合に、彼の画面に現れる情報が微妙に変わることがあった。そうした変化は人間にとっては何の問題もないが、設定された大きさや位置情報に従って動作するように教え込まれているボットは面食らう可能性がある。メイザーはボットがウィンドウやボタンの位置を追跡し、どんな変化にも対応してクリックする場所を調整するように設計しなくてはならなかった。

こうしたプロセス全体は、チューリングの模倣ゲームの一種のようだった。メイザーのボットは、見破られないようにするために、人間らしくプレイしているとウェブサイトに納得させなくてはならなかった。ときには、ボットは本来のチューリングテストに直面する羽目に陥ることすらあった。ほとんどのポーカーのウェブサイトはチャット機能を備えており、プレイヤー同士で話ができる。たいていの場合、これは問題ではない。ポーカーゲームをしているときは、プレイヤーは黙ったままのことが多いからだ。だがメイザーが避けては通れないと判断した会話がいくつかあった。もし誰かが彼のボットをコンピュータープログラムだと非難し、それに対してボットが応じなかったなら、ウェブサイトのオーナーに通報される危険がある。そこでメイザーは、疑いを抱いた対戦相手が使いそうな言葉をリストにまとめた。もし誰かがゲームの途中で「ボット」や「詐欺」などの言葉を使ったら警告が発せられ、メイザーが介入する。したがって、ボットがプレイしている間は、メイザーはコンピューターの近くにいなくてはならないわけだが、そうしなければ、事態がはるかに悪くなる可能性があった。監視されていないプログラムは簡単にトラブルに陥り、自分ではどう解決していいかわからないという事態が発生することが十分考えられたからだ。

メイザーのボットが勝てるようになるまでにはしばらく時間がかかった。プログラムを実行に移してから最初の一年半は、儲けはなかったが、二〇〇八年の春、ついに彼のボットはささやかながら利益を出し始めた。だが数か月後、首尾良く稼働していたプログラムに突然終わりの日が来た。二〇〇八年の一〇月二日、メイザーは、自分のアカウントが使用停止になったことを知らせるEメールをポーカーのウェブサイトから受け取った。いったいなぜ、コンピューターだとわかってしまったのか？　「今振り返れば、私のボットが見破られたのは、単純に、プレイするゲーム数があまりにも多かったからだと思います」と彼は語った。メイザーのボットはひたすら、ヘッズアップの「シットアンドゴー」というゲームをしていた。これはプレイヤーが二人揃ったらすぐに始まるゲームだ。「普通のプレイヤーなら、一日にプレイするノーリミット・ヘッズアップ・シットアンドゴーはせいぜい一〇回から一五回でしょうか。私のボットは、いちばん多いときで一日に五〇回から六〇回プレイしていました。たぶんそれで怪しまれたのでしょう」。もちろん、これは想像にすぎない――彼の思いつくうちで最も有力なものではあっても。「何かまったく別の理由があった可能性もあります。たぶん、確かなことは永久にわからないでしょうね」

メイザーはボットで利益が得られなくなったことを、実際それほど気にしてはいなかった。「アカウントがとうとう凍結された時点までに、それほど多くのお金を稼いでいたわけではありませんから」と彼は言った。「ボットに費やした時間を自分が実際にゲームをするのに使っていたほうが、儲けはずっと大きかったでしょう。とは言うものの、私がボットを作ったのは金儲けのためではありません。挑戦するだけの甲斐があったからなのです」

メイザーはアカウントが凍結された後で、自分を締め出したポーカーのウェブサイトにEメールを送り、自分が行なったことについて正確に説明したいと申し入れた。彼はボットの先行きをさらに困難にする方法をいくつか知っていて、それを使って人間のポーカープレイヤーを守るためのセキュリティを強化できるのではないかと考えていた。メイザーはその会社に、警戒するべき点をすべて伝えた。ゲーム回数の多さから通常とは違うマウスの動きにいたるまで。さらに、ボットの開発を妨げるための対抗手段、たとえば画面上のボタンの大きさや位置を変化させるといったことまで教えた。

メイザーはまた、ボット作成の詳細な過程を、動作の画面例や図も含めて自らのウエブサイト上に公表した。彼は、ポーカーボットの作成は困難であり、コンピューターには他にはるかに有益な使い道があることを人々に示したかったのだ。「もしソフトウエアプロジェクトにあれほど多くの時間を費やすのであれば、もっと努力する価値のあるものにそのエネルギーを注ぐべきだと悟りました」。とはいえ、今振り返って、彼は自分の経験を後悔してはいない。「もしポーカーボットを作成していなければ、今ごろどこでどうしていたことでしょうね」

第8章　ギャンブルの科学の新時代

ポーカーの勝敗は運任せではないとする判例

ラスヴェガスのカジノを訪れる機会があったら、天井を見上げてみてほしい。何百というカメラが真っ黒なフジツボのように張りついて、上からテーブルを監視している。[1]人工の目が、カジノの儲けを抜け目のない人や手先の器用な人から守っているのだ。一九六〇年代まで、カジノにおけるイカサマの定義はじつに明快だった。[2]ディーラーが弱いハンド〔手役〕に配当したり、ルーレットのボールが止まった後にプレイヤーが自分の賭け金に高額のチップをこっそり足したりするようなことだけに気を配っていれば良かった。ゲーム自体には問題はなく、カジノは負け知らずだったのだ。

だが、そうはいかなくなってしまった。エドワード・ソープが、ベストセラー本『ディーラーをやっつけろ！』を書けるほど大きな抜け穴をブラックジャックに見つけた。その後、物理学の学生グループが、それまで偶然性が支配するゲームの典型と考えられていたルーレットを手なずけた。カジノの外では、人々が数学と人力を組み合わせて、宝くじのジャックポット〔多額の賞金〕さえ手にしている。

勝利は運とスキルのどちらによるかを巡る議論は、今や他のゲームにも広がっている。かつては儲かっていたアメリカのポーカー業界の命運すら左右しかねない。二〇一一年に、合衆国政府当局が複数の有力なポーカーウェブサイトを閉鎖し、その数年前から国内を席巻していた「ポーカーブーム」に終止符を打った。この大幅な改革の法的強制力をもたらしたのが、違法インターネット賭博執行法だ。[3] 二〇〇六年に成立したこの法律は、「勝敗が主として偶然性に左右される」ゲームにかかわる銀行送金を禁止した。この法令は、ポーカーの流行に歯止めをかけるのに一役買ってきたものの、株式取引や競馬には適用されていない。それでは、何をもって偶然性が支配するゲームとすればいいのだろう？

二〇一二年の夏、その答えがある男性にとって途方もない意味を持つことになった。連邦政府当局は、大手ポーカー運営会社の取り調べを行なっただけでなく、もっと小規模なゲームを運営している人々も捜査した。その一人がローレンス・ディクリスティナだった。[4] 彼はニューヨーク州スタテンアイランドでポーカールームを経営していた。二〇一二年にこの件が裁判となり、ディクリスティナは、違法な賭博事業を営んでいる廉で有罪を宣告された。

ディクリスティナは有罪判決取り下げの申し立てを開始し、翌月、再び法廷に立って自分の言い分を主張した。審理では、ディクリスティナの弁護士が経済学者のランドール・ヒーブを鑑定人として呼んだ。ヒーブの狙いは、ポーカーはスキルが物を言うゲームであり、したがって違法賭博の定義には当てはまらないと、判事に納得させることにあった。ヒーブは証言の最中に、何百万というオンラインポーカーゲームのデータを提示した。そして、トップクラスのプレイヤーは、二、三日の不運な日以外は常勝していることを示した。それにひきかえ、下手そのもののプレイヤーは年中負けていた。ポーカーで生計を立てられる人がいるという事実が、このゲームにはスキルが関係しているという確かな証拠だった。

検察当局も鑑定人を用意していた。デイヴィッド・デローザという経済学者だった。彼は、ポーカーについての見解がヒーブとは異なっていた。デローザは、一〇〇〇人がそれぞれ一万回コインを放り上げたら何が起こるか、コンピューターを使ってシミュレーションしていた。ある結果（たとえばコインの裏）を勝ちと仮定すると、ある人がコイン投げに勝つ回数は完全にランダムだった。それにもかかわらず、出た結果はヒーブの提示したものと酷似していた。一握りの人が勝ちを繰り返し、別の一握りの人は負けが込むように見えたのだ。これはコイン投げにスキルが関係している証拠ではなく、無数のサルがキーボードを叩き続けたときのように、十分に大きな集団を対象とした場合、起こりそうにない出来事が起こることを示していたにすぎない。

デローザがもう一つ関心を持ったのが、お金を失ったプレイヤーの数だった。ヒーブのデータに基づくと、オンラインポーカーをやった人の約九五パーセントが、結局は損をしているようだった。「損をしているなら、スキルでプレイしていると言えるでしょうか?」とデローザは問うた。「自分の失うお金が、もっと失った不運な人々よりは少ないとしても、私はそれをスキルのおかげとは思いません」

あるゲームでは、ほんの一、二割のプレイヤーしか勝ち続けるだけの腕を持っていないことをヒーブは認めた。はるかに大勢の人が勝つより負けるほうが多いのは、一つには運営会社の手数料のせいだとヒーブは言った。ポーカーゲームの運営側がラウンドごとにポット〔賭け金の総額〕から分け前を取るのだ(ディクリスティナのゲームの場合、手数料は五パーセントだった)。だがヒーブは、腕の良い一流のポーカープレイヤーが存在しているように見えるのを、偶然の結果とは考えなかった。大勢でコイン投げをした場合は勝ち続ける人がわずかにいるように見えるが、腕利きのポーカープレイヤーは、上位に入った後も勝ち続けるのが普通だ。コイン投げで運が良い人に同じことは言えない。

ヒーブによれば、強いプレイヤーが勝てるのは、一つにはポーカーではプレイヤーがゲームをコントロールしているからだという。スポーツの試合やルーレットで賭けをする場合、賭け金は結果に影響を与えない。だがポーカープレイヤーは、自分が賭けることでゲームの結果を変えられる。ヒーブは次のように述べた。「ポーカーの賭けは、同じ意味で『結果への賭け』ということにはなりません。自分で行なう戦略的な選択です。プレイヤーは賭け金を追加したりしなかったりすることで、ゲームの結果に影響を与えようとしているのです」

だが、数回のゲームでプレイヤーの成績を見ても意味がないとデローザは主張した。配られるカードは毎回変わるので、それぞれのハンドはその前のハンドとは無関係だ。一回のハンドに運がたっぷりかかわっているなら、そのプレイヤーは手痛い目に遭った後のラウンドでは勝てるだろうなどと考える根拠はない。デローザはこの状況を、モンテカルロのギャンブラーの誤謬になぞらえた。「ルーレットで赤が連続二〇回出たからといって、次に黒が出るとはかぎりません」

ヒーブは、それぞれのハンドに多くの偶然性がかかわっているのは認めたが、だからといってポーカーがもっぱら運次第というわけではないという。彼は野球のピッチャーを例に挙げた。ピッチングにはスキルが必要だが、それぞれの投球は偶然性の影響も受けやすい。下手なピッチャーが良い球を投げたりするし、うまいピッチャーが悪い球を投げることもある。最高のピッチャーと最低のピッチャーを見極めるには、多くの投球を調べる必要がある。

重要なのは、どれだけ待てばスキルの影響が偶然性の影響を上回るかだとヒーブは主張した。ゲームを数多くこなす（つまり、たいていの人がプレイする時間より長い期間にわたってプレイする）必要があるなら、ポーカーは偶然性が支配するゲームと見なすべきだ。ヒーブが行なったオンラインポーカーゲームの分析は、そうでないことを示していた。比較的少ないゲーム数の後でスキルが運を追い越すようだった。したがって、腕の良いプレイヤーは、何試合かプレイしただけで優位に立つことが望めた。

両者の主張のどちらを認めるかの判断は、ジャック・B・ワインスタインという名のニューヨーカーの判事に委ねられた。ディクリスティナを有罪にするために使われた法律（違法賭博事業法）は、ルーレットやスロットマシンなどのゲームは挙げているが、ポーカーについては明示していない点をワインスタインは指摘した。そして、法律が重大な詳細を特定しそこなったのはこれに始まったことではないと述べた。一九二六年一〇月、空港運営者のウィリアム・マクボイルは、イリノイ州オタワで飛行機の窃盗計画に手を貸した。マクボイルは米国自動車両窃盗法に基づき有罪判決を受けたが、これに対して上訴した。この法令は、飛行機を対象として明示していない、なぜなら車両を「乗用車、トラック、ワゴン、オートバイその他、レール上を走行するようには設計されていない自走式車両」と定義しているからだとマクボイルの弁護団は主張した。この弁護団によれば、これは飛行機が車両ではないことを意味し、したがってマクボイルは盗難車両の輸送に対する連邦犯罪で有罪にはなりえないという。

連邦最高裁判所はこれを認めた。この法律の文言は地上を移動する車両というイメージを呼び起こすので、類似する規則を適用すべきだと思えるからというだけで航空機にまで範囲を拡大すべきではないと連邦裁判所は述べた。有罪判決は覆された。[6]

ワインスタイン判事は次のように述べた。ポーカーは賭博法で言及されていないが、だからといって自動的にこのゲームが賭博でないことになるわけではない。だが、賭博法から欠落しているのだから、ポーカーにおける偶然性の役割については議論の余地があるということだ。そしてワインスタインは、ヒーブの証拠には説得力があると感じた。その夏まで、連邦法に基づきポーカーが賭博であるかどうかを裁定した法廷は一つもなかった。ワインスタインは、二〇一二年八月二一日に判決を言い渡し、ポーカーは主に偶然性ではなく技能に支配されると裁定した。つまり、連邦法の下では賭博とは見なされなかった。ディクリスティナの有罪は逆転した。

だが、この勝利は短命だった。ディクリスティナは連邦法を犯していなかったとワインスタインは裁定したものの、ニューヨーク州にはもっと厳しい賭博の定義がある。州法は、「偶然の要素に大きく依存する」あらゆるゲームを対象としている。その結果、ディクリスティナの無罪判決は二〇一三年八月に覆された。運とスキルの相対的な役割についてのワインスタインの裁定は問題にされなかった。州法ではポーカーはやはり賭博事業の定義に該当するとされたのだ。[7]

ポーカーのようなゲームに運がどれだけ絡んでくるかについて、ますます盛んに議論がなされるようになっているが、ディクリスティナの事件もその一端だ。「大きな偶然性」のような定義が、今後さらに疑問を招くのは間違いない。ギャンブルと金融分野の特定の部分との間には密接な結びつきがあることを考えると、この定義には何らかの金融投資も確実に含まれるのではないだろうか？　能力と偶然の巡り合わせの間のどこに境界線を引けばいいのだろう？

予測モデルの構築と因果関係の解明は別モノ

さまざまなゲームを、運と書かれた箱とスキルと書かれた箱に選別してみたくなる。ルーレットは純粋な運の例として扱われることが多いので、運の箱に入るかもしれない。チェスは、スキルのみを頼りにしていると考える人が多いゲームなので、スキルの箱に入るかもしれない。だが、事はそれほど単純ではない。そもそも私たちがランダムに等しいと思っているプロセスは、たいていランダムにはほど遠いのだ。

ルーレットは、ランダム性の極みと一般に思われているにもかかわらず、まず統計学に、その後物理学にも打ち負かされた。他のゲームも、科学の手に落ちた。ポーカーのプレイヤーはゲーム理論を利用し、シンジケートはスポーツベッティングを投資に変えた。だが、ロスアラモスで水素爆弾を開発したスタニスワフ・ウラムによると、このようなゲームにスキルがかかわっているのは必ずしも明白ではないようだ。「習慣によってもたらされる幸運のようなものがあるのかもしれない。カード運が良いと言われる人は、おそらく技能が物を言うそういったゲームに、ある種の隠れた才能があるのだろう」[8]と彼は言っている。科学的研究についても同じことが言えると、ウラムは考えていた。あまりに頻繁に幸運に出くわしているように見えるから、才能という要素がかかわっているのではないかと思わずにはいられない科学者がいたのだ。化学者のルイ・パストゥールも、一九世紀に同じような人生哲学を唱えた。「運は備えある者に味方する」[9]と彼は表現した。

運は、ある状況と不可分なのでけっして変えられないということはめったにない。運を完全に排除するのは難しいかもしれないが、ある程度までスキルで置き換えられる場合が多いことは、歴史が証明している。また、スキルだけが頼りだと私たちが思い込んでいるゲームも、じつはそうではない。チェスを考えてみてほしい。チェスというゲームには、ランダム性は本来備わっていない。二人のプレイヤーが対戦するたびに同じ手を指したら、結果は必ず同じになる。だが、それでも運がかかわっている。チェスの最適戦略は解明されていないのだから、相手が最高のプレイヤーであろうと、ランダムな手を指し続けて打ち負かすことはありうる。

残念ながら意思決定に関して言えば、私たちは偶然性に対してひどく偏った考え方をするときがある。自分の選択がうまくいくと、それをスキルのおかげにする。選択が失敗だった場合、それは運が悪かったせいにする。スキルに対する私たちの考え方は、外部からの影響で歪められることもある。時流に乗って大儲けした起業家や、急に世間の関心を集めた人の話が新聞に載る。書いた本が瞬く間にベストセラーになった新人作家や、一夜で有名になった音楽バンドの物語を耳にする。成功を目の当たりにして、なぜ彼らはこれほど特別なのだろうと不思議に思う。だが、特別ではないとしたらどうだろう?

二〇〇六年、コロンビア大学のマシュー・サルガニックらは、人工的な「音楽市場」の研究を発表した。[10] 彼らの実験では、参加者が何十というさまざまな曲を聴き、ランク付けして、ダウンロードすることができた。参加者は合計一万四〇〇〇人で、研究チームは密かに彼らを九つのグループに分けた。八つのグループでは、同じグループの他のメンバーにはどの曲が人気なのか、参加者は知ることができた。残る一つのグループは対照群で、参加者は他の人がどの曲をダウンロードしているのかわからなかった。

対照群で人気があった曲は(純粋に曲そのものの良さをもとにつけられた順位であり、他の人が何をダウンロードしているかには左右されなかった)、情報が公開されていた八つのグループでは必ずしも人気が高くないことを研究チームは発見した。それればかりか、八つのグループでは曲の順位が大きく異なっていた。「ベスト」の曲はどれもたいていある程度のダウンロード数を獲得したが、大々的な人気は保証されなかった。実際には人気は二段階で高まっていた。まず、最初の段階で参加者がたまたまどの曲を選ぶかには、ランダム性が影響した。その後、最初にダウンロードされたこれらの曲の人気は、順位を見て仲間を真似たがるという、人の社会的行動によって広まった。この研究論文の執筆者の一人であるピーター・シェリダン・ドッズは、後にこう書いている。「評判は私たちが考えているより、本来の質との関連が著しく低く、評判が広まる集団内の人々の特性との関連がはるかに高い」[11]

ヘッジファンドのウィントン・キャピタル・マネジメントの統計学者マーク・ルールストンとデイヴィッド・ハンドは、人気にランダム性があることが投資ファンドのランキングにも影響を与える可能性を指摘する。彼らは二〇一三年にこう書いた。「スキルのないファンドマネジャーが運営するファンドを考えてみてほしい。たんなる偶然でまずまずの利益を生み出し、それによって投資家が集まる場合もあれば、運用成績の悪いファンドが閉鎖し、姿を消す場合もある。人は存続しているファンドのランキング結果を見てみると、概して、これらのファンドはファンドマネジャーに何らかのスキルがあると考えるだろう」[12]

運とスキルの境界線、そしてギャンブルと投資の境界線は、私たちが考えているほど明確なことはめったにない。宝くじはギャンブルの典型のはずだが、賞金の繰越が数週間続いた後は、期待利益がプラスになる可能性がある。数字の組み合わせをすべて買い占めれば、利益を得られるのだ。それとは逆に、投資のほうがギャンブルに近くなるときがある。イギリスで人気のある投資対象のプレミアム付き国債を見てみよう。プレミアム付き国債への投資家は、通常の債券のように固定金利を受け取るのとは違い、毎月行なわれるくじの抽選に参加する。一等は一〇〇万ポンドで非課税で、それ以外にいくつかもっと少額の賞もある。プレミアム付き国債に投資することによって、人は本来なら手にしていた金利を実際にはギャンブルに使っているのだ。そうせずに貯金を通常の債券に投資し、利息を引き出して、そのお金を賞金繰越が行なわれる宝くじの購入に使っても、期待利益はさほど変わらないだろう。

ある状況で運とスキルを区別したいなら、まず両者を測る方法を見つける必要がある。だが、結果は些細な変化によって影響されることがあり、一見問題なさそうな判断が結果を一変させてしまう。個々の出来事が劇的な影響を与えうるのだ。サッカーやアイスホッケーのように、ゴールするのが比較的稀なスポーツではなおさらだ。一回の思い切ったパスが決勝点につながったり、パックがゴールポストに当たってしまったりすることもある。ホッケーの試合での勝利が、主に才能のおかげなのか、多くの幸運のせいなのかどうしたら区別できるのだろうか?

二〇〇八年に、ホッケーのアナリスト、ブライアン・キングがNHL(ナショナル・ホッケー・リーグ)の特定の選手がどのぐらい運が良かったかを測る方法を提案した。[13]「『ブラインドラック〔まったくの幸運〕』という統計値があるとしよう」と彼は言う。彼はその値を計算するために、その選手が氷上にいる間にチームが得点をあげたシュートの割合と、チームがゴールを阻止した相手チームのシュートの割合を求め、それからこれらの値を合計した。シュートの好機を生み出すにはスキルがおおいに必要だが、シュートが入るか外れるかには、運のほうが大きな影響を及ぼすとキングは主張した。した。キングがNHLの地元チームでこの統計を実際に試してみたところ、最も幸運だった選手は契約が更新される一方、不運だった選手は解雇されるという、憂慮すべき事態になっていることがわかった。

後にキングのオンラインでの名前にちなんで「PDO」と名づけられたこの統計値は、それ以来、選手(そしてチーム)の幸運度を評価するために他のスポーツでも利用されてきた。[14]二〇一四年のサッカーのワールドカップでは、トップチームのいくつかが予選のグループリーグを勝ち抜けなかった。スペイン、イタリア、ポルトガル、イングランドが揃って最初の関門を突破できなかったのだ。精彩を欠いていたからなのか、あるいは不運だったからなのか? イングランドチームは、得点を認められなかったゴールからペナルティーキックのミスにいたるまで、不運につきまとわれていることで有名だ。二〇一四年も例外ではなかったようだ。イングランドのＰＤＯは〇・六六で、参加チーム中最低だった。[15]

私たちはＰＤＯが非常に低いチームはたんに不運なのだと考えるかもしれない。そうしたチームには特別にミスの多いストライカーや弱いキーパーがいる可能性もある。だが長期的に見ると、著しく低い（あるいは高い）ＰＤＯを維持するチームはめったにない。より多くの試合を分析すると、一つのチームのＰＤＯはすぐに一という平均値に近い値に落ち着く。それは統計学者フランシス・ゴールトンが「平均への回帰」と呼んだ現象だ。だから、あるチームが数回の試合の後で、一より著しく高い、あるいは著しく低いＰＤＯを出したとしたら、それはおそらく運の良し悪しを象徴しているのだろう。

ＰＤＯのような統計値は、チームがどれほど幸運かを評価するのに役に立つ可能性はあるが、賭けをするときにはそれほど助けになるとはかぎらない。ギャンブラーにとってより重大な関心事は予測をすることだ。言い換えると、彼らは運より能力を反映する要因を見つけたいのだ。だが実際にスキルを理解することはどれほど重要なのだろうか？

競馬を例に取ろう。競馬場で起こることを予測するのは大仕事だ。過去の経験から馬場の状態にいたるまで、ありとあらゆる要因がレースで馬の成績に影響を及ぼしうる。それら要因のうちには未来に関する明確なヒントを提供してくれるものがある一方で、予測をしづらくするだけのものもある。どの要因が役立つのか見極めるために、シンジケートはレースについて信頼できる数多くの観察データを集めなければならない。香港は、年がら年中同じ馬を同じような条件で同じコースで走らせていたので、ビル・ベンターが見つけられるもののうちで理想的な実験室に最も近かった。

ベンターは自分の統計モデルを使い、競馬予想を成功させる要因を突き止めた。他の要因より重要な要因があることに気づいたのだ。たとえばベンターの初期の分析では、馬がそれまでに出走したレースの数が予想を立てるときの重要な要因であることが統計モデルでわかった。実際、他のほとんどの要因よりも重要だった。この発見は、それほど意外ではないかもしれない。多くのレースで走った馬はコースに慣れ、対抗馬に怖じ気づくことも少なくなると思われるからだ。

観察して得られた結果の説明を考え出すのはたやすい。私たちは直感的に正しいと思えるような主張に出会うと、それが事実であって当然である理由や、その結果に驚くべきでない理由を自分に納得させることができる。これは予想を立てるときには問題になりかねない。私たちは何かしら説明を考え出すことによって、一つのプロセスが別のプロセスの直接の原因だったと思い込んでしまう。香港の馬が勝つのはコースに慣れているから
だ、コースに慣れているのはレースで何度も走っていたから
だ、と

いう具合に。だが、勝算と走ったレースの数のように、二つの事柄が関係しているように見えるからといって、一方がもう一方の直接の原因であることにはならない。統計学の世界では「相関関係は因果関係にあらず」と呪文のようにたびたび言われる。ケンブリッジ大学のワインの経費を見てみよう。二〇一二年から二〇一三年にかけての学年度に同大学の各カレッジがワインに使った金額は、同じ期間の学生の試験結果と正の相関関係があった。[16] ワインにかける費用が多いカレッジほど、概して学生の成績が良かった（カール・ピアソンやアラン・チューリングがかつて在籍していたキングズ・カレッジは、ワイン経費が三三万八五五九ポンドで、学生一人につき約八五〇ポンドとなり、リストのトップを飾った）。[17]

同様に興味深いことが他の場所でも起こっている。チョコレートを多く消費する国々のほうがより多くのノーベル賞を受賞している。[18] ニューヨーク市でアイスクリームの売上が伸びると、殺人事件の発生率が増す。[19] もちろん、アイスクリームを買うと人を殺したくなるわけではないし、チョコレートを食べるとノーベル賞級の研究者になれたり、ワインを飲むと試験で良い点が取れたりするわけでもない。

これらのケースのそれぞれに、パターンを説明できる根源的な要因が別にあるのだろう。ケンブリッジ大学の要因は富かもしれない。豊かさはワインの消費と試験結果の両方に影響するだろうから。あるいは、より複雑な理由がいくつも、この観察結果の陰に潜んでいることもありうる。だからビル・ベンターは自分の競馬モデルで非常に重要に思える要因がある理由を説明しようとはしない。馬が走ったレースの数は、馬の成績に直接影響を及ぼす別の（隠れた）要因と関係しているのかもしれない。あるいは、出走数と他の要因（馬体重や騎手の経験など）の間には込み入ったバランス関係が存在することも考えられ、それを「ＡがＢの原因となる」というすっきりした結論にまとめ上げることはベンターには望むべくもなかっただろう。だがベンターは的確な予測をするためなら、簡潔さや説明など喜んで犠牲にする。自分が着目する要因が直感に反していたり、正当化できなかったりしてもかまわない。モデルの目的は特定の馬の勝算を見積もることであり、なぜその馬が勝つのかを説明することではないのだ。

アイスホッケーから競馬にいたるまで、スポーツの分析法は近年急速な進歩を遂げた。ギャンブラーは優れた手法のおかげで、より大きなモデルとより正確なデータを合わせ、これまでなかったほど詳しく試合を研究できるようになった。その結果、科学的ベッティングはカードカウンティングをはるかに超えた次元まで進んでいる。

モデルが正しいとはかぎらない理由

エドワード・ソープはブラックジャックに関する著書『ディーラーをやっつけろ！』

の本文の終わりで、今後数十年のうちに、運を手なずけようとする新たな手法が数多く出てくるだろうと予言した。彼には、そうした手法がどのようなものなのか予想しようとしても無駄だとわかっていた。「可能性のほとんどは、私たちの現在の想像や夢などとうてい及びもつかないものになる。それらがしだいに明らかになるのを目にできると思うと胸が躍る」と彼は書いている。

ソープが予言してから、ベッティングの技術は現に進化してきた。新しい研究分野がまとまり、ラスヴェガスのカジノのフェルト張りのテーブルやプラスティックのチップからはるかに遠い領域まで広がっている。それにもかかわらず、科学的な賭けの一般的なイメージはほとんど昔のままだ。ギャンブル戦略の話はソープやエウダイモンたちの冒険から遠く離れることなどめったにない。カードカウンティングをしたり、ルーレットテーブルを観察したりすれば賭けで成功できると思われている。物語は数学を中心に展開し、決定は基本的な確率の問題として語られる。

だが、単純な方程式が人間の創意工夫にどんな点で優るかは、これらの物語が暗示しているほど明確ではない。ポーカーで特定のハンドを配られる確率を計算する能力は、役には立つが勝利への確かな道では断じてない。ギャンブラーには相手の振る舞いを分析することも必要だ。ジョン・フォン・ノイマンは、この問題に取り組むためにゲーム理論を開発したとき、ブラフのような相手を惑わせる戦術を使うのが実際には最善の策であることに気づいた。ギャンブラーのやり方は前々から正しかったのだ。たとえなぜ正しいのか、自分ではわかっていなくても。

数学的な完璧さから完全に外れなければならないときもある。研究者がポーカーの技術をさらに深く調べるにつれ、ゲーム理論だけでは足りず、相手を読む、弱点につけ込む、感情を見抜くといった伝統的なギャンブルのやり方に頼れば、コンピューター・プレイヤーを世界一にする助けになる状況があることがわかってきている。たんに確率を知るだけでは十分ではない。優秀なボットは数学と人間心理の両方に通じている必要がある。

スポーツにも同じことが言える。アナリストはチームの成績を形作っている特異な要因のそれぞれを把握しようといっそう努力している。二〇〇〇年代初期に、ビリー・ビーンがセイバーメトリクスを使って、過小評価された選手を見つけ出し、資金繰りに苦労していたオークランド・アスレチックスをメジャーリーグベースボールのプレイオフに何度も導いたことは有名だ。その手法は今では他のスポーツでも取り入れられている。イングランドのプレミアリーグでは、ますます多くのサッカーチームが統計のプロを雇い、チームの成績や移籍の可能性に関する助言を受けている。マンチェスター・シティが二〇一四年にリーグ優勝したとき、チームは戦術を練り上げるのに一〇人余りのアナリストの助けを仰いでいた。[20]

手に入る試合のデータから苦心して引き出した統計値より、人間的な要素のほうが有力な要因となることもある。なにしろゴールの可能性は、ボールにまつわる物理学的側面とそれを蹴る選手の心理の両方にかかっているからだ。ロベルト・マルティネスはエヴァートン・フットボールクラブの監督時代、選手と契約するかどうかを検討するときには、選手の成績に劣らず態度（マインドセット）が重要だと言っていた。[21] 監督たちは選手が新しい国にどれほど馴染めるか、敵意を持っている観客からのプレッシャーにうまく対処できるかどうかを知りたい。そして、このような要因を測定するのが非常に困難なことは明らかだ。

スポーツの世界では測定がしばしば難問となる。一度もタックルしないディフェンダーから、ボールにほとんど触れないＮＦＬ〔ナショナル・フットボール・リーグ〕のコーナーバックまで、選手を見ていても私たちはいつも貴重な情報を突き止められるとはかぎらない。だが、試合で何が起こっているのか、そして将来何が起こりうるのかをしっかり理解したいのなら、自分が何を見逃し、測定しそこなっているのかを知ることが欠かせない。

研究者はスポーツの理論モデルを開発するとき、現実を抽象へと変換する。彼らは細部を取り除き、重要な特色にもっぱら注意を向ける。まさにそれと同じことをしたので有名なのがパブロ・ピカソだ。ピカソは一九四五年の冬に「牡牛」のリトグラフを制作したとき、牡牛の写実的な描写から始めた。[22] 当時それを見ていた助手は、次のように語っている。「堂々とした、肉付きの良い牡牛でした。これでできた上がりだと心のなかで思いました」。だが、ピカソにとってそれは完成ではなかった。最初の版画ができると、彼は二番目へ、さらに三番目へと進んだ。ピカソが新しい版画を作るたび牡牛が変わるのを助手は目の当たりにした。「だんだん小さくなり、痩せ細っていきました。ピカソは描き加えていくのではなく取り去っていったのです」と彼は言った。ピカソは新たな版画を作るたびに牡牛の肉を削ぎ落とし、重要な輪郭だけを残し、結局は一一番目まで行った。最後には細部がほとんど消え去り、ほんの少しの線以外は何もなくなった。だがその形を見れば、依然として牡牛だとわかった。ピカソはそれらの数本の線で牡牛の本質を捉えていた。抽象的ではあるが、けっして曖昧ではない画像ができ上がっていた。アルバート・アインシュタインがかつて科学的モデルについて言ったように、「すべてのものは可能なかぎり単純にすべきだが、単純にし過ぎてはならない」[23] のだ。

抽象は芸術と科学の世界だけに限られてはいない。生活の他の領域でもよく見られる。お金を例に取ろう。私たちはクレジットカードで支払いをするときにはいつも、物質的な現金を抽象的な表象に置き換えている。金額は同じだが、手触り、色、匂いといった不必要な詳細は取り除かれる。地図もまた抽象の例だ。不要な詳細は地図では示されない。輸送機関と交通機関に重点が置かれているとき、天気は省かれる。日差しやにわか雨に関心があるなら、高速道路は消える。

抽象は複雑な世の中を渡りやすくしてくれる。ほとんどの人にとって、アクセルは車をより速く進ませるただの装置だ。私たちは自分の足と車輪との間で起こる一連の事象を気にしないし、知る必要もない。同様に、音波を電気信号に変換する送信機として電話を見ることなどほとんどない。日常では、電話は会話を生み出すボタンの集まりにすぎない。

じつのところ、ランダム性の概念そのものも抽象であると言える。コインを放り上げると五〇パーセントの確率で裏になると言ったり、ルーレットのボールがある特定の数字の上で止まるのが三八回に一回の確率になると言ったりするとき、それは抽象を利用している。理論上は、コインやボールの動きの方程式を書き出し、それを解いて軌道を予測することもできる。だがコイン投げやルーレットのスピンは初期条件に非常に鋭敏なので、現実にこれを行なうのは難しい。そこでそのかわりにそのプロセスを概算したり、予測不能と仮定したりする。私たちは便宜上、込み入った物理的プロセスを単純化することを選ぶ。

日常生活で私たちは（意識するしないにかかわらず）どんな抽象を利用するか選択しなければならないことが多い。最も詳しい抽象は細かな点を一つとして省略しない。

数学者ノーバート・ウィーナーが言ったように、「一匹の猫のいちばん具体的なモデルは別の猫、いやできることならその猫自身だ」[24]。世界をそれほど詳細に把握するのは、実際的にはまず不可能なので、そのかわりに私たちは、いくつか特性を取り除かなければならない。とはいえその結果生まれる抽象は、信念や先入観に影響された、自分なりの現実モデルとなる。

人の認識に影響を与えることを意図して作られた抽象もある。一九四七年に『タイム』誌が見開きページでヨーロッパとアジアの地図を掲載した[25]。「共産主義の伝染」と題するその地図は、不吉な赤い色で塗られたソヴィエト連邦が世界の残りの地域を呑み込みそうに見えるように視点が変えられていた。それを手掛けた地図製作者Ｒ・Ｍ・チェイピンは、それ以降の号でもそのテーマを続けた。一九五二年には「モスクワからのヨーロッパ」という地図で、図の下方からせり上がってくるソヴィエト連邦を描き出している。境界線は西側諸国に向かう矢印の形をしていた[26]。

バイアスが故意ではないにしても、モデルが制作者の狙い（そして使える手段）に左右されるのは必至だ。前に説明したさまざまな競馬モデルを思い出してほしい。ボルトンとチャップマンのモデルには九つの要因があった。ビル・ベンターにいたっては一〇〇以上の要因を使った。研究者はどんな抽象にするか決定するときは、慎重に事を進めなくてはならない。単純なモデルからは重要な特色が漏れてしまう危険がある一方、複雑なモデルには不必要な特色まで含まれてしまうかもしれない。秘訣は、役に立つ程度に詳細ではあるが、実際に使える程度に単純である抽象を見つけることだ。たとえばブラックジャックでは、カードカウンターはカードを一枚残らず正確に覚えておく必要はない。自分が有利になるように勝ち目を変えられるだけの情報があればいいのだ。

もちろん、間違った抽象の仕方を選んで重要な詳細を除外してしまうような危険は常に存在する。エミール・ボレルはかつて、二人のギャンブラーがいたら、いつも一人は泥棒で一人は間抜けだと言った。これが当てはまるのは、一方がもう一方よりずっと良い情報を持っている場合だけにかぎらない。複雑な状況下では、二人がそっくり同じ情報を持っていながらも、ある事象が起こる確率に関して違う結論に行き着く可能性があることをボレルは指摘した。だからこの二人がいっしょに賭けるとき、それぞれが「自分が泥棒であいつは間抜けだ」と信じることだろうとボレルは言った。[27]

ポーカーは、どんな抽象を選択するのかが重要な状況の好例だ。プレイヤーができることの数は厖大で、コンピューターでも計算し切れない。したがって、ボットはゲームを単純化するために抽象を使わなければならない。トゥオマス・サンドホルムは、これが問題を引き起こしかねないことを指摘した。たとえば、あなたのボットは可能な賭け金の額をすべて分析する必要を避けるために、いくつか特定の額のベットに関してだけ考えるかもしれない。ところが時間の経過にしたがい、ボットによる現実の捉え方は実際の状況に合わなくなっていく。「今ポットがいくらになっているのか、あなたが考えている額は、もう正確ではない」とサンドホルムは言う。これではあなたは、もっと現実に近い、優れた抽象を使っている相手に対して不利な立場に陥る可能性がある。

問題が起こるのはポーカーでだけではない。カジノ産業全体が、ゲームはランダムであるという前提の上に成り立っている。カジノはルーレットのホイールのスピンやブラックジャックのカードシャッフルを予測不能なものとして扱い、客も同じ考えを持っていることを当てにしている。だが、抽象を信じているからといって、抽象が正しくなるわけではない。そして、エドワード・ソープやドイン・ファーマーのような人が、より優れた現実のモデルを持って現れたとき、その人物は過度にゲームを単純化して捉えていたカジノから利益をあげることができる。

ソープとファーマーは、カジノのゲームを研究し始めたとき、どちらも物理学専攻の学生だった。それからの数十年間に、学生たちや学究の徒たちが二人に倣ってきた。カジノをターゲットにする人もいれば、スポーツや競馬に焦点を絞る人もいた。そこで疑問が湧いてくる。なぜ賭け事は科学者の間でこれほど人気が高いのだろう？

ギャンブルの科学を教えるMITの講座

一九七九年一月、マサチューセッツ工科大学（MIT）のある学部生グループが、「必要に迫られたらどう賭けるか」という課程外の講座を開設した。[28] それは、学生が新しい授業を受けて興味を広げられるように大学が設けた四週間の自主活動期間（IAP）の一環だった。参加者はこのギャンブル講座で、ソープのブラックジャックの戦略と、カードカウンティングのやり方について学んだ。まもなくそのうちの何人かが戦略を実地で試してみることにした。まずはアトランティックシティで、次にラスヴェガスで。

学生たちは手始めにソープの手法を使ったが、成功を収めるためには新しい工夫が必要だった。ソープが発見したとおり、カードカウンティングでうまくやってのけるのは単独では難しかった。プレイヤーはカウントが自分に有利になったときはベットを増やさなければならないが、それではどうしてもカジノのセキュリティ要員の注意を引いてしまう。そのため、MITの学生たちはチームを組んだ。[29] 何人かのプレイヤーが「スポッター」の役を務め、最低限度額を賭けながら、どんなカードが出たかを追った。残りのカードが自分たちに十分有利になると、スポッターは「ビッグ・プレイヤー」という別のグループに合図を送る。するとビッグ・プレイヤーたちがやってきて、そのテーブルで多額のお金を賭ける。チームのメンバーは自分たちの役割をセキュリティ要員の目から隠すために、いかにもカジノにいそうな客に扮した。頭の切れる女子学生たちは胸の大きく開いた服を着ておつむの弱い客を装い、ずっとカードを数え続けた。アジア系や中東系の学生たちは、親の金を喜々として使う金持ちの外国人を演じた。

時とともにメンバーは変わったが、MITのチームは何年にもわたってカジノと対決し続けた。大学のあるマサチューセッツ州での暮らしとの違いは、これ以上ないほど大きかった。片や寮の部屋に、ボストンの雨。片やホテルのスイートルームに、青空に、巨額の利益だった。一九九五年の独立記念日の週の終わりに、チームはあまりに大勝ちしたので、旅の終わりにプールサイドで合流したとき、彼らの一人は一〇〇万ドル近い現金の入ったスポーツバッグを持っていた。別のときには、チームの一人がMITの教室に一二万五〇〇〇ドルの入った紙袋を置き忘れた。教室に戻ったとき、袋はなくなっていた。その後、用務員が自分のロッカーにしまっていたのがわかった。彼らはFBIと麻薬取締局による半年に及ぶ取り調べを受けた末に、ようやくお金を取り戻した。[30]

MITのブラックジャックチームは、ギャンブル界の伝説になった。ジャーナリストのベン・メズリックは彼らの話をベストセラーとなった『ラス・ヴェガスをブッつぶせ！』という本に書き、彼らの活躍をもとにして後に映画『ラスベガスをぶっつぶせ』が作られた。ところが残念ながら、現代の学生たちにとって、ＭＩＴチームの偉業は過去のものになった――文字どおりの意味でも、それ以外の意味でも。近年、カジノはさらなる対策を多数導入しているので、ギャンブルに挑むチームはみな、一九八〇年代や九〇年代に見られたような大成功を再現するにはそうとう苦労するだろう。実際、プロのギャンブラー、リチャード・マンチキンによれば、もうブラックジャックだけに的を絞る人はほとんどいないという。「私もカードカウンティングだけで生計を立てている人はごくわずかしか知りません。片手の指で数えられるほどです[31]」と彼は言っている。

とはいえ、ギャンブルの科学は今なおＭＩＴの講座として残っている。二〇一二年、博士課程の学生ウィル・マーは、ＩＡＰの一環として新しい講座を開設した[32]。正式名称は「15.S50」だったが、それがＭＩＴのポーカークラスだということは知れ渡っていた。マーはオペレーションズ・リサーチを研究していて、カナダでの学部生時代に盛んにポーカーをやり、たっぷり稼いでいた。ＭＩＴに入ったとき、彼が大儲けしたという噂が広がり、何人かがポーカーについて質問し始めた。そのうちの一人は彼の学部の学部長ディミトリス・ベルツィマスで、彼もポーカーに興味を持っていた。ベルツィマスはマーが講座を企画し、勝つのに必要な理論と戦術を教えるのを支援した。それはＭＩＴの正規の講座だった。学生は及第すれば学位取得に必要な単位を取ることができた。

このコースは大きな関心を集めた。事実、初日は出席者が多過ぎたため、教室を変更しなければならなかった。「おそらくIAPでも指折りの人気講座だったでしょう」とマーは言っている。受講者は経営学専攻の学部生から博士号を持った数学者まで多岐にわたった。マーの講座はオンラインポーカーの世界でも注目された。受講生たちは自分の専門知識を使ってポーカーのソフトウェアを作るつもりだろうと、多くの人が誤って思い込んでしまった。「話が伝わるうちにどういうわけか捻じ曲げられてしまいました。彼らは、MITの学生たちがプログラムを書いた厖大な数のボットから成る巨大ポーカーボットシステムができ上がり、お金をみんなさらっていってしまうと考えていました」とマーは語った。

マーはボットから距離を置くだけでなく、自分のポーカーの講座が大学から誤解されるのを注意深く避けなければならなかった。「ギャンブルと見られる可能性がありましたし、MITでギャンブルを教えていいわけはありません」と彼は言った。そこで彼は戦略を実演するのにおもちゃのお金を使った。「私が他人から本物のお金を取っていないことを、はっきり示さなければなりませんでした」

ポーカーのあらゆる面を取り上げるだけの時間はなかったので、マーは最大の利益をもたらすテーマに的を絞ることを目指した。「学習曲線のうちでも、いちばん急に上昇する部分をやろうとしました」と彼は言った。彼は、ラウンドの最初から恐れずに加わるべき理由や、フォールドするのに飽きて多くのハンドをプレイし過ぎる危険について説明した。こうした教訓の多くは他の状況でも役に立った。「私はそれを実生活での物の見方に当てはめようとしました」とマーは言った。このポーカーの講座では、自信たっぷりに行動することや、ミスをしても能力を発揮し続けられるようにすることの重要性を取り上げた。受講生たちは対戦相手の心の読み方やゲーム中に自分が与える印象をうまく操る方法を学んだ。そうするうちに、彼らには運とスキルの真の姿が見えてきた。「ポーカーから確実に学べることの一つは、良い決定をしても悪い結果になる場合があるし、悪い決定をしたのに良い結果が出る場合もあるということだと思います」とマーは言う。

ギャンブルは科学者と科学を引きつけ続けている

ギャンブルの科学を教える講座は、カナダのオンタリオ州のヨーク大学やアメリカのジョージア州のエモリー大学など、他の大学でも出現している。[33] これらの講座で、学生たちは宝くじ、ルーレット、カードシャッフル、競馬などを学ぶ。彼らは統計学や戦略を学習し、リスクを分析し、選択肢を比較検討する。それでも、マーが気づいたように、大学で賭け事を扱うという発想は反感を持たれかねない。実際、いついかなる場合にも賭け事は良くないという人は多い。

人が賭け事は嫌いだと言うとき、それが通常意味しているのは、ギャンブル業界が嫌いだということだ。両者は関係あるが、けっして同じではない。たとえカジノでギャンブルをしたりブックメーカー〔胴元〕を訪ねたりすることがなかったとしても、賭けは私たちの生活に浸透している。幸運であろうと不運であろうと、運は私たちのキャリアや人間関係全般にかかわっている。私たちは隠れた情報に対処したり不確実な状況もうまく切り抜けたりしなければならない。リスクと見返りのバランスを取る必要がある。楽観主義は確率と照らし合わせてみなければならない。

ギャンブルの科学研究はギャンブラーにだけ役立つわけではない。賭けについて学ぶのは、運という概念を探究するための理に適った方法であり、したがって科学的なスキルに磨きをかける優れた手段にもなりうる。競馬の予測に関するルース・ボルトンとランドール・チャップマンの論文から数十億ドル規模のギャンブル産業が生まれたが、それはボルトンがこのテーマで書いた唯一の論文だった。ボルトンはそれ以後ずっと、他のさまざまな問題を研究してきた。そのほとんどはマーケティング中心で、多種多様な価格戦略の影響から、種々のビジネスにおける顧客関係の管理法まで幅広い。したがって競馬の論文は、自分の履歴の中でも異質なもののように見えかねないことはボルトンも認めている。一見したところ、彼女の他の研究にはそぐわない感じがするのだ。だがその初期の競馬研究で使った手法は、さまざまなモデルの開発や生じうる結果の評価などを取り入れており、その後の彼女の研究の形を決めることになった。「あの論文における周りの世界に関する考え方を私はいつも持ち続けていました」[34]と彼女は語っている。

ボルトンが競馬の分析に使った確率論は、これまで考案されたなかでも屈指の価値ある分析ツールだ。それによって私たちは、さまざまな事象がどれだけ起こりそうかを判断したり、情報の信頼性を評価したりすることができる。結果として、確率論はDNAの塩基配列決定から素粒子物理学まで、現代科学の研究に不可欠な要素となっている。とはいえ、確率の科学は図書館や階段教室ではなく酒場や娯楽室でのカードゲームやサイコロゲームの中から生まれた。一八世紀の数学者ピエール＝シモン・ラプラスにとって、それは奇妙なコントラストだった。「運が物を言うゲームを考察しているうちに始まった科学が、人間の知識の最も重要な対象となったのだから驚くべきことだ」[35]

その後、カードとカジノからは他の多くの科学的アイデアも生まれてきた。本書で見たとおり、ルーレットのおかげでアンリ・ポアンカレはカオス理論のもととなる考えをまとめ、カール・ピアソンは新しい統計的手法を検証できた。また、スタニスワフ・ウラムの場合には、カードゲームが、今や3Dコンピューターグラフィックスから病気の発生の分析まであらゆるものに使われているモンテカルロ法の考案に結びついたことも本書で紹介した。さらに、ゲーム理論がジョン・フォン・ノイマンによるポーカーの分析から生じたところも見てきた。

科学とギャンブルの関係は今日でも発展し続けている。あいかわらずさまざまなアイデアが両者の間を行き交っている。ギャンブルから新しい研究が始まり、科学の進展のおかげでギャンブルに関する新たな発見がもたらされる。研究者たちはポーカーを利用してＡＩ〔人工知能〕の研究をし、まるで人間のようにブラフをかけたり学んだり不意打ちをしたりすることができるコンピューターを作り出す。毎年そうした優秀なボットが、人間がまったく知らなかった戦術や、やってみようともしなかった戦術を新たに考え出している。一方、高速アルゴリズムが、企業が自動で賭けを行なったり取引をしたりするのを助け、相互作用の複雑な「生態系」を作り出し、それが新しい研究方法の数々を実現させてきた。スポーツアナリストは、より的確なデータとより高速のコンピューターのおかげで、もはやチームの試合結果を予測するだけではなくなっている。選手ごとに役割を切り離し、偶然性とスキルの寄与の度合いを測定する。研究者たちはポーカーからベッティングエクスチェンジまで調べ、人間の行動と意思決定についての理解を深めつつあり、そうすることで、より効果的なギャンブル戦略を次々に考え出している。

科学がギャンブルの常識と定石を覆した

科学的ベッティング戦略と聞くと、人は数学を使ったマジックのトリックを思い浮かべる。単純な方程式が一つ、あるいは基本的な規則が二つ三つありさえすれば金持ちになれる、というふうに。だが、マジックのトリック同様、パフォーマンスの単純さは幻想で、その陰には山のような準備と練習が隠されている。

本書で見てきたように、勝てないゲームなどほとんどない。だが、ラッキーナンバーや「絶対確実な」システムで儲かることもほとんどない。賭け事で勝つには忍耐と創意工夫が必要だ。定石を無視して自分の好奇心に従う創造的な人間が求められる。それはジェイムズ・ハーヴィーのような学生かもしれない。彼はどの種類の宝くじがいちばん当たるだろうかと考え、自分が見つけた抜け穴をうまく利用するために何十万枚もの宝くじ購入を画策した。あるいはそれは、ルーレットのボールがどこに止まるかを見極めるためにキッチンの床でビー玉を転がしたエドワード・ソープのような物理学者かもしれない。競馬のデータを徹底的に調べて勝ちの要因を見つけ出そうとしたルース・ボルトンのようなビジネス・スペシャリストが必要なのかもしれない。はたまた、サッカーの勝敗予測に関する学部生用の試験問題を読んで、さまざまな手法がどう改良できるかを模索したマーク・ディクソンやスチュアート・コールズのような統計学者が。

モンテカルロのカジノから香港の競馬場まで、完全無欠の賭けにまつわる物語は科学の物語だ。かつての経験則やくだらない迷信は、今では実験によって導かれた理論に場所を譲っている。迷信の支配力は衰え、厳密さと探究がそれに取って代わった。ブラックジャックと競馬に賭けて財を成したビル・ベンターは、この大転換の功労者が誰であるかに微塵の疑いも持っていない。彼はこう語っている。「世慣れたラスヴェガスのギャンブラーが攻略法を思いついたわけでは断じてありません。学問的知識と新しいテクニックを身につけた、外の世界の人間が乗り込んできて、それまで暗闇だった所に光を当てたときに、初めて成功がもたらされたんです[36]」

謝辞

最初に、担当エージェントのピーター・タラックにお礼を言わなければならない。企画を立てる段階から出版社を見つけて交渉をまとめる段階まで、この三年間の彼の助言はかけがえのないものだった。また編集者、すなわちベーシック・ブックス社のTJ・ケラハーとクイン・ドー、プロファイル社のニック・シーリンにも、私に賭け、科学的知識をストーリーという形にする手助けをしてくれたことに感謝したい。

執筆内容に関して、きわめて重要な意見を出したり、私と話し合ったりし続けてくれた両親の恩はけっして忘れない。また初期の草稿に多くの貴重なコメントを寄せてくれたクレア・フレイザー、レイチェル・ハンビー、グレアム・ホイーラーにも感謝する。それにもちろん、至言の数々とワインを携えていつもそばにいてくれたエミリー・コンウェイにも。

最後に、時間を割いて見識と経験を語ってくれた多くの人々全員にお礼を言いたい。ビル・ベンター、ルース・ボルトン、ニール・バーチ、スチュアート・コールズ、ロブ・エステヴァ、ドイン・ファーマー、デイヴィッド・ヘイスティ、マイケル・ジョハンソン、マイケル・ケント、ウィル・マー、マット・メイザー、リチャード・マンチキン、ブレンダン・プーツ、トゥオマス・サンドホルム、ジョナサン・シェイファー、マイケル・スモール、ウィル・ワイルド。これらの人々の多くが科学的好奇心でいくつもの産業をそっくり形作ってきた。次にどんなものが登場するのか、興味は尽きない。

訳者あとがき

二〇一七年八月末に、アメリカの宝くじ「パワーボール」で大当たりした女性の話が報じられた。獲得賞金は七億五八七〇万ドル（約八二九億円）。ただし、一括受け取りを選んだため、税引き後の金額は三億三六〇〇万ドル強（約三六七億円）。その女性は、即、勤務先に電話して退職を申し出たという。そういう電話ならぜひ一度でもかけてみたいと羨む人も多いのではないか。しばらく当選者が出ていなかったので繰越金がたまって賞金額が膨れ上がったところで当選、しかも独り勝ちという、誰もが憧れる、幸運を絵に描いたようなケースだ。今日もどれだけ多くの人が、あわよくば自分もと、くじを買い、ギャンブルに興じていることだろう。

さて、話は少しさかのぼるが、二〇一五年、日本で面白い裁判の決着がついた。争点は、外れ馬券の購入費が必要経費として認められるかどうかだった。事の発端は巨額の払戻金の脱税容疑だ。大阪在住のある男性が、二〇〇七年から二〇〇九年にかけての三年間で、約二八億七〇〇〇万円相当の馬券を買い、そのうち約一億三〇〇〇万円分が的中し、約三〇億一〇〇〇万円の払戻金を獲得した。だが、男性はその払戻金を申告せず、二〇一三年に所得税法違反で有罪になっていた。問題は、この男性の所得は、払戻金から、それを得るために買った当たり馬券の額を引いた約二八億八〇〇〇万円なのか、それとも、外れ馬券の購入費も必要経費と考えて差し引いた約一億四〇〇〇万円なのか、だ。

大阪地方裁判所は、当たった馬券の購入代だけでなく、外れ馬券の代金も必要経費になるという被告側の主張を認めたが、検察側はこれを不服として上告していた。だが、二〇一五年三月一〇日、最高裁判所が一、二審の判決を支持し、必要経費と認める判断を下した。

この件は前述のアメリカ人女性の例とは明らかに異質だ。どこが違うのか？　報道を見るかぎり、女性はただくじを買い、たまたま選んだ数字の組み合わせが的中し、賞金を手にしたのに対して、日本人男性は、営利目的で、科学的手法を使い、確実に儲けを出していた。この三点がカギだ。

男性は、素人が夢を追う刹那的な娯楽としてではなく、「数年以上にわたって大量かつ網羅的に」、「営利を目的として」馬券を購入した。そして、運に任せて勝ち馬を選ぶのではなく、さまざまな要因を分析し、市販のソフトや独自の条件設定、計算式を使い、自動購入システムも構築するなど、科学的手法を駆使して馬券を買っていた。

その上で、「多額の利益を恒常的に」あげていた（引用はいずれも最高裁の判決文より）。中央競馬の払戻率は七〇～八〇パーセントで、投入資金の九〇パーセントを継続的に回収できる人は上級者だそうだが、この男性の場合、その割合はなんと五年間で一〇四・四パーセントだったという。たしかにアメリカ人女性も儲けはしたし、その額は男性の儲けをはるかに上回るものの、それはたんなる幸運であって、もう一度やってくださいと言われても不可能だろう。

ギャンブルには昔から人を引きつける魅力がある。人はギャンブルに一獲千金の夢を託す。だから冒頭に紹介したような運任せのまぐれ当たりも話題になるのだろうが、それはしょせん新聞記事程度のものだ。一方、カジノなどの強敵に、単独で、あるいは少人数が知恵を絞って勝負を挑み、ついに勝利を収める過程は物語になる。そのドラマには爽快感がある。それに、科学的手法を使って体系的・組織的に賭けを行なえば確実に儲かるかもしれないというのだから、ギャンブルの魅力が俄然増すではないか。そして、科学的な手法やベッティング（賭け）ビジネスの実態や背景にも、おおいに興味をそそられるではないか。そんな気持ちに応えてくれるのが、本書『完全無欠の賭け――科学がギャンブルを征服する』（単行本タイトル）だ。

著者のアダム・クチャルスキーは一九八六年生まれで、ロンドン在住。ケンブリッジ大学で数学の博士号を取得し、ロンドン・スクール・オブ・ハイジーン・アンド・

トロピカル・メディスン（ロンドン大学衛生熱帯医学大学院）で数学モデリングを教えながら統計学や社会行動の論文を発表する一方、サイエンスライターとしてポピュラーサイエンスの記事も執筆している。二〇一二年にはウェルカム・トラスト・サイエンスライティング賞を受賞した。

本書は序章のサイコロ賭博に始まり、第1章ではルーレット、第2章では宝くじというように、取り上げるギャンブルは多岐にわたり、ブラックジャックやポーカー、チェッカーといったゲーム、競馬、サッカーや野球をはじめとするスポーツベッティング、金融市場などにも話が及ぶ。そして、ギャンブルの必勝法の研究が多くの科学を生み、科学の進展がギャンブルの必勝法の研究に反映されるという、今なお回り続けているサイクルを追う。サイコロ賭博にまつわる疑問から一七世紀に偶然性の科学研究が花開き、ガリレオやケプラー、パスカル、フェルマーらがそれに取り組んで、確率論の基礎を築いた、という具合に、著名な学者とギャンブルの結びつきや、そこから生まれた科学理論、そうした理論を応用したギャンブル攻略法が紹介される。ルーレットに興味を持ったポアンカレとピアソンがランダム性を研究し、それがやがてカオス理論につながったし、情報理論の開拓者シャノンもルーレットを研究している。ノイマンとブラフ（はったり）、ナッシュと最適戦略、水爆開発で編み出されたマルコフ連鎖モンテカルロ法と競馬の予測モデルといった組み合わせが次々に語られる。

そしてもちろん、科学の知見に基づく攻略法を実践した痛快な成功例や思わぬ苦労、失敗の例も、ふんだんに盛り込まれている。ルーレットで大儲けした学生コンビ、ブラックジャックで一〇〇万ドル近く稼いだＭＩＴの学生チーム、宝くじで七〇万ドルほどせしめたシンジケート（ギャンブル組織）、厖大な枚数のくじのチケットの購入と管理の大変さ、競馬で一着だけではなく、三レース続けて三連勝複式を的中させる神業のような予想、周到な研究を重ねてポーカーのトーナメントを制したＵＣＬＡの博士号取得者……。

万里の長城や大英博物館は宝くじを資金源として建設されたとか、第二次世界大戦中に原爆を開発していた学者たちはしばしば深夜までポーカーに興じ、あるときメトロポリスという学者がゲーム理論の大家ノイマンから一〇ドル勝ち取り、そのうち五ドルでノイマンの著書を買い、残りの五ドルを勝利の記念としてその表紙の裏側に貼りつけたといったトリビアやエピソードにも事欠かない。

「かつての経験則やくだらない迷信は、今では実験によって導かれた理論に場所を譲っている。迷信の支配力は衰え、厳密さと探究がそれに取って代わった」と著者は見る。科学的ベッティングを支えているのが、コンピューターの高性能化に代表されるテクノロジーの進歩と、会社やシンジケートを設立して知恵と資金を結集する組織化だ。本書に登場するギャンブル攻略の成功者には、起業家精神も持ち合わせている数学や物理学の学者や博士号取得者が多いのもうなずける。科学的なベッティングシンジケートを組織するにはたいてい最低一〇〇万ドルかかるそうだ。カジノや宝くじなどの運営者側も手をこまぬいているわけではなく、彼らも知恵と資金を投入して攻略者たちへの対策を練っている。素人にはなかなか厳しい時代なのかもしれない。

その一方で、テクノロジーの発達は、挑戦者側にも途方もない恩恵をもたらした。素人でさえコンピューターやインターネットを使い、かつてはとうてい手に入らなかった知識やデータ、ノウハウを居ながらにして集め、処理したり分析したり応用したりできるからだ。そして、ギャンブルの世界にはまだまだつけ込む隙があるし、今後も生まれるだろうから、チャンスはある。例の日本人男性のような成功例もあるし、それにもちろん、冒頭のアメリカ人女性のように個人で運任せにギャンブルを楽しみ、そして幸運な大当たりを狙うという道も依然として残っている。読者のみなさんのなかから、会社やシンジケートを作ったり、あるいはあくまで個人で勝ちに行ったりし、ギャンブルで大儲けする人が出てきても、驚くにはあたらない。グッドラック！

また、ギャンブルには縁がないという人もいるだろうが、じつは「賭けは私たちの生活に浸透している。幸運であろうと不運であろうと、運は私たちのキャリアや人間関係全般にかかわっている。私たちは隠れた情報に対処したり不確実な状況もうまく切り抜けたりしなければならない。リスクと見返りのバランスを取る必要がある」と著者は言う。

いずれにしても、まずは本書を楽しんでいただけたら幸いだ。そして、ギャンブルで、あるいは実生活で役立てていただければなお幸いだ。

最後になったが、私の度重なる質問に、いつも迅速かつ丁寧に答えてくださった著者に感謝する。また、私を本書に引き合わせ、拙訳に数々の貴重な改訂や補足を加えてくださった、草思社編集部の久保田創さん、そして校正をしていただいた円水社さんにも心からお礼を申し上げる。

二〇一七年一〇月

柴田裕之

本書について

本書の原注は、下記のURLよりPDFファイルをダウンロードしてご覧ください。
http://www.soshisha.com/perfectbet/

本書はAdam Kucharski, *The Perfect Bet: How Science and Math Are Taking the Luck Out of Gambling*（Basic Books, 2016）の翻訳である。

*本書は、二〇一七年に当社より刊行した『完全無欠の賭け』を改題し文庫化したものです。

草思社文庫

ギャンブルで勝ち続ける科学者たち
完全無欠の賭け

2019年12月9日　第1刷発行

著　者　アダム・クチャルスキー
訳　者　柴田裕之
発行者　藤田　博
発行所　株式会社 草思社
〒160-0022　東京都新宿区新宿 1-10-1
電話　03(4580)7680(編集)
　　　03(4580)7676(営業)
　　　http://www.soshisha.com/
本文組版　株式会社 キャップス
印刷所　中央精版印刷 株式会社
製本所　中央精版印刷 株式会社
本体表紙デザイン　間村俊一

ISBN978-4-7942-2427-9　Printed in Japan